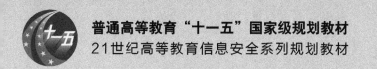

普通高等教育"十一五"国家级规划教材

21世纪高等教育信息安全系列规划教材

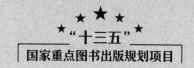

"十三五"
国家重点图书出版规划项目

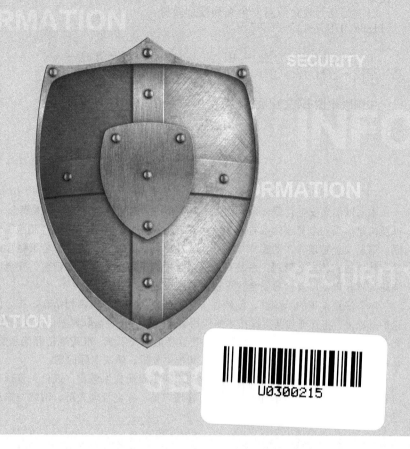

U0300215

信息安全管理

（第2版）

——— 张红旗 杨英杰 唐慧林 常德显◎编著 ———

人民邮电出版社

北京

图书在版编目（CIP）数据

信息安全管理 / 张红旗等编著. -- 2版. -- 北京：
人民邮电出版社，2017.9
21世纪高等教育信息安全系列规划教材
ISBN 978-7-115-46807-9

Ⅰ．①信… Ⅱ．①张… Ⅲ．①信息系统－安全管理－
高等学校－教材 Ⅳ．①TP309

中国版本图书馆CIP数据核字(2017)第219134号

内 容 提 要

本书以信息安全管理体系为框架，全面介绍了信息安全管理的基本概念、主要内容和相关任务，以及构建信息安全管理体系的基本技术与方法。全书共分12章，内容涵盖了信息安全管理的基本内涵、信息安全管理体系的建立与实施、信息安全风险管理、信息安全策略管理、组织与人员安全管理、环境与实体安全管理、系统开发安全管理、系统运行与操作管理、安全监测与舆情分析、应急响应处置管理，以及信息安全管理技术新发展等。

本书注重知识的系统性、创新性与实用性，将理论与实际相结合，在全面介绍信息安全管理理论的基础上，将管理与其支撑技术的应用有机地融合，并选取典型信息安全管理实施案例进行分析，充分阐释了信息安全管理的实施过程，使读者能够在系统、准确地把握信息安全管理思想的基础上，正确、有效地运用信息安全管理的方法和技术分析、解决实际问题。

本书可作为网络空间安全相关专业的本科生及研究生教材，或信息管理与信息系统专业、计算机相关专业的参考书，也可作为信息化管理人员、安全管理人员、网络与信息系统管理人员的参考手册和培训教材。

◆ 编　著　张红旗　杨英杰　唐慧林　常德显
　　责任编辑　邹文波
　　责任印制　陈　犇

◆ 人民邮电出版社出版发行　　北京市丰台区成寿寺路11号
　　邮编　100164　电子邮件　315@ptpress.com.cn
　　网址　http://www.ptpress.com.cn
　　北京天宇星印刷厂印刷

◆ 开本：787×1092　1/16
　　印张：16.5　　　　　　　2017年9月第2版
　　字数：396千字　　　　　2024年8月北京第13次印刷

定价：49.80元

读者服务热线：**(010)81055256**　印装质量热线：**(010)81055316**
反盗版热线：**(010)81055315**
广告经营许可证：京东市监广登字 20170147 号

前　言

随着网络和通信技术的飞速发展，特别是云计算、大数据、物联网等新技术的逐步应用，网络空间已成为国家关键信息基础设施和重要战略资源，正在深刻改变着社会的生产形态和人们的生活方式。与此同时，网络空间安全事件频繁发生，敌对势力的破坏、黑客入侵、计算机犯罪、恶意代码侵扰等严重影响了网络的安全运转，网络空间安全形势异常严峻。

我国政府高度重视网络空间安全。习近平总书记早在 2014 年就明确指出"没有网络安全就没有国家安全，没有信息化就没有现代化"，他在 2016 年 4 月 19 日召开的网络安全和信息化工作座谈会上进一步要求"加快网络立法进程，完善依法监管措施，化解网络风险"。全国人大常委会也于 2016 年 11 月 7 日发布了《中华人民共和国网络安全法》。此外，经国务院学位委员会批准，2015 年增设了"网络空间安全"一级学科。网络安全技术创新发展与网络空间安全人才培养迎来了前所未有的大好机遇。

解放军信息工程大学是国内最早从事信息安全领域科学研究和人才培养的军事院校，2000 年创建了军内第一个信息安全本科专业，2016 年获评首批网络空间安全一级学科博士学位授予点，是中央网信办批准的 5 个网络安全人才培养基地之一。为适应信息安全人才培养的需要，2007 年学校组织编写出版了《信息安全管理》教材，被国内许多高校采用，并得到了广大读者的厚爱。为满足读者需求，我们课程组结合近年来的教学实践经验，并参考信息安全管理领域的最新研究成果，在原书的基础上进行了修订、改版，出版了《信息安全管理（第 2 版）》。

《信息安全管理（第 2 版）》较之第 1 版，最主要的特点和变化如下。

（1）进一步提升了知识的完整性和系统性。在第 1 版编写出版后，国际标准化组织发布了 ISO 27000 系列信息安全管理标准，国家标准化委员会发布了等级保护系列标准，结合以上相关标准，第 2 版对信息安全管理知识体系进行了充实和优化。

（2）增加了信息安全管理技术方面知识的比重。在信息安全管理的各个管理环节和过程中离不开技术的支撑，例如，信息安全风险评估、信息安全策略管理、信息安全监察与态势感知、信息安全事件应急处置等。第 2 版在第 1 版的基础上进行了管理技术梳理与补充，将技术与相关信息安全管理环节和过程有机结合，从而使得信息安全管理理论与技术形成一个有机体。

（3）补充了信息安全管理技术实践性内容。信息安全管理十分注重实践性，为了便于读者掌握，第 2 版引入了部分信息安全管理技术实验和实践的教学内容。

（4）充实、丰富了信息安全管理案例。为了便于读者理解信息安全管理知识体系，在第 2 版中我们针对难以理解的信息安全管理知识环节，充实了实践案例，从而使得抽象的内容更加通俗易懂。

　　《信息安全管理（第 2 版）》以信息安全管理体系为框架，全面介绍了信息安全管理的基本概念、主要内容和相关任务，以及构建信息安全管理体系的基本技术与方法。期望读者通过阅读本书，能够对构建信息安全管理体系的基本理论、技术和方法有一个整体和系统化的认识和理解，提升信息安全管理体系设计与构建的实践能力。

　　全书共 12 章，由解放军信息工程大学张红旗教授牵头，信息安全管理课程组共同编写。其中，第 1、2 章由张红旗、杨英杰和刘育楠编写，第 3、10 章由唐慧林、杨英杰编写，第 4、5、6、8 章由杨英杰、王义功、刘江编写，第 7、9、11 章由常德显、汪永伟、胡浩、雷程、刘艺编写，第 12 章及附录由祝宁、唐慧林编写，全书由张红旗、杨英杰、唐慧林、常德显负责统稿。

　　在本书编写过程中，编者参考引用了大量的相关文献，在此谨向这些文献的作者表示衷心的感谢。此外，还要感谢给予编者指导、支持和帮助的领导、专家及同行。

　　信息安全学科内容广泛，发展迅速，信息安全管理及相关内容也在不断更新。由于编者水平有限，书中难免存在不足和疏漏之处，敬请读者批评指正。

编　　者

2019 年 6 月 30 日

目　　录

第 1 章

信息安全管理概述

　　人类已进入信息化社会，社会发展对信息资源的依赖程度越来越高。从人们的日常生活、组织运作，到国家管理，信息资源都是不可或缺的重要资源，没有各种信息的支持，现代社会将无法存在和发展。然而，由于环境的开放和信息系统自身的缺陷，信息资源面临着来自内部和外部两个方面的威胁。随着信息技术和信息安全的发展，人们慢慢意识到，只有从技术和管理两个方面采取安全措施，才能保障信息系统和信息资源的安全。

　　本章主要介绍信息安全管理的产生背景、信息安全管理的内涵、国内外信息安全管理现状，以及信息安全管理的相关标准。

　　本章重点：信息安全管理的内涵、信息安全管理的相关标准。

　　本章难点：信息安全管理的内涵。

1.1 信息安全管理的产生背景

　　信息安全管理是随着信息和信息安全的发展而发展起来的。在信息社会中，一方面信息已经成为人类的重要资产，在政治、经济、军事、教育、科技、生活等方面发挥着重要作用；另一方面由于信息具有易传播、易扩散、易损毁的特点，信息资产比传统的实物资产更加脆弱和更易受到攻击，特别是近年来随着计算机和网络技术的迅猛发展，信息安全问题日益突出，企业或组织在业务运作过程中面临巨大的信息资产泄露的风险。基于大量的信息安全事件案例分析与研究，人们逐渐认识到信息带来的风险主要来源于组织管理、信息系统、信息基础设施等方面的固有薄弱环节和漏洞，以及大量存在于组织内、外的各种威胁，因此需要对信息系统加以严格管理和妥善保护，信息安全管理也随之产生。

1.1.1 信息与信息安全

1. 信息

　　一般意义上的信息可以理解为消息、信号、数据、情报或知识。它可以以多种形式存在，可以是信息设施中存储与处理的数据、程序；可以是打印或书写出来的论文、电子邮件、设计图纸、业务方案；也可以是显示在胶片等载体或表达在会话中的消息。国际公认的 ISO/IEC IT 安全管理指南（GMITS）对信息（Information）做出如下解释：信息是通过施加于数据上的某些约定而赋予这些数据的特定含义。

　　信息本身是无形的，但它可以借助信息媒体以多种形式存在或传播，它可以存储在计算机、磁带、纸张等介质中，也可以存储在人的大脑里，还可以通过网络、打印机、传真机等方式进行传播。对现代企业来说，信息是一种资产，不仅包括与计算机、网络相关的数据、资料，还包括专利、标准、专有技术、商业档案、文件、图样、统计数据、配方、报价、规章制度、财务数据、工艺、计划、资源配置、管理体系、关键人员等。就如其他重要的商业资产那样，信息资产具有重要的价值，因而需要进行妥善保护。

所有的组织都有他们各自处理信息的形式。例如，银行、保险和信用卡公司需要处理金融信息，企业、商家需要处理消费者信息，政府管理部门需要处理、存储公众和机密信息，等等。无论这些信息采用什么样的处理、存储和共享方式，都需要对信息加以安全、妥善的保护，不仅要保证信息处理和传输过程是可靠的、有效的，而且要求重要的敏感信息是机密的、完整的和真实的。为了达到这样的目标，必须采取一系列适当的信息安全控制措施，使信息避免一系列威胁，保障业务的持续性，最大限度地降低安全威胁的影响，减少业务和系统的损失。

需要注意的是，从安全保护的角度去考察信息资产，并不能只停留在静态的一个点或者一个层面上。信息是有生命周期的，从其创建或诞生，到被使用或操作，到存储，再到被传递，直至其生命周期结束而被销毁或丢弃，各个环节、各个阶段都应该被考虑到，安全保护应该兼顾信息存在的各种状态，不能有所遗漏。

2. 信息安全

信息安全是一个广泛而抽象的概念，不同领域、不同方面对其概念的阐述都会有所不同。建立在网络基础之上的现代信息系统，其安全定义较为明确，即保护信息系统的硬件、软件及相关数据，使之不因为偶然或者恶意侵犯而遭受破坏、更改及泄露，保证信息系统能够连续、可靠、正常地运行。在商业和经济领域，信息安全主要强调的是消减并控制风险，保持业务操作的连续性，并将风险造成的损失和影响降到最低程度。

信息作为一种资产，是企业或组织进行正常运作和管理不可或缺的资源。从最高层次来讲，信息安全关系到国家的安全；对组织机构来说，信息安全关系到正常运作和持续发展；就个人而言，信息安全是保护个人隐私和财产的必然要求。无论是个人、组织还是国家，保障关键的信息资产的安全性都是非常重要的。信息安全的任务，就是要采取措施（技术手段及有效管理）让这些信息资产免遭威胁，或者将威胁带来的后果降到最低程度，以此维护组织的正常运作。

随着人类文明的发展与进步，信息处理的方法与技术也在不断发展，从最原始的语言交谈，到古代文字、纸张的发明，再到现代通信、计算机与网络技术的普遍应用，信息的存储、交流、传输、处理的技术与方法越来越多，越来越复杂，信息存储的媒介也越来越多。信息量正在呈几何级数增长，信息的传播容量不断增加、传播速度不断加快，信息资产所面临的安全威胁也在不断增加，因而信息安全技术得到了相应的发展。当然在不同的发展时期，信息安全的侧重点与信息安全的控制方式与手段也不尽相同。

信息安全在其发展过程中大致经历了以下 3 个阶段。

第一阶段：早在 20 世纪初期，通信技术还不发达，面对电话、电报、传真等信息交换过程中存在的安全问题，人们强调的主要是信息的保密性，对安全理论和技术的研究也只侧重于密码学，这一阶段的信息安全可以简单称为通信安全（Communication Security，COMSEC）。

第二阶段：20 世纪 60 年代后，半导体和集成电路技术的飞速发展推动了计算机软硬件的发展，计算机和网络技术的应用进入了实用化和规模化阶段，人们对安全的关注已经逐渐扩展为以保密性、完整性和可用性为目标的信息安全阶段（Information Security，INFOSEC），具有代表性的成果是美国的可信计算机系统评估标准（Trusted Computer System Evaluation Criteria，TCSEC）和欧洲的信息技术安全评估标准（Information Technology Security Evaluation Criteria，ITSEC）。

第三阶段：从 20 世纪 80 年代开始，由于互联网技术的飞速发展，信息无论是对内还是对外都得到极大的开放，由此产生的信息安全问题跨越了时间和空间。此时，信息安全的焦点已经不仅仅是传统的保密性、完整性和可用性 3 个原则了，由此衍生出了诸如可控性、抗抵赖性、真实性等其他的原则和目标。信息安全也从单一的被动防护向全面而动态的防护、检测、响应、恢复等整体体系建设方向发展，即所谓的信息保障（Information Assurance）。这一点在美国的信息保障技术框架（Information Assurance Technical Framework，IATF）规范中有清楚的表述。

在由英国标准协会（British Standards Institution，BSI）提出的 BS 7799 信息安全管理体系中，信息安全的主要目标是信息的机密性（Confidentiality）、完整性（Integrity）和可用性（Availability），也就是人们通常所说的 CIA 的保持。信息安全是指通过采用计算机软硬件技术、网络技术、密钥技术等安全技术和各种组织管理措施，来保护信息在其生命周期内的产生、传输、交换、处理和存储的各个环节中，信息的机密性、完整性和可用性不被破坏。

（1）机密性

信息的机密性是指确保只有那些被授予特定权限的人才能够访问到信息。信息的机密性依据信息被允许访问对象的多少而不同，所有人员都可以访问的信息为公开信息，需要限制访问的信息为敏感信息或秘密信息。根据信息的重要程度和保密要求可以将信息分为不同密级，例如，军队内部文件一般分为秘密、机密和绝密三个等级。已授权用户根据所授予的操作权限可以对保密信息进行操作，有的用户只可以读取信息，有的用户既可以进行读操作又可以进行写操作。

（2）完整性

信息的完整性是指保证信息和处理方法的正确性和一致性。信息的完整性一方面是指在使用、传输、存储信息的过程中不发生篡改信息、丢失信息等现象；另一方面是指信息处理方法的正确性，执行不正当的操作有可能造成重要文件的丢失，甚至导致整个系统的瘫痪。

（3）可用性

信息的可用性是指确保那些已被授权的用户在他们需要的时候，能够访问到所需的信息，即信息及相关的信息资产在授权人需要的时候，可以立即获得。例如，通信线路中断故障、网络的拥堵会造成信息在一段时间内不可用，影响正常的业务运营，这就是对信息可用性的破坏。

近年来，随着人们对信息安全认识和理解的深入，一些研究文献认为信息安全的属性应包括：机密性、完整性、可用性、不可否认性、可控性，其中，不可否认性也可以定义为认证性（Authenticity）。总的来说，凡是涉及机密性、完整性、可用性、可追溯性、真实性和可靠性保护等方面的技术和理论，都是信息安全研究的范畴，也是信息安全所要实现的目标。

1.1.2 信息安全管理的引入

目前，信息安全已扩展到了信息的可靠性、可用性、可控性、完整性及不可否认性等更新、更深层次的领域，这些领域内的相关技术和理论都是信息安全所要研究的领域。国际标准化组织（ISO）对信息安全的定义是："在技术上和管理上为数据处理系统建立的安全保护，保护计算机硬件、软件和数据不因偶然或恶意的原因而遭到破坏、更改和泄露"。

但长久以来，仍有不少人会陷入技术决定一切的误区中，尤其是那些出身信息技术行业的管理者和操作者。最早的时候，人们把信息安全的希望寄托在加密技术上，认为一经加密，什么安全问题都可以解决。随着网络的发展和普及，有一段时期我们又常听到"防火墙决定一切"的论调。此后更多安全问题纷纷涌现，入侵检测系统（Intrusion Detection System，IDS）、公钥基础设施（Public Key Infrastructure，PKI）、虚拟专用网（Virtual Private Networks，VPN）等新的安全技术与应用被接二连三地提出来，更多的人认为信息安全离不开技术的统领。可这样狭隘地以技术为思路构建信息安全能够真正解决安全问题吗？也许可以解决一部分，但却解决不了根本问题。实际上，对安全技术和产品的选择运用，只是信息安全实践活动中的一部分，只是实现安全需求的手段而已。信息安全更广泛的内容，还包括制定完备的安全策略，通过风险评估来确定安全需求，根据安全需求选择安全技术和产品，并按照既定的安全策略和流程规范来实施、维护和审查安全控制措施。归根到底，信息安全并不仅仅是一个技术问题，它还需要完善的管理做支撑。

随着信息安全理论与技术的发展，信息保障的概念被提出并得到世界范围的广泛认可，在信息保障的三大要素（人员、技术和管理）中，管理要素的作用和地位越来越受到重视。在信息保障的概念中，信息安全一般包括实体安全、运行安全、信息安全和管理安全 4 个方面的内容。

● 实体安全：保护计算机设备、网络设施以及其他通信与存储介质免遭地震、水灾、火灾、有害气体和其他环境事故（如电磁污染等）破坏的措施、过程。

● 运行安全：为保障系统功能的安全实现，提供一套安全措施（如风险分析、审计跟踪、备份与恢复、应急措施）来保护信息处理过程的安全。

● 信息安全：防止信息资源的非授权泄露、更改、破坏，或信息被非法系统辨识和控制，即确保信息的机密性、完整性、可用性、不可否认性和可控性。

● 管理安全：通过信息安全相关的法律法令和规章制度以及安全管理手段，确保系统安全生存和运营。

信息安全的建设是一个系统工程，它需要对信息系统的各个环节进行综合考虑、规划和构架，并时时兼顾组织内外不断发生的变化，任何环节上的安全缺陷都会对系统构成威胁。在这里可以引用管理学的"木桶原理"加以说明，"木桶原理"指的是：一只木桶由多块木板组成，如果组成木桶的木板长短不一，那么木桶的最大容量不是取决于最长的木板，而是取决于最短的木板。这个原理同样适用于信息安全：一个组织的信息安全水平将由与信息安全有关的所有环节中最薄弱的环节决定。信息从产生到销毁，其生命周期中包括了产生、收集、加工、交换、存储、检索、存档、销毁等多个环节或事件，表现形式和载体会发生各种变化，这些环节中的任何一个都可能影响整体信息安全水平。要实现信息安全目标，必须让构成安全防范体系的这只"木桶"的所有木板都达到一定的长度。

由于信息安全是一个多层面、多因素、综合和动态的过程，如果凭着一时的需要，想当然地去制定一些控制措施或引入某些技术产品，都难免存在挂一漏万、顾此失彼的问题，使得信息安全这只"木桶"出现若干"短木块"，从而无法提高信息安全水平。正确的做法是：一方面遵循国内外相关信息安全标准与最佳实践过程，考虑信息安全各个层面的实际需求，在风险分析的基础上引入恰当控制，建立合理的安全管理体系，从而保证信息资产的安全性；另一方面，这个安全体系还应当随着环境的变化、业务的发展和信息技术的提高而不断改进，不能一成不变。因此，信息安全的实现是一个需要完整的技术和管理体系来保证的持续过程。

1.2 信息安全管理的内涵

1.2.1 信息安全管理及其内容

1. 信息安全管理的定义

信息安全管理是通过维护信息的机密性、完整性和可用性等，来管理和保护信息资产的一项体制，是对信息安全保障进行指导、规范和管理的一系列活动和过程。信息安全管理是信息安全保障体系建设的重要组成部分，对于保护信息资产、降低信息系统安全风险、指导信息安全体系建设具有重要作用。

2. 信息安全管理的内容

信息安全管理应当涉及信息安全的各个方面，包括制定信息安全政策、风险评估、控制目标与方式选择、制定规范的操作流程、对人员进行安全意识培训等一系列工作。按照信息安全管理国际标准 ISO/IEC 27002《信息安全管理实用规则》，一般可通过以下 11 个领域建立管理控制措施，构建起一张完备的信息安全"保护网"，保证信息资产的安全与业务的持续性。

（1）安全方针和策略

安全方针和策略为信息安全提供管理指导和支持。

（2）组织安全

组织安全即建立管理架构，管理和维护信息安全，并保护被外部组织访问、处理、沟通或管理的信息及信息处理设施的安全。

（3）资产分类与控制

通过对信息资产进行分类、标识、责任划分以及风险评估与控制，确保信息资产受到与其安全要求相对应的保护。

（4）人员安全

在安全职责、用户培训及安全事故报告等方面，确保将人为因素对信息资产的安全威胁降到最低。

（5）物理与环境安全

通过对安全区域、设备及信息媒体的安全控制，确保信息的安全。

（6）通信、运行与操作安全

通过明确作业程序及责任、第三方服务交付管理、系统规划与验收、防范恶意与移动代码、备份与恢复、网络安全管理、存储媒体控制、信息与软件交换控制、电子商务安全控制及安全监视等，确保信息系统在通信、运行和操作过程中的安全。

（7）访问控制

访问控制包括明确访问控制要求、用户访问管理、明确用户责任、网络访问控制、操作系统访问控制、应用程序访问控制及移动计算和远程工作控制等。

（8）系统获取、开发与维护

通过明确系统安全需求、应用系统安全控制、密码控制、文档安全控制、开发与支持过程安全控制以及技术脆弱点管理，确保系统开发与维护过程的安全。

（9）安全事故管理

通过及时报告安全事故和弱点、建立安全事故职责和程序、从安全事故中学习经验及收集证据等对信息安全事故进行管理，对信息系统脆弱点进行纠正和改进。

（10）业务持续性

通过安全应急响应和灾难恢复，防止运营中断并保护关键流程或服务免受重大事故或灾难的影响。

（11）符合性

通过法律法规符合性审查、安全政策与技术符合性审查、系统审核控制和审核工具保护，确保系统符合法律法规、安全政策及标准，提高系统有效性，并使系统审核过程的影响最小化。

总之，信息安全管理是用于指导和管理各种信息安全控制措施、降低信息系统安全风险的一组相互协调的活动和过程。有效的信息安全管理能够在有限的成本下，建立完善、有效的信息安全保障体系。需要指出的是，ISO/IEC 27000 并不是唯一的信息安全管理体系建设标准，因此本教材内容并未严格按照 ISO/IEC 27000 进行组织和安排，而是以 ISO/IEC 27000 为基础，结合我国信息安全保障实际情况进行了综合。

1.2.2　信息安全管理的重要性

信息已成为维持社会经济活动和生产活动的重要基础资源，成为政治、经济、文化、军事乃至社会任何领域的基础。社会对信息系统不断增强的依赖性使得信息技术在提高组织工作效率的同时，增大了重要信息受到严重侵扰和破坏后，组织面临资产损失、业务中断的风险。

当今信息系统既面临着计算机欺诈、情报刺探、阴谋破坏、火灾、水灾等大范围的安全威胁，又面临着像计算机病毒、计算机攻击和黑客非法入侵等破坏，而且随着信息技术的发展和信息应用的深入，各种威胁变得越来越错综复杂。2015 年，国家计算机网络应急技术处理协调中心（CNCERT/CC）共接收境内外报告的网络安全事件 126 916 起，较 2014 年增长了 125.9%。其中，境内报告的网络安全事件 126 424 起，较 2014 年增长了 128.6%。在所发生的安全事件中，针对金融支付的网页仿冒页面数量上升最快，较 2014 年增长了 6.37 倍；针对娱乐节目中奖类的网页仿冒页面数量也较 2014 年增长了 1 倍。据 CNCERT/CC 监测，2015 年我国境内有近 5000 个 IP 地址感染窃密木马，共发现 10.5 万余个木马和僵尸网络控制端，控制了我国境内 1978 万余台主机。虽然网络外部威胁越来越严峻、复杂，然而，来源于内部的、能对信息系统造成巨大损失的风险更为严重。据统计，企业信息受到损失的 70% 是由于内部员工的疏忽或有意泄密造成的。

与早些年大型计算机要受到严密看守，由技术专家管理的情况相比，今天的计算机使用者大都很少受到严格的培训，他们时常以不安全的方式处理企业的大量重要信息，而且企业的贸易伙伴、咨询顾问、合作单位等外部人员以不同的方式使用企业的信息系统，企业信息系统所有的使用者都对企业信息系统的安全构成了潜在的威胁。例如，员工为了方便记忆系统登录口令而粘贴在桌面或计算机屏幕边的一张便条，就足以毁掉花费了大量人力、物力建立起来的信息安全系统。又如，许多对企业心存不满的员工进入企业网站，偷窃并散布客户敏感信息，或者为竞争对手提供机密的技术与商业数据，或者破坏关键计算机系统作为对企业的报复，使企业蒙受巨大的损失。

由此可见，现实世界里很多安全事件的发生和安全隐患的存在，与其说是技术上的原因，不如说是管理不善造成的。人们常说，信息安全是"三分技术，七分管理"，解决信息及信息系统的安全问题不能只局限于技术，更重要的还在于管理。安全技术只是信息安全控制的手段，要让安全技术发挥应有的作用，必然要有适当的管理程序的支持，否则，安全技术只能趋于僵化和失败。如果说安全技术是信息安全的构筑材料，则信息安全管理就是真正的黏合剂和催化剂，只有将有效的安全管理从始至终贯彻落实于安全建设的方方面面，信息安全的长期性和稳定性才能有所保证。

总之，信息安全管理是保护国家、组织、个人等各个层面上信息安全的重要基础。只有以有效的信息安全管理体系为基础，通过完善信息安全治理结构，综合应用信息安全管理策略和信息安全技术产品，才有可能建立起一个真正意义上的信息安全防护体系。为了保护国家的信息安全，保持企业等机构的信息资产安全、竞争优势与商务可持续性发展，保护个人的隐私与财产安全，加强信息安全管理刻不容缓。

1.3 信息安全管理的发展历程

1.3.1 国际信息安全管理的发展历程

国际上信息安全管理的发展主要表现在以下 3 个方面。

1. 制订信息安全发展战略和计划

制订发展战略和计划是发达国家一贯的做法。美国、俄罗斯、日本都已经制定了自己的信息安全发展战略和计划，确保信息安全沿着正确的方向发展。2000 年初，美国出台了《电脑空间安全计划》，旨在加强关键基础设施、计算机系统和网络免受安全威胁的防御能力。2000 年 7 月，日本推出了《信息安全政策指导方针》。2000 年 9 月 12 日，俄罗斯批准了《国家信息安全构想》，明确了保护信息安全的措施。

2. 加强信息安全立法，实现统一和规范管理

以法律的形式规定和规范信息安全工作是有效实施安全措施的最有力保证。制定网络信息安全规则的先锋是各大门户网站，美国的雅虎和美国在线等网站都在实践中形成了一套自己的信息安全管理办法。2000 年 10 月 1 日，美国的《电子签名法案》正式生效。2000 年 10 月 5 日美国参议院通过了《互联网网络完备性及关键设备保护法案》。日本邮政省于 2000 年 6 月 8 日公布了旨在对付黑客的《信息网络安全可靠性基准》的补充修改方案，提出并制定了有关风险管理的"信息安全准则"指导原则。

3. 步入标准化与系统化管理时代

在 20 世纪 90 年代以前，信息安全主要依靠安全技术手段与不成体系的管理规章来实现。随着 20 世纪 80 年代 ISO 9000 质量管理体系标准的出现及其随后在全世界的推广应用，系统管理的思想在其他管理领域也得到了借鉴与采用，如后来的 ISO 14000 环境体系管理标准、OHSAS 18000 职业安全卫生管理体系标准。信息安全管理也同样在 20 世纪 90 年代步入了标准化与系统化管理的时代。

1995 年，英国贸易工业部制定了世界上第一个信息安全管理实施标准，即 BS 7799-1:1995

《信息安全管理实施规则》，提供了一套综合的、由信息安全最佳惯例组成的实施细则，其目的是作为确定企业信息系统所需控制范围的参考基准，适用于大、中、小型组织。由于《信息安全管理实施规则》采用指导和建议的方式编写，因而不宜作为认证标准使用。1998 年，为了适应第三方认证的需求，英国又制定了世界上第一个信息安全管理认证标准，即 BS 7799-2:1998《信息安全管理体系规范》。它规定了信息安全管理体系（Information Security Management System，ISMS）要求与信息安全控制要求，可以作为对一个组织的全面或部分 ISMS 进行评审认证的标准。

1999 年，鉴于信息处理技术在网络和通信领域应用的迅速发展，英国又对信息安全管理体系标准进行了修订。修订后的 BS 7799-1:1999 取代了 BS 7799-1:1995 标准，修订后的 BS 7799-2:1999 取代了 BS 7799-2:1998 标准。1999 版的标准特别强调了业务工作所涉及的信息安全和信息安全的责任。BS 7799-1:1999 与 BS 7799-2:1999 是一对配套的标准，其中，BS 7799-1:1999 对如何建立并实施符合 BS 7799-2:1999 标准要求的信息安全管理体系提供了最佳的应用建议。

1999 年 10 月，英国标准协会将 BS 7799 提交国际标准化组织，国际标准化组织于 2000 年 12 月正式将该标准转化成国际标准 ISO/IEC 17799。该标准随后引起了许多国家与地区的重视，在许多国家得到了推广与应用。

随着信息安全管理的重要性被越来越多的人认可，为了更好地指导、规范信息安全管理体系建设，国际标准化组织（ISO）在 ISO/IEC 17799 标准的基础上，专门为信息安全管理体系标准预留了 ISO/IEC 27000 系列编号，从 ISO/ IEC 27000 到 ISO/IEC 27059 共 60 个编号，并于 2005 年正式出版了 ISO/IEC 27001《信息技术 安全技术 信息安全管理体系要求》和 ISO/IEC 27002《信息技术 安全技术 信息安全管理实用规则》两个有关信息安全管理的标准。图 1.1 给出了由 BS 7799 标准到 ISO/IEC 27000 的发展过程和标准之间的继承关系。

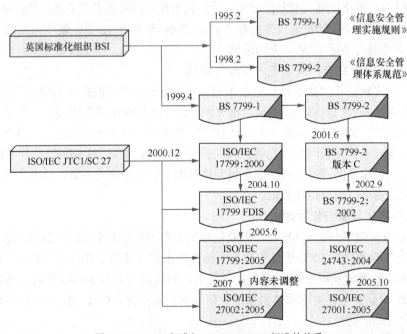

图 1.1　BS 7799 标准与 ISO/IEC 27000 标准的关系

与此同时，其他国家以及组织也提出了很多信息安全管理的相关标准，详见 1.4 节"信息安全管理的相关标准"。

1.3.2 国内信息安全管理的发展历程

在威胁多样化的信息化时代，我国信息安全管理的现状不容乐观，这可以从国家宏观管理与组织微观管理两方面来加以简单论述。

1. 国家宏观管理

在国家宏观信息安全管理方面，主要有以下几个方面的问题。

（1）信息安全法律法规问题

健全的信息安全法律法规体系是确保国家信息安全的基础，是信息安全的第一道防线。为了配合信息安全管理的需要，从 20 世纪 90 年代起，国家、相关部门、相关行业和地方政府就相继制定了《中华人民共和国计算机信息网络国际联网管理暂行规定》《商用密码管理条例》《互联网信息服务管理办法》《计算机病毒防治管理办法》《软件产品管理办法》《电信网间互联管理暂行规定》《中华人民共和国电子签名法》等有关信息安全管理的法律法规文件。国家已建立起了法律、行政法规与部门规章及规范性文件 3 个层面的有关信息安全的法律法规体系，对组织与个人的信息安全行为提出了安全要求。但是我国的法律法规体系还存在缺陷，一是现有的法律法规存在不完善的地方，如法律法规之间有重复交叉的内容，同一行为有多个行政处罚主体，规章与行政法规有的相互抵触，处罚幅度不一致；二是法律法规建设跟不上信息技术发展的需要，如网络规划与建设、网络管理与经营、网络安全、数据的法律保护、计算机犯罪与刑事立法、计算机证据的法律效力等方面的法律法规缺乏。

（2）信息安全保障管理问题

信息安全保障管理包括 3 个层次的内容：组织建设、制度建设和人员意识。

组织建设是指有关信息安全管理机构的建设。信息安全的管理包括安全规划、风险管理、应急计划、安全教育培训、安全系统的评估、安全认证等多方面的内容，因此只靠一个机构是无法解决这些问题的。在各个信息安全管理机构之间，要有明确的分工，以避免"政出多门"及"政策拉车"等现象的发生。我国于 2001 年 5 月成立了中国信息安全产品测评认证中心（CNITSEC）和代表国家开展信息安全测评认证工作的职能机构，还建立了国家信息安全测评认证体系；于 2003 年 7 月成立了国家计算机网络应急技术处理协调中心（CNCERT/CC），专门负责收集、汇总、核实、发布权威性的应急处置信息，为国家提供应急处置服务。

明确了各机构的职责之后，还需要建立切实可行的规章制度，即进行制度建设，以保证信息安全。例如对人的管理，需要解决多人负责、责任到人的问题，任期有限的问题，职责分离的问题，最小权限的问题，等等。针对规章制度建设，国家制定和引进了一批重要的信息安全管理标准以及一系列信息安全管理的法律法规，详见本书 1.4.2 小节。

有了组织机构和相应的制度，还需要领导的高度重视和群防群治，即强化人员的安全意识，这需要信息安全意识的教育和培训，以及对信息安全问题的高度重视。

（3）国家信息基础设施建设问题

《国家信息安全报告》指出，我国计算机硬件、通信设备制造业的基础集成电路芯片，主要依赖进口，系统软件、支撑软件基本上是国外产品。在这种形势下，我们必须清醒地承认一个基本的事实：目前构成我国信息基础设施的网络、硬件、软件等产品几乎是建立在外国的核心信息技术之上的。关于国家信息基础设施方面存在的问题已引起国家的高度重视，如"十二五"期间，国家"863 计划"和科技攻关的重要项目就有"大数据分析与安全"和"移动网络安全"等有关信息安全的研究项目。

2．组织微观管理

我国在微观信息安全管理方面存在的问题主要表现为以下几方面。

（1）缺乏信息安全意识与明确的信息安全方针

大多数组织的最高管理层对信息资产所面临的威胁的严重性认识不足，或者仅局限于 IT 方面的安全意识，没有形成一个合理的信息安全方针来指导组织的信息安全管理工作。具体表现为：缺乏完整的信息安全管理制度；缺乏对员工进行必要的安全法律法规及防范安全风险的教育与培训；对于现有的安全规章，组织未必能严格实施；等等。

（2）重视安全技术，轻视安全管理

目前组织普遍采用现代通信、计算机和网络技术来构建信息系统，以提高组织效率和竞争能力，但相应的管理措施不到位，如系统的运行、维护和开发等岗位不清、职责不分，存在一人身兼数职现象。大约 70%以上的信息安全问题都是由管理方面的原因造成的，也就是说解决信息安全问题不仅应从技术方面着手，同时更应加强信息安全的管理工作。

（3）安全管理缺乏系统管理的思想

大多数组织现有的安全管理模式仍是传统的，出现了问题才去想补救的办法，是一种就事论事、静态的管理，不是建立在安全风险评估基础上的动态持续改进的管理方法。

需要说明的是，国家的信息安全依赖于组织的信息安全。本教材的信息安全管理所讨论的内容是指组织需要进行的符合国家信息安全法律法规要求的微观管理，以及微观管理中涉及的主要安全管理技术。

1.4 信息安全管理的相关标准

1.4.1 国际信息安全管理的相关标准

到目前为止，国际上制定了大量的有关信息安全管理的国际标准，主要可分为信息安全管理与控制标准、技术与工程标准，这些标准分类具体描述如下。

1．信息安全管理与控制标准

（1）信息安全管理体系标准

BS 7799 是由英国标准协会（British Standards Institution，BSI）制定的信息安全管理体系标准，BS 7799 为保障信息的机密性、完整性和可用性提供了典范。它包括两部分内容，即 BS 7799-1:《信息安全管理实施细则》和 BS 7799-2:《信息安全管理体系规范》。BS 7799-1《信息安全管理实施细则》提供了一套综合的、由信息安全最佳惯例组成的实施规则，其目的是作为确定企业信息系统所需控制范围的参考基准，适用于大、中、小型组织。BS 7799-2《信息安全管理体系规范》规定了信息安全管理体系要求与信息安全控制要求，可以作为对一个组织的全面或部分信息安全管理体系进行评审认证的标准。

BS 7799 作为信息安全管理领域的一个权威标准，是全球业界一致公认的辅助信息安全治理的手段。该标准的最大意义在于它给了管理层一套可"量体裁衣"的信息安全管理要素、一套与技术负责人或组织高层进行沟通的共同语言，以及保护信息资产的制度框架，这正是管理层能够接受并理解的。

目前，世界上已有 20 多个国家引用 BS 7799 作为国标，BS 7799（ISO/IEC 17799）也是卖出拷贝最多的管理标准，其在欧洲的证书发放量已经超过 ISO 9001，越来越多的信息安全公司都以 BS 7799 作指导为客户提供信息安全咨询服务。

BS 7799-1 于 2000 年 12 月被国际标准化组织（ISO）纳入世界标准，编号为 ISO/IEC 17799。并于 2005 年 6 月 15 日发布版本 ISO/IEC 17799:2005；BS 7799-2 也被国际标准化组织纳入世界标准，编号为 ISO/IEC 27001，并于 2005 年 6 月 15 日发布了版本 ISO/IEC 27001:2005。

ISO/IEC 27000 标准广泛地涵盖了所有的信息安全议题，如安全方针的制定、安全责任的归属、风险的评估、定义与强化安全参数及访问控制，甚至包含防病毒的相关策略等，已经成为国际公认的信息安全实施标准，适用于各种产业与组织。

关于 BS 7799 和 ISO/IEC 27000 标准的详细介绍请参见 2.2 节和 2.3 节。

（2）IT 基础设施库

IT 基础设施库（IT Infrastructure Library，ITIL），是由英国中央计算机与通信机构（CCTA）发布的关于 IT 服务管理最佳实践的建议和指导方针，旨在解决 IT 服务质量不佳的问题。此后，CCTA 又在 HP、IBM、BMC、CA、Peregrine 等主流 IT 资源管理软件厂商近年来所做出的一系列实践和探索的基础上，总结了 IT 服务的最佳实践经验，形成了一系列基于流程的方法，用以规范 IT 服务的水平。后来 CCTA 并入英国政府商务部（OGC），目前 ITIL 的版权和发行都归 OGC 所有。

作为一种基于流程的管理方法，ITIL 特别适用于企业的 IT 部门，有助于其以一种可控和训练有素的方式向终端用户提供 IT 服务。ITIL 的精髓体现在其"一大功能"和"十大流程"上。"一大功能"即服务台，"十大流程"如下。

- 服务支持（Service Support）：
  - ✓ 事件管理（Incident Management）
  - ✓ 问题管理（Problem Management）
  - ✓ 变更管理（Change Management）
  - ✓ 发布管理（Release Management）
  - ✓ 配置管理（Configuration Management）
- 服务交付（Service Delivery）：
  - ✓ 服务水平管理（Service Level Management）
  - ✓ 可用性管理（Availability Management）
  - ✓ IT 服务财务管理（Financial Management for IT Services）
  - ✓ 容量管理（Capacity Management）
  - ✓ IT 服务持续性管理（IT Service Continuity Management）

与 BS 7799 相比，ITIL 的关注面更为广泛（信息技术），而且更侧重于具体的实施流程。不过，尽管 IT 领域包含信息安全的议题，但 ITIL 对此没有专门论述，从这一点来看，信息安全管理实施者可以将 BS 7799 作为 ITIL 在信息安全方面的补充，同时引入 ITIL 流程的方法，以此加强信息安全管理的实施能力。

2001 年，英国标准协会在国际 IT 服务管理论坛上正式发布了以 ITIL 为核心的英国国家标准 BS 15000，这成为 IT 服务管理领域具有历史意义的重大事件。

BS 15000 有两个部分，目前都已转化成国际标准。

● ISO/IEC 20000-1:2005——信息技术服务管理-服务管理规范（Information Technology Service Management. Specification for Service Management）。

● ISO/IEC 20000-2:2005——信息技术服务管理-服务管理最佳实践（Information Technology Service Management. Code of Practice for Service Management）。

（3）信息和相关技术控制目标

信息及相关技术控制目标（Control Objectives for Information and related Technology，COBIT），是美国信息系统审计与控制协会针对 IT 过程管理制定的一套基于最佳实践的控制目标，是目前国际上公认的最先进、最权威的安全与信息技术管理和控制标准。

COBIT 架构的主要目的是为业界提供关于 IT 控制的一个清晰的政策和发展的良好典范，这个架构包括 34 个 IT 过程，分成 4 个领域：PO（Planning & Organization）、AI（Acquisition & Implementation）、DS（Delivery & Support）和 Monitoring。全过程包含了 318 个控制目标，全都提供了最佳的施行指导。

与 ITIL 一样，COBIT 关注的是广泛的 IT 控制，但更强调目标要求和度量指标，这和 ITIL 强调实施流程有所不同。相比之下，BS 7799 更有针对性一些。具体到信息安全管理体系建设上，COBIT 的框架和目标、ITIL 的流程都可以供 BS 7799 实践者借鉴。

（4）IT 安全管理指南（ISO/IEC 13335）

ISO/IEC 13335，早前被称作"IT 安全管理指南"（Guidelines for the Management of IT Security，GMITS），最新改版后被称作"信息和通信技术安全管理"（Management of Information and Communications Technology Security，MICTS），是由 ISO/IEC JTC1 制定的技术报告，也是一个信息安全管理方面的指导性标准，其目的是为有效实施 IT 安全管理提供建议和支持。

《IT 安全管理指南》系列已经在国际社会中开发了很多年，由 5 部分组成，分别为 ISO/IEC 13335-1:1996《IT 安全概念与模型》、ISO/IEC 13335-2:1997《IT 安全管理和计划》、ISO/IEC 13335-3:1998《IT 安全管理技术》、ISO/IEC 13335-4:2000《IT 安全措施的选择》及 ISO/IEC 13335-5:2001《网络安全管理指南》。

目前，ISO/IEC 13335-1:1996 已经被新的 ISO/IEC 13335-1:2004 所取代，ISO/IEC 13335-2:1997 也将被正在开发的 ISO/IEC 13335-2 取代，GMITS 的其他 3 个部分都在重新修订当中。

与 BS 7799 相比，ISO/IEC 13335 只是一个技术报告和指导性文件，并不是可依据的认证标准，也不像 BS 7799 那样给出一个全面而完整的信息安全管理框架，但 ISO/IEC 13335 在信息安全尤其是 IT 安全的某些具体环节切入较深（相对 BS 7799 而言），对实际的工作具有较好的指导价值，从可实施性上来说要比 BS 7799 好些。例如，ISO/IEC 13335 对信息安全风险及其构成要素间关系的描述非常具体，以至于成为各类信息安全相关文件经常引述的一个概念；ISO/IEC 13335 所描述的风险评估方法也很清晰，可用来指导实施；此外，ISO/IEC 13335 对安全计划、安全策略、控制措施等内容的阐述要比 BS 7799 具体很多。因此，作为一个框架、总体要求和目标选择，BS 7799 是信息安全管理体系建设过程当中始终要贯彻的指导方针，而这期间一些具体的活动则可以参考 ISO/IEC 13335，如风险评估。

2. 技术与工程标准

（1）美国信息安全橘皮书

1983 年，美国颁布了可信计算机系统评估标准（Trusted Computer System Evaluation Criteria，TCSEC），该标准为计算机安全产品的评测提供了测试内容和方法，指导信息安全产品的制造和应用，通常称为信息安全橘皮书。它将安全分为 4 个方面（安全政策、可说明性、安全保障和文档）和 7 个安全级别（从低到高依次为 D、C1、C2、B1、B2、B3 和 A 级）。由于各种教材和文献对于 TCSEC 论及较多，这里不再赘述。

（2）信息产品通用测评准则 CC（ISO/IEC 15408）

信息安全产品和系统安全性测评标准，是信息安全标准体系中非常重要的一个分支。这个分支的发展已经有很长历史了，其间经历了多个阶段，先后涌现了一系列的重要标准，包括 TCSEC、ITSEC、CTCPEC 等。而信息产品通用测评准则 CC 则是最终的集大成者，是目前国际上通行的信息技术产品及系统安全性评估准则，也是信息技术安全性评估结果国际互认的基础。

CC 的发展经历了一个漫长而复杂的过程，如图 1.2 所示。

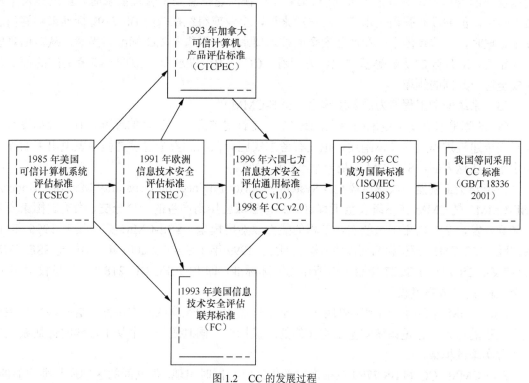

图 1.2　CC 的发展过程

从图 1.2 中可以看到，我们经常讲的 CC、ISO/IEC 15408 和 GB/T 18336，实际上是同一个标准，只不过 CC 是最早的称谓，ISO/IEC 15408 是正式的 ISO 标准，GB/T 18336 则是我国等同采用 ISO/IEC 15408 之后的国家标准。

CC 定义了评估信息技术产品和系统安全性所需的基础准则，是度量信息技术安全性的基准。它针对在安全评估过程中，信息技术产品和系统的安全功能及相应的保证措施提出了一组通用要求，使各种相对独立的安全评估结果具有可比性，这有助于信息技术产品和系统的开发者或用户确定开发的产品或系统对其应用是否足够安全，以及是否可以容忍在使用中存在的安全风险。

CC 的主要目标读者是用户、开发者和评估者。CC 标准由 3 个文件构成，如表 1.1 所示（以 ISO/IEC 15408 为例）。

表 1.1   **CC 标准组成**

代号	名称	简介
ISO/IEC 15408-1	Introduction and general model	介绍和一般模型。该部分定义了 IT 安全评估的基本概念和原理，提出了评估的通用模型
ISO/IEC 15408-2	Security functional requirements	安全功能要求。该部分按照"类-子类-组件"的方式提出了安全功能要求
ISO/IEC 15408-3	Security assurance requirements	安全保证要求。该部分定义了评估保证级别，介绍了"保护轮廓"和"安全目标"的评估，提出了安全保证要求

与 BS 7799 标准相比，CC 的侧重点放在系统和产品的技术指标评价上，这和更广泛、更高层次的管理要求是有很大区别的。BS 7799 在阐述信息安全管理要求时，虽然涉及某些技术领域，但并没有强调技术细节。一般来说，企业或组织在依照 BS 7799 标准来实施信息安全管理时，一些牵涉系统和产品安全的技术要求，可以借鉴 CC 标准。当然，从对信息安全的定义、对风险的认定等基本理念方面看，CC 与 BS 7799 是一致的，毕竟关注的都是信息安全这一共同的领域。

（3）系统安全工程能力成熟度模型（SSE-CMM）

CC 是侧重信息安全技术的标准，BS 7799 是针对信息安全管理的标准，但二者都没有对信息安全建设过程进行具体阐述，也没有考虑实施者在信息安全建设过程中表现出来的能力和水平，在这方面，SSE-CMM 是一个不错的参照。

系统安全工程能力成熟度模型（System Security Engineering Capability Maturity Model，SSE-CMM）是 CMM 在系统安全工程这个具体领域应用而产生的一个分支，由美国国家安全局领导开发，是专门用于系统安全工程的能力成熟度模型。SSE-CMM 第一版于 1996 年 10 月出版，SSE-CMM 模型和相应评估方法 2.0 版于 1999 年 4 月发布。2001 年，美国将 SSE-CMM 2.0 提交给 ISO JTC1 SC27 年会，申请作为国际标准，即 ISO/IEC DIS 21827《信息技术-系统安全工程-能力成熟度模型》。

SSE-CMM 描述了一个组织的系统安全工程过程必须包含的基本特性。这些特性是完善安全工程的保证，也是系统安全工程实施的度量标准，同时还是一个易于理解的评估系统安全工程实施的框架。

SSE-CMM、CC 和 BS 7799 在很多文章中经常会同时出现，但其间的区别还是很明显的。SSE-CMM 和 CC 都是评估标准，都可以将评估对象划分为不同的等级，但 CC 针对的是安全系统或安全产品的测评，而 SSE-CMM 针对的是安全工程过程。

SSE-CMM 和 BS 7799 都提出了一系列最佳惯例，二者之间也有映射关系，但不同之处在于：BS 7799 是一个认证标准，提出了一个可供认证的信息安全管理体系，组织应该将其作为目标，通过选择适当的控制措施去实现，但具体如何实现、需要哪些过程，BS 7799 都没有规定；SSE-CMM 是一个评估标准，它定义了实现最终安全目标所需要的一系列过程，并对组织执行这些过程的能力进行等级划分。因此，二者可以互补使用，实际上，SSE-CMM

更适合作为评估工程实施组织（如安全服务提供商）能力与资质的标准。对用户组织来说，它是选择服务提供商的一个参照。我国国家信息安全测评认证中心在审核专业机构信息安全服务资质时，基本上就是依据 SSE-CMM 来审核并划分等级的。

关于 SSE-CMM 的详细介绍请参见 7.5 节。

1.4.2 国内信息安全管理的相关标准

在信息安全管理标准的制订方面，我国主要采用与国际标准靠拢的方式。公安部主持制定、国家质量技术监督局发布的中华人民共和国国家标准 GB 17895-1999《计算机信息系统安全保护等级划分准则》已正式颁布并实施。该准则将信息系统安全分为 5 个等级：自主保护级、系统审计保护级、安全标记保护级、结构化保护级和访问验证保护级。主要的安全考核指标有身份认证、自主访问控制、数据完整性、审计等。

2001 年我国参照国际标准 ISO/IEC 15408，制定了国家标准 GB/T 18336《信息技术安全性评估准则》，作为评估信息技术产品与信息安全特性的基础准则。

2002 年 4 月 15 日，全国信息安全标准化技术委员会在北京正式成立，该技术委员会的成立标志着我国信息安全标准化工作步入了"统一领导、协调发展"的新时期。全国信息安全标准化技术委员会下设以下工作组。

● 信息安全标准体系与协调工作组：研究信息安全标准体系，跟踪国际信息安全标准发展动态，研究、分析国内信息安全标准的应用需求，研究并提出新工作项目及设立新工作组的建议，协调各工作组项目。

● 信息安全评估工作组：调研国内外测评标准现状与发展趋势，研究提出我国统一测评标准体系的思路和框架，研究提出信息系统及网络的安全测评标准思路和框架，研究提出急需的测评标准项目和制订计划。

● 信息安全管理工作组：负责信息安全管理标准体系的研究，国内急用的标准调研，完成一批信息安全管理相关基础性标准的制定工作。

2002 年 7 月公安部根据 GB 17895-1999 制定了计算机信息系统安全等级保护技术要求系列标准，包括：

● GA/T 387-2002《计算机信息系统安全等级保护网络技术要求》；
● GA/T 388-2002《计算机信息系统安全等级保护操作系统技术要求》；
● GA/T 389-2002《计算机信息系统安全等级保护数据库管理系统技术要求》；
● GA/T 390-2002《计算机信息系统安全等级保护通用技术要求》；
● GA/T 391-2002《计算机信息系统安全等级保护管理要求》。

2008 年，我国基于国际信息安全管理标准 ISO/IEC 27001:2005 和 ISO/IEC 27002:2005，结合国家信息安全管理体系建设的特点与要求，发布了国家标准 GB/T 22080-2008《信息技术 安全技术 信息安全管理体系 要求》和 GB/T 22081-2008《信息技术 安全技术 信息安全管理实用规则》。

小　　结

1. 随着信息安全理论与技术的发展，信息安全保障的概念得以提出并得到一致认可，而在信息保障的三大要素（人员、技术、管理）中，管理要素的作用和地位越来越得到重视。

2．信息安全管理是通过维护信息的机密性、完整性和可用性，来管理和保护企业或组织信息资产的一项体制，是对信息安全保障进行指导、规范和管理的一系列活动和过程。

3．信息安全管理是保护国家、组织、个人等各个层面上信息安全的重要基础。只有以有效的信息安全管理体系为基础，通过完善信息安全治理结构，综合应用信息安全管理策略和信息安全技术产品，才有可能建立起一个真正意义上的信息安全防护体系。

4．在威胁多样化的信息化时代，我国信息安全管理的现状不容乐观。国家宏观信息安全管理方面的问题包括法律法规问题、管理问题和国家信息基础设施建设问题；我国在微观信息安全管理方面存在的问题主要表现为缺乏信息安全意识与明确的信息安全方针，重视安全技术而轻视安全管理，安全管理缺乏系统管理的思想等。

5．国际上信息安全管理在近几年的发展主要有以下方面：制订信息安全发展战略和计划，加强信息安全立法，实现统一和规范管理及步入标准化与系统化管理时代。

6．到目前为止，国际上制定了大量的有关信息安全管理的国际标准，主要可分为技术与工程标准、信息安全管理与控制标准。我国则主要采用与国际标准靠拢的方式来制定信息安全管理标准。

习　　题

1．从技术和管理层面谈一谈自己对信息安全的认识。

2．什么是信息？什么是信息安全？信息安全的内容包括哪些？

3．什么是信息安全管理？为什么要引入信息安全管理？

4．简述信息安全管理的内容。

5．我国信息安全管理现状如何？对此你有什么建议？

第 2 章

信 息 安 全 管 理 体 系

20 世纪 90 年代以前，信息安全管理主要依靠的规章制度还未成体系。1995 年，英国标准协会（BSI）推出了 BS 7799 信息安全管理标准，标准包括 BS 7799-1《信息安全管理实施细则》和 BS 7799-2《信息安全管理体系规范》都已被国际标准化组织（ISO）纳入世界标准，编号分别为 ISO/IEC 17799 和 ISO/IEC 27001，2005 年 6 月 15 日更新了版本。ISO/IEC 27000 已成为国际公认的信息安全管理实施标准，这标志着信息安全管理已步入标准化与系统化时代，规划和建设完善的信息安全管理体系已有章可循。

本章主要包括以下内容。

1. 信息安全管理体系（Information Security Management System，ISMS）是组织在整体或特定范围内建立的信息安全方针和目标，以及完成这些目标用的方法和手段所构成的体系。信息安全管理体系的建立同样需要采用过程的方法，因此开发、实施和改进一个组织的 ISMS 的有效性同样可参照 PDCA 模型。

2. BS 7799 与 ISO/IEC 27000 系列标准是信息安全管理领域的权威标准，也是全球业界一致公认的辅助信息安全治理的手段。其基本内容包括信息安全政策、信息安全组织、信息资产分类与管理、人员信息安全、物理和环境安全、通信和运营管理、访问控制、信息系统的开发与维护、业务持续性管理、信息安全事件管理和符合性管理 11 个方面。

3. 信息安全等级保护，是指根据信息系统在国家安全、经济安全、社会稳定和保护公共利益等方面的重要程度，结合系统面临的风险、应对风险的安全保护要求和成本开销等因素，将其划分成不同的安全保护等级，采取相应的安全保护措施，以保障信息和信息系统的安全。可以按照信息安全等级保护的思想建立信息安全管理体系。

4. 信息安全管理体系建立与认证，是指不同的组织在建立与完善信息安全管理体系时，可根据自己的特点和具体情况采取不同的步骤和方法；信息安全管理体系第三方认证为信息安全体系提供客观公正的评价，具有更大的可信性，并且能够使用证书向利益相关的组织提供保证。

本章重点：信息安全管理体系的内涵和实施模型、典型信息安全管理体系、信息安全管理体系的建立与认证。

本章难点：信息安全管理体系的内涵、信息安全管理体系的建立与认证。

2.1 信息安全管理体系概述

2.1.1 信息安全管理体系的内涵

信息安全管理体系是组织在整体或特定范围内建立的信息安全方针和目标，以及完成这些目标用的方法和手段所构成的体系。信息安全管理体系是信息安全管理活动的直接结果，表示为方针、原则、目标、方法、计划、活动、程序、过程和资源的集合。

1. ISMS 的范围

ISMS 的范围可以根据整个组织或者组织的一部分进行定义，包括相关资产、系统、应用、服务、网络和应用过程中的技术、存储以及通信的信息等，ISMS 的范围可以包括如下内容。

- 组织所有的信息系统。
- 组织的部分信息系统。
- 特定的信息系统。

此外，为了保证不同的业务利益，组织需要为业务的不同方面定义不同的 ISMS。例如，可以为组织和其他公司之间特定的贸易关系定义 ISMS，也可以为组织结构定义 ISMS，不同的情境可以由一个或者多个 ISMS 表述。

2. ISMS 的特点

信息安全管理体系是一个系统化、程序化和文件化的管理体系，应具有以下特点。

- 体系的建立基于系统、全面、科学的安全风险评估，体现以预防控制为主的思想。
- 强调遵守国家有关信息安全的法律法规及其他合同方要求。
- 强调全过程和动态控制，本着控制费用与风险平衡的原则合理选择安全控制方式。
- 强调保护组织所拥有的关键性信息资产，而不是全部信息资产，确保信息的机密性、完整性和可用性，保持组织的竞争优势和业务运作的持续性。

3. 建立 ISMS 的步骤

不同的组织在建立与完善信息安全管理体系时，可根据自己的特点和具体的情况，采取不同的步骤和方法。但总体来说，建立信息安全管理体系一般要经过下列 5 个基本步骤。

（1）信息安全管理体系的策划与准备。
（2）信息安全管理体系文件的编制。
（3）建立信息安全管理框架。
（4）信息安全管理体系的运行。
（5）信息安全管理体系的审核与评审。

信息安全管理体系一旦建立，应当按照体系的要求进行运作，保持体系运行的有效性。信息安全管理体系应形成一定的文件，即应建立并保持一个文件化的信息安全管理体系，其中应阐述被保护的资产、风险管理方法、控制目标与控制措施、信息资产需要保护的程度等内容。

4. ISMS 的作用

组织建立、实施与保持信息安全管理体系将会产生如下作用。

- 强化员工的信息安全意识，规范组织信息安全行为。
- 促使管理层贯彻信息安全保障体系。
- 对组织的关键信息资产进行全面系统的保护，维持竞争优势。
- 在信息系统受到侵袭时，确保业务持续开展并将损失降到最低程度。
- 使组织的生意伙伴和客户对组织充满信心。
- 如果通过体系认证，表明体系符合标准，证明组织有能力保障重要信息，可以提高组织的知名度与信任度。

总之，通过参照信息安全管理模型，按照先进的信息安全管理标准建立完整的信息安全管理体系并实施与保持，达到动态的、系统的、全员参与的、制度化的、以预防为主的信息安全管理方式，能够以最低的成本，达到可接受的信息安全水平，从根本上保证业务的连续性。

2.1.2 PDCA 循环

1. PDCA 循环简介

PDCA 循环的概念最早是由美国质量管理专家戴明提出来的，所以又称为"戴明环"，在质量管理中应用广泛。PDCA 的含义如下。

- P（Plan）——计划，确定方针和目标，确定活动计划。
- D（Do）——实施，采取实际措施，实现计划中的内容。
- C（Check）——检查，检查并总结执行计划的结果，评价效果，找出问题。
- A（Action）——行动，对检查总结的结果进行处理，对于成功的经验，应加以肯定并适当推广、标准化；对于失败的教训应加以总结，以免重现；未解决的问题应放到下一个PDCA 循环。

PDCA 循环的四个阶段的具体任务和内容如下。

（1）计划阶段：制定具体工作计划，提出总的目标。具体来讲又分为以下四个步骤。

① 分析现状，找出存在的问题。

② 分析产生问题的各种原因以及影响因素。

③ 分析并找出管理中的主要问题。

④ 制定管理计划，确定管理要点。

本阶段的任务是根据管理中出现的主要问题，制定管理的措施和方案，明确管理的重点。制定管理方案时要注意整体的详尽性、多选性和全面性。

（2）实施阶段：按照制定的方案去执行。

本阶段的任务是在管理工作中全面执行制定的方案。制定的管理方案在管理工作中执行的情况，直接影响全过程，在实施阶段应坚决按照制定的方案去执行。

（3）检查阶段：检查计划的实施结果。

本阶段的任务是检查工作，调查效果。这一阶段是比较重要的一个阶段，它是对实施方案是否合理、是否可行以及有何不妥的检查。该阶段为下一个阶段的工作提供条件，是检验上一阶段工作好坏的检验期。

（4）行动阶段：根据调查效果进行处理。

① 对已解决的问题，加以标准化：即把已成功的可行的条文进行标准化，将这些纳入制度、规定中，防止以后再发生类似问题。

② 找出尚未解决的问题，转入下一个循环中去，以便解决。

2. 信息安全管理体系的 PDCA 过程

PDCA 循环实际上是有效进行任何一项工作的合乎逻辑的工作程序。在质量管理中，PDCA 循环得到了广泛的应用，并取得了很好的效果，因此有人称 PDCA 循环是质量管理的基本方法。实际上，ISMS 管理体系与其他管理体系一样（如质量管理体系），需要采用过程的方法进行开发、实施和改进，提升信息安全管理体系的有效性。ISMS 的 PDCA 过程如图 2.1 所示。

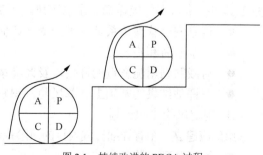

图 2.1 持续改进的 PDCA 过程

ISMS 的 PDCA 过程具有以下内容。

● 计划和实施。

计划阶段用来保证正确地建立了 ISMS 的内容和范围，正确地评估了信息安全风险，有效地制定了处理这些风险的计划。实施阶段用来落实在计划阶段确定的决策和解决方案。

● 检查和行动。

检查和行动阶段用来加强、修改和改进已确认和实施的信息安全方案。检查评审可以在任何时间、以任何频率实施。至于"怎样做"要考虑具体情况，在一些体系中可能需要建立自动化的过程来检测和响应安全事件；而其他的一些过程可能只有在发生信息安全事件、被保护的信息资产发生变化时，或者发生威胁和脆弱性变化时才做出必要的响应；同时，需要进行周期性评审或审核以保证整个管理体系达成预定目标并持续有效。

下面详细描述 ISMS 的 PDCA 过程各阶段的特点。

（1）计划阶段

本阶段的主要任务是根据风险评估、法律法规要求、组织业务运营自身要求来确定控制目标与控制方式。目的是保证正确地建立 ISMS 的内容和范围、识别和评估所有的信息安全风险，并开发恰当的处理风险的计划。要注意，计划活动及所有工作必须文件化，用于追溯管理变化。在计划阶段组织需要完成以下几个方面的工作。

① 确定信息安全方针

在计划阶段要求组织和其管理层确定信息安全方针，包括信息安全目标和目的框架、总的方向和信息安全行动原则。

② 确定信息安全管理体系的范围

如果信息安全管理体系的范围只包括组织的某些部分，则要清楚地识别系统的从属关系、与其他系统接口及系统的边界。确定信息安全管理体系范围的文件应包括以下内容。

● 建立范围的过程和信息安全管理体系的环境。

● 组织战略及业务环境。

● 组织使用的信息安全风险管理方法。

● 信息安全风险评价标准和所需的保护程度。

● 在信息安全管理体系的范围内信息资产的识别。

③ 制定风险识别和评估计划

风险评估文件应解释组织选择了哪一种识别、评估风险的方法，为什么选择此方法，组织所处的业务环境，组织业务的大小和面临的风险等。文件也应包括组织选择的工具和技术，解释为什么它们适用于本组织信息安全管理体系的风险识别和评估，以及怎样正确地使用这些工具和技术。文件应详细记录以下风险评估。

● 信息安全管理体系范围内的资产评估，估价度量的使用信息。

● 识别威胁和脆弱点。

● 对威胁利用脆弱点的评估，及此类事故发生时的影响。

● 在评估结果的基础上计算风险，识别残余风险。

④ 制定风险控制计划

组织应建立一个有详细日程安排的风险控制计划，对于识别的每一个风险都确定以下 4 点。

● 选择处理风险的方法。

- 已有的控制措施。
- 建议新增的控制措施。
- 实施新增的控制措施的时间期限。

应识别出组织可接受的风险水平，对于不可接受水平内的风险，应选择以下合适的措施。

- 因为不能采取其他措施或代价过高而接受风险。
- 转移风险。
- 降低风险到可接受的水平。

（2）实施阶段

本阶段的主要任务是实施组织所选择的控制目标与控制措施，具体工作包括以下内容。

① 保证资源、提供培训、提高安全意识

应提供充足资源用于运行信息安全管理体系和实施所有安全控制措施，提供相关文件用于实施所有控制措施，并及时维护对信息安全管理体系文件。另外，还应该对员工进行信息安全教育，以提高员工安全意识，在组织中形成良好的风险管理文化；开展信息安全技能与技术培训，促进员工掌握信息安全实现方法。

② 风险治理

对于经过评估的可接受风险，无须采取进一步的措施。对于经过评估的不可接受风险，可以采取降低风险或风险转移的方法进行风险处理。如果决定转移风险，则应该采取签订合同、参加保险或优化组织结构（如寻找合作、合资伙伴）等进一步的行动。无论哪一种情况，都必须保证风险转移到的组织能理解风险的性质，并且能够有效地管理这些风险。如果组织决定降低风险，就要在 ISMS 范围内实施已选择的降低风险的控制措施。这些措施应与在计划活动中准备的风险控制计划相一致。

成功实施该计划要求有有效的管理体系，管理体系定义了所选择的控制目标与控制措施，落实责任和控制的过程，以及监控这些控制的过程。当一个组织决定接受高于可接受水平的风险时，应获得管理层的批准。在不可接受风险被降低或转移之后，还会有残余风险，控制措施应保证能够及时识别并管理残余风险所产生的影响或破坏。

（3）检查阶段

本阶段的主要任务是进行有关方针、程序、标准与法律法规的符合性检查，对存在的问题采取措施，予以改进。检查阶段的目的是保证控制措施有效运行。另外，应该考虑风险评估的对象及范围的变化情况，如果发现风险控制措施不够充分，就必须决定采取必要的纠正措施，纠正措施应只在必要时采用，属于 PDCA 循环的行动阶段。

在下面这两种情况下要采用纠正措施。

- 为了维护信息安全管理体系文件内部的一致性。
- 由于发生某些改变，使组织暴露于不可接受的风险之中。

检查活动应该对采用的控制措施与实施过程进行描述，内容包括：对风险的不间断评审，在技术、威胁或功能不断变化的情况下，对治理风险的方法和过程的调整。

在确定当前安全状态令人满意的同时，应注意技术的变化、业务的需求与新威胁和脆弱点的出现，尽量预测信息安全管理体系将来的变化，并采取有效措施确保其在将来持续有效地运转。

在检查阶段采集的信息可以用来检测信息安全管理体系，判断是否符合组织的安全方针和控制目标。常用的检查措施如下。

● 日常检查：日常检查应作为正式的业务过程经常进行，并用于侦测处理结果的错误。

● 自治程序：自治程序是一种为了及时发现发生的错误或失败而建立的控制措施。例如，网络设备发生故障时，监控程序可以自动报警。

● 从其他处学习：即向其他组织学习处理此类问题的更好的办法，适用于技术和管理活动。

● 内部信息安全管理体系审核：在一个特定的常规审核时间段内（时间不应该超过一年）检查信息安全管理体系是否达到预期。

● 管理评审：管理评审的目的是检查信息安全管理体系的有效性，以识别需要的改进和采取的行动。管理评审至少每年进行一次。

● 趋势分析：经常进行趋势分析有助于组织识别需要改进的领域，并建立持续改进和循环提高的基础。

（4）行动阶段

本阶段的主要任务是对信息安全管理体系进行评价，寻求改进的机会，采取相应的措施。为使信息安全管理体系持续有效，应以检查阶段采集的不符合项信息为基础，经常对信息安全管理体系进行调整与改进。对信息安全管理体系所做的改变或下一步行动计划，要及时告知所有的相关方，并提供相应的培训服务。

① 不符合项

不符合项是指以下内容。

● 缺少有效地实施和维护一个或多个信息安全管理体系的要求。

● 在有客观证据的基础上，对信息安全管理体系完成信息安全方针和组织安全目标的能力的重大怀疑。

在检查阶段的评审强调对于不符合项应采取进一步的调查，以识别事故的原因，采取的措施不仅要解决问题，而且要防止此类问题再次发生。

② 纠正和预防措施

应采取纠正措施以消除不符合项和其他违反标准要求的情况；应采取预防措施消除潜在的不符合项或其他可能违反标准要求的情况，防止再次发生。

需要注意的是，孤立的不符合项是不可能完全消除的，同时，孤立的事件可能是安全弱点的征兆，如果不加以处理可能会对整个组织产生影响。当识别和实施任何纠正措施时，应从这种角度来考虑孤立事件，确保补救工作能预防和减少类似事件再次发生。

3. PDCA 过程的持续性

信息安全管理体系的实施、维护是一个持续改进的过程。由图 2.1 可以发现，PDCA 循环可以形象地说明系统的改进活动是周而复始的不断的循环过程。之所以将其称为 PDCA 循环，是因为这 4 个过程不是运行一次就完结，而是要周而复始地进行。PDCA 循环是螺旋式上升和发展的，每循环一次要求提高一步。每一次循环都包括计划（Plan）、实施（Do）、检查（Check）和行动（Action）4 个阶段。每完成一个循环，ISMS 的有效性就上一个台阶。组织通过持续地进行 PDCA 过程，能够使自身的信息安全水平得到不断的提高。

2.2 BS 7799 信息安全管理体系

2.2.1 BS 7799 的目的与模式

1. BS 7799 的目的

BS 7799 的目的是"为信息安全管理提供建议，供那些在其机构中负有安全责任的人使用，它旨在为一个机构提供用来制定安全标准、实施有效安全管理的通用要素，并使跨机构的交易得到互信"。作为一个通用的信息安全管理指南，BS 7799 的目的并不涉及"怎么做"的细节，它所阐述的主题是安全方针策略和恰当的、具有普遍意义的安全操作。该标准特别声明，它是"制订一个机构自己的标准时的出发点"。

保证信息安全不是仅有一个防火墙，或找一个 24 小时提供信息安全服务的公司就可以达到的，它需要全面的综合管理。而引入信息安全管理体系就可以协调各个方面信息管理，使管理更为有效。组织实施 BS 7799 的目的是按照先进的信息安全管理标准，建立并保持完整的信息安全管理体系，达到动态的、系统的、全员参与、制度化的、以预防为主的信息安全管理方式，以最低的成本，达到可接受的信息安全水平，从根本上保证业务的连续性。

信息安全管理体系标准 BS 7799 可有效保护信息资源，保护信息化进程健康、有序、可持续发展。BS 7799 是信息安全领域的管理体系标准，类似于质量管理体系认证的 ISO 9000 标准。组织通过了 BS 7799 的认证，就相当于通过 ISO 9000 的质量认证一般，表示组织的信息安全管理已建立了一套科学有效的管理体系作为保障。

2. 实施 BS 7799 的程序与模式

BS 7799 标准详细介绍了实施信息安全管理的方法和程序，其可以作为大型、中型及小型组织确定信息安全所需的控制范围的参考基准。用户可以参照这个完整的标准制订出自己的安全管理计划和实施步骤。

引入信息安全管理标准的关键在于组织对其的重视程度以及制度的落实情况。组织在实施过程中一定要注意，BS 7799 标准里描述的所有控制方式不可能适合组织中的每一种情况和组织中的每个潜在用户。因此，需要根据组织的功能要求和实际情况进一步开发适合自身需要的控制目标与控制措施。

信息安全管理体系可以定义为整个组织或组织的一部分，在处理、存储和传输数据过程中所用到的相关资产、系统、应用程序、服务、网络和技术等的集合。ISMS 是整个管理体系的一部分，建立在业务风险分析的基础上，通过 ISMS 的开发、实施、维护和评审可以达到确保信息安全的目的。在 BS 7799 中 ISMS 可能涉及以下内容。

- 组织的整个信息系统。
- 信息系统的某些部分。
- 一个特定的信息系统。

选择上面哪一种范围模式的 ISMS 取决于组织的实际需要，一个组织可能需要为其企业的不同部分、不同方面定义不同的 ISMS。例如，可以为公司与贸易伙伴的特定的贸易关系定义一个信息安全管理体系。BS 7799 强调管理体系的有效性、经济性、全面性、普遍性和开放性，为希望达到一定管理效果的组织提供一种高质量、高实用性的参照。各组织应以此为参照建立自己的信息安全管理体系，可以在别人经验的基础上根据自己的实际情况选择引入 BS 7799 的模式，实现对信息进行良好的管理。

组织在实施 BS 7799 时，可以根据需求和实际情况采用以下 4 种模式。

● 按照 BS 7799 标准的要求，自我建立和实施组织的安全管理体系，以达到保证信息安全的目的。

● 按照 BS 7799 标准的要求，自我建立和实施组织的安全管理体系，以达到保证信息安全的目的，并且通过 BS 7799 体系认证。

● 通过安全咨询顾问，来建立和实施组织的安全管理体系，以达到保证信息安全的目的。

● 通过安全咨询顾问，来建立和实施组织的安全管理体系，以达到保证信息安全的目的，并且通过 BS 7799 体系认证。

2.2.2　BS 7799 标准规范的内容

实施信息安全管理体系标准的目的是保证组织的信息安全，即信息资料的机密性、完整性和可用性等，并保证业务的正常运营。依据 BS 7799，建立和实施信息安全管理体系的方法是通过风险评估、风险管理引导切入企业的信息安全要求。当然，在 BS 7799 标准中已规范了信息安全政策、信息安全组织、信息资产分类与管理、人员信息安全、物理和环境安全、通信和运营管理、访问控制、信息系统的开发与维护、业务持续性管理、信息安全事件管理和符合性等 11 个方面的安全管理内容，具体包括 134 种安全控制指南供组织选择和使用。

BS 7799 标准具体又可分为两个部分：BS 7799-1《信息安全管理实施细则》和 BS7799-2《信息安全管理体系规范》。第一部分主要是给负责开发的人员作为参考文档使用，从而在他们的机构内部实施和维护信息安全；第二部分详细说明了建立、实施和维护信息安全管理体系的要求，指出实施组织需要通过风险评估来鉴定最适宜的控制对象，并根据自己的需求采取适当的安全控制。

（1）BS 7799-1《信息安全管理实施细则》

BS 7799-1《信息安全管理实施细则》作为国际信息安全指导标准 ISO/IEC17799 基础的指导性文件，包括 11 个管理要素，134 种控制方法，如表 2.1 所示。详细内容如表 2.2 所示。

表 2.1		安全管理控制目标与控制方法	
1. 安全方针/策略（Security Policy）			
2. 安全组织（Security Organization）			
3. 资产分类与控制（Asset Classification and Control）			
4. 人员安全（Personnel Security）	5. 物理与环境安全（Physical and Environmental Security）	6. 通信与运营管理（Communications and Operations Management）	8. 系统开发与维护（Systems Development and Maintenance）
7. 访问控制（Access Control）			
9. 信息安全事件管理（Information Security Incident Management）			
10. 业务持续性管理（Business Continuity Management）			
11. 法律法规符合性（Compliance）			

表 2.2   **BS 7799** 详细内容列表

标准	目的	内容
安全方针	为信息安全提供管理方向和支持	建立安全方针文档
安全组织	建立组织内的安全管理体系框架，以便进行安全管理	组织内部信息安全责任；信息采集设施安全；可被第三方利用的信息资产的安全；外部信息安全评审；外包合同安全
资产分类与控制	建立维护组织资产安全的保护系统的基础	利用资产清单、分类处理、信息标签等对信息资产进行保护
人员安全	减少人为造成的风险	减少错误、偷窃、欺骗或资源误用等人为风险；保密协议；安全教育培训；安全事故与教训总结；惩罚措施
物理与环境安全	防止对 IT 服务的未经许可的介入，防止损害和干扰服务	阻止对工作区与物理设备的非法进入；防止业务机密和信息的非法访问、损坏、干扰；阻止资产的丢失、损坏或遭受危险；通过桌面与屏幕管理阻止信息的泄露
通信与运营安全	保证通信和设备的正确操作及安全维护	确保信息处理设备的正确和安全的操作；降低系统失效的风险；保护软件和信息的完整性；维护信息处理和通信的完整性和可用性；确保针对网络信息的安全措施和支持基础结构的保护；防止资产被损坏和业务活动被干扰中断；防止组织间的交易信息遭受损坏、修改或误用
访问控制	控制对业务信息的访问	控制访问信息；阻止非法访问信息系统；确保网络服务得到保护；阻止非法访问计算机；检测非法行为；保证在使用移动计算机和远程网络设备时信息的安全
系统开发与维护	保证系统开发与维护的安全	确保信息安全保护深入到操作系统中；阻止应用系统中的用户数据的丢失、修改或误用；确保信息的机密性、可靠性和完整性；确保 IT 项目工程及其支持活动在安全的方式下进行；维护应用程序软件和数据的安全
信息安全事故管理	保证信息安全事故的及时报告和处理	确保与信息系统有关的信息安全事故和弱点能够以某种方式传达，以便及时采纳纠正措施；确保采用一致和有效的方法对信息安全事故进行管理
业务持续性管理	防止业务活动中断和灾难事故的影响	防止业务活动的中断；保护关键业务过程免受重大失误或灾难的影响
符合性	避免任何违反法律、法规、合同约定及其他安全要求的行为	避免违背刑法、民法、条例；遵守契约责任以及各种安全要求；确保系统符合安全方针和标准；使系统审查过程的绩效最大化，并将干扰因素降到最小

（2）BS 7799-2《信息安全管理体系规范》

BS 7799-2《信息安全管理体系规范》详细说明了建立、实施和维护信息安全管理体系的要求，指出实施组织需要通过风险评估来鉴定最适宜的控制对象，并根据自己的需求采取适当的安全控制。本部分还提出了建立信息安全管理框架的步骤，详见 2.5 节。

BS 7799-2 的新版本 ISO/IEC 27001:2005 同 ISO 9001:2000（质量管理体系）和 ISO 14001:1996（环境管理体系）等国际知名管理体系标准采用相同的风格，使信息安全管理体系更容易和其他的管理体系相协调。ISO/IEC 27001:2005 更注重 PDCA 的过程管理模式，能够更好地与组织原有的管理体系，如质量管理体系、环境管理体系等进行整合，减少组织的管理环节，降低管理成本。这在标准的引言部分通过总则、过程方法、与其他管理体系的相容性等描述中得到了很好的体现。新版标准将组织对信息安全管理体系的采用提升到了一个战略的高度，鼓励组织采用过程的方式建立、实施组织的信息安全管理体系，并持续改进其有效性。允许组织将其信息安全管理体系与其他管理体系进行整合，也是标准的"统一防御"管理思想的一个体现。

2.3 ISO 27000 信息安全管理体系

2.3.1 ISO 27000 信息安全管理体系概述

到目前为止，正式发布的 ISO/IEC 27000 信息安全管理体系标准有 10 个，其中部分已经转化成我国的国家标准。全部标准基本可以分为以下 4 个部分。

第一部分是要求和支持性指南，包括 ISO/IEC 27000 到 ISO/IEC 27005，是信息安全管理体系的基础和基本要求。

第二部分是有关认证认可和审核的指南，包括 ISO/IEC 27006 到 ISO/IEC 27008，面向认证机构和审核人员。

第三部分是面向专门行业的信息安全管理要求，如金融业、电信业，或者专门应用于某个具体的安全领域，如数字证据、业务连续性方面。

第四部分是由 ISO 技术委员会 TC215 单独制定的（而非和 IEC 共同制定）应用于医疗信息安全管理的标准 ISO 27799，以及一些处于研究阶段并以新项目提案方式体现的成果，如供应链安全、存储安全等。

2.3.2 ISO 27000 信息安全管理体系的主要标准及内容

ISO/IEC 27000——《信息安全管理概述和术语》，是最基础的标准之一，于 2009 年发布。它提供 ISMS 标准族中所涉及的通用术语和基本原则，由于 ISMS 每个标准都有自己的术语和定义，以及使用环境和行业的差别，不同标准的术语间往往会有一些细微的差异，致使在使用过程中相对缺乏协调，而 ISO/IEC 27000 就是用于实现这种一致性。ISO/IEC 27000 标准包含 3 章，第一章是标准的范围说明；第二章对 ISO 27000 系列的各个标准进行介绍，说明了各个标准之间的关系；第三章给出了 63 个与 ISO 27000 系列标准相关的术语和定义。

ISO/IEC 27001《信息安全管理体系要求》，于 2005 年发布第一版，2013 年发布第二版，2008 年等同转化为中国国家标准 GB/T 22080-2008/ISO/IEC 27001:2005，于同年 11 月 1 日起正式实施。它是 ISMS 的规范性标准，来源于 BS 7799-2，各类组织可以按照 ISO 27001 的要求建立自己的信息安全管理体系，并通过认证。ISO/IEC 27001 也是 ISO/IEC 27000 系列最核心的两个标准之一，着眼于组织的整体业务风险，通过对业务进行风险评估来建立、实施、运行、监视、评审、保持和改进其信息安全管理体系，确保其信息资产的保密性、可用性和完整性，适用于所有类型的组织。该标准还规定了为适应不同组织或部门的需求而制定的安全控制措施的实施要求，也是独立第三方认证及实施审核的依据。

ISO/IEC 27002《信息安全管理实用规则》，于 2005 年发布第一版，2013 年发布第二版，等同转化为中国国家标准 GB/T 22081-2008/ISO/IEC 27002:2005。ISO/IEC 27002 是 ISO/IEC 27000 系列最核心的两个标准之一。它来源于 BS7799-1，2013 版从 14 个方面提出 35 个控制目标和 113 个控制措施，这些控制目标和措施是信息安全管理的最佳实践，主要内容见表 2.3。

从应用角度看，该标准具有专用和通用的二重性。作为 ISO 27000 标准族系列的成员之一，它是配合 ISO/IEC 27001 标准来使用的，体现其专用性；同时，它提出的信息安全控制目标和控制措施又是从信息安全工作实践中总结出来的，不管组织是否建立和实施 ISMS，均可从中选择适合自己的思路、方法和手段来实现目标，这又体现其通用性。

表 2.3 　　　　　　　　　　　　ISO/IEC 27002 主要内容

序号	类别	控制项	控制目标	主要内容
1	安全方针	信息安全管理方向	依据业务要求和相关法律法规提供管理方向并支持信息安全	信息安全策略的定义、批准、发布、传达以及评审
2	信息安全组织	内部组织	建立管理框架，以启动和控制组织范围内的信息安全的实施和运行	信息安全角色和职责、职责分离、与政府部门的联系、与特定利益集团的联系、项目管理中的信息安全
		移动设备和远程工作	确保远程工作和使用移动设备时的安全	移动设备策略、远程工作
3	人力资源安全	任用之前	确保雇员和承包方人员理解其职责、适于考虑让其承担的角色	审查、任用条款和条件
		任用中	确保雇员和承包方人员知悉并履行其信息安全职责	管理职责，信息安全意识、教育和培训，纪律处理过程
		任用的终止或变更	将保护组织利益作为变更或终止任用过程的一部分	任用终止或变更的职责
4	资产管理	对资产负责	识别组织资产，并定义适当的保护职责	资产清单、资产所有权、资产的可接受使用、资产的归还
		信息分类	确保信息按照其对组织的重要性受到适当级别的保护	信息的分类、信息的标记、信息的处理
		介质处置	防止存储在介质上的信息遭受未授权泄露、修改、移动或销毁	可移动介质的管理、介质的处置、物理介质传输
5	访问控制	访问控制的业务要求	限制对信息和信息处理设施的访问	访问控制策略、网络和网络服务的访问
		用户访问管理	确保授权用户访问系统和服务，并防止未授权的访问	用户注册及注销、用户访问开通、特殊访问权限管理、用户秘密鉴别信息管理、用户访问权限的复查、撤销或调整访问权限
		用户职责	使用户承担保护鉴别信息的责任	使用秘密鉴别信息
		系统和应用访问控制	防止对系统和应用的未授权访问	信息访问限制、安全登录规程、口令管理系统、特殊权限实用工具软件的使用、对程序源代码的访问控制
6	密码学	密码控制	恰当和有效的利用密码学保护信息的保密性、真实性或完整性	使用密码控制的策略、密钥管理
7	物理和环境安全	安全区域	防止对组织场所和信息的未授权物理访问、损坏和干扰	物理安全周边，物理入口控制，办公室、房间和设施的安全保护，外部和环境威胁的安全防护，在安全区域工作，交接区安全
		设备	防止资产的丢失、损坏、失窃或危及资产安全以及组织活动的中断	设备安置和保护、支持性设施、布缆安全、设备维护、资产的移动、组织场外设备和资产的安全、设备的安全处置或再利用、无人值守的用户设备、清空桌面和屏幕策略

续表

序号	类别	控制项	控制目标	主要内容
8	操作安全	操作规程和职责	确保正确、安全的操作信息处理设施	文件化的操作规程，变更管理，容量管理，开发、测试和运行环境分离
		恶意软件防护	确保对信息和信息处理设施进行恶意软件防护	控制恶意软件
		备份	为了防止数据丢失	信息备份
		日志和监视	记录事态和生成证据	事态记录、日志信息的保护、管理员和操作员日志、时钟同步
		运行软件的控制	确保运行系统的完整性	在运行系统上安装软件
		技术脆弱性管理	防止技术脆弱性被利用	技术脆弱性的控制、限制软件安装
		信息系统审计考虑	将运行系统审计活动的影响最小化	信息系统审计控制措施
9	通信安全	网络安全管理	确保网络中信息的安全性并保护支持性信息处理设施	网络控制、网络服务安全、网络隔离
		信息传递	保持组织内以及与组织外信息传递的安全	信息传递策略和规程、信息传递协议、电子消息发送、保密性或不泄露协议
10	系统获取、开发和维护	信息系统的安全要求	确保信息安全是信息系统整个生命周期中的一个有机组成部分。这也包括提供公共网络服务的信息系统的要求	信息安全要求分析和说明、公共网络应用服务安全、保护应用服务交易
		开发和支持过程中的安全	确保进行信息安全设计，并确保其在信息系统开发生命周期中实施	安全开发策略、系统变更控制规程、运行平台变更后应用的技术评审、软件包变更的限制、安全系统工程原则、安全开发环境、外包开发、系统安全测试、系统验收测试
		测试数据	确保保护测试数据	系统测试数据的保护
11	供应商关系	供应商关系的信息安全	确保保护可被供应商访问的组织资产	供应商关系的信息安全策略、处理供应商协议中的安全问题、信息和通信技术供应链
		供应商服务交付管理	保持符合供应商交付协议的信息安全和服务交付的商定水准	供应商服务的监视和评审、供应商服务的变更管理
12	信息安全事件管理	信息安全事件和改进的管理	确保采用一致和有效的方法对信息安全事件进行管理，包括安全事件和弱点的传达	职责和规程、报告信息安全事态、报告信息安全弱点、评估和确定信息安全事态、信息安全事件响应、对信息安全事件的总结、证据的收集
13	业务连续性管理的信息安全方面	信息安全连续性	组织的业务连续性管理体系中应体现信息安全连续性	信息安全的连续性计划、实施信息安全连续性计划、验证、评审和评价信息安全连续性计划
		冗余	确保信息处理设施的有效性	信息处理设施的可用性
14	符合性	符合法律和合同要求	避免违反任何法律、法令、法规或合同义务以及任何安全要求	可用法律及合同要求的识别、知识产权、保护记录、隐私和个人身份信息保护、密码控制措施的规则
		信息安全评审	确保信息安全实施及运行符合组织策略和程序	独立的信息安全评审、符合安全策略和标准、技术符合性评审

ISO/IEC 27003《信息安全管理体系实施指南》，于 2010 年发布，该标准适用于所有类型、所有规模和所有业务形式的组织，为建立、实施、运行、监视、评审、保持和改进符合 ISO/IEC 27001 的信息安全管理体系提供实施指南。它给出了 ISMS 成功实施的关键因素，按照 PDCA 的模型，明确了计划、实施、检查、行动等阶段的活动内容和详细指南。

ISO/IEC 27004《信息安全管理测量》，于 2009 年发布，该标准阐述信息安全管理的测量和指标，用于测量信息安全管理的实施效果，为组织测量信息安全控制措施和 ISMS 过程提供指南。它分为信息安全测量概述、管理责任、测量和测量改进、测量操作、数据分析和测量结果报告、信息安全管理项目的评估和改进六个关键部分，该标准还详细描述了测量过程机制，分析了如何收集基准测量单位，以及如何利用分析技术和决策准则来生成信息安全的临界指标等。

ISO/IEC 27005《信息安全风险管理》，于 2008 年发布，该标准描述了信息安全风险管理的要求，可以用于风险评估，识别安全需求，支撑信息安全管理体系的建立和维持。作为信息安全风险管理的指南，该标准还介绍了一般性的风险管理过程，重点阐述风险评估的重要环节，给出了资产、影响、脆弱性以及风险评估的方法，列出了常见的威胁和脆弱性，最后给出了根据不同通信系统、不同安全威胁选择控制措施的方法。

ISO/IEC 27006《信息安全管理对认证机构的认可要求》，于 2007 年发布，该标准主要是对从事 ISMS 认证的机构提出了要求和规范，即一个机构具备了怎样的条件才能从事 ISMS 认证业务，所有提供 ISMS 认证服务的机构需要按照该标准的要求证明其能力和可靠性。

ISO/IEC 27007《信息安全管理的审核指南》，该标准拟对提供 ISMS 认证的第三方认证机构的审核员的工作提供支持，内部审核员也可以参考本标准完成内部审核活动，还可为任何依据 ISO/IEC 27002 标准来管理信息安全风险、审查组织措施有效性的人员提供指导和支持。

ISO/IEC 27008《信息安全管理的控制措施审核员指南》，于 2011 年发布，该标准为所有审核员在考察组织基于业务风险而采取信息安全控制措施方面提供工作指导。它通过比较信息安全风险管理过程中内部、外部、第三方的所有管理体系要求与控制措施之间的关系来判定其管理的有效性，判别其控制措施是否满足信息安全治理要求及其有效程度。

ISO/IEC 27010《部门间通信的信息安全管理》，该标准拟提供如何针对信息安全风险、控制措施约束以及如何在不同物理场地跨组织通信的情况下进行数据共享的方法，尤其是对跨重要设施进行通信时所产生的问题和影响提供有效支持。通过对同一物理场地通信、不同物理场地通信、危机时与政府机构间的通信、常规商务环境下为满足正常合同要求而进行双向业务通信的一系列分析，该标准明确了不同组织之间安全地进行信息交换的方法、模型、过程、协议、控制措施和工作机制。

2.4 基于等级保护的信息安全管理体系

早在 1994 年 2 月 18 日，中华人民共和国国务院令第 147 号发布《中华人民共和国计算机信息系统安全保护条例》（以下简称《条例》）就提出基于等级保护的信息安全管理思想。《条例》规定，"计算机信息系统实行安全等级保护，安全等级的划分标准和安全等级保护的具体办法，由公安部会同有关部门制定"。2003 年 8 月 26 日，《国家信息化领导小组关于加强信息安全保障工作的意见》（中办发〔2003〕27 号）指出：信息化发展的不同阶段和不同的信息系统有着不同的安全需求，必须从实际出发，综合平衡安全成本和风险，优化信息安全资源的配置，确保重点；要重点保护基础信息网络和关系国家安全、经济命脉、社会稳定等方面的重要信息系统，抓紧建立信息安全等级保护制度，制定信息安全等级保护的管理办法和技术指南；要重视信息安全风险评估工作，对网络与信息系统安全的潜在威胁、薄弱环节、防护措施等进行分析评估，综合考虑网络与信息系统的重要性、涉密程度和面临的信息安全风险等因素，进行相应等级的安全建设和管理；对涉及国家秘密的信息系统，要按照党和国家有关保密规定进行保护。

2.4.1 等级保护概述

1. 等级保护的含义

信息安全等级保护是指根据信息系统在国家安全、经济安全、社会稳定和保护公共利益等方面的重要程度，结合系统面临的风险、应对风险的安全保护要求和成本开销等因素，将其划分成不同的安全保护等级，采取相应的安全保护措施，以保障信息和信息系统的安全。

2. 等级保护的基本原则

（1）重点保护原则

等级保护要突出重点，重点保护关系国家安全、经济命脉、社会稳定等方面的重要信息系统，集中资源首先确保重点信息系统的安全。

（2）"谁主管谁负责、谁运营谁负责"原则

等级保护要贯彻"谁主管谁负责、谁运营谁负责"的原则，由各主管部门和运营单位依照国家相关法规和标准，自主确定信息系统的安全等级并按照相关要求组织实施安全防护。

（3）分区域保护原则

等级保护要根据各地区、各行业信息系统的重要程度、业务特点和不同发展水平，分类、分级、分阶段实施，通过划分不同安全保护等级的区域，实现不同强度的安全保护。

（4）"同步建设、动态调整"原则

信息系统在新建、改建、扩建时应当同步建设信息安全设施，确保信息安全与信息化建设相适应。因信息和信息系统的应用类型、范围等条件的变化及其他原因，安全保护等级需要变更的，应当重新确定系统的安全保护等级。

3. 安全等级划分

根据信息和信息系统在国家安全、经济建设、社会生活中的重要程度；遭到破坏后对国家安全、社会秩序、公共利益以及公民、法人和其他组织的合法权益的危害程度；针对信息的保密性、完整性和可用性等要求及信息系统必须要达到的基本的安全保护水平等因素，《关于信息安全等级保护工作的实施意见》（公通字〔2004〕66 号）文件中规定，信息和信息系统的安全保护等级共分为以下 5 级。

（1）第一级：自主保护级

适用于一般的信息和信息系统，其受到破坏后，会对公民、法人和其他组织的权益产生一定影响，但不危害国家安全、社会秩序、经济建设和公共利益。

（2）第二级：指导保护级

适用于一定程度上涉及国家安全、社会秩序、经济建设、公共利益的一般信息和信息系统，其遭到破坏后，会对国家安全、社会秩序、经济建设和公共利益造成一定损害。

（3）第三级：监督保护级

适用于涉及国家安全、社会秩序、经济建设、公共利益的信息和信息系统，其遭到破坏后，会对国家安全、社会秩序、经济建设和公共利益造成较大损害。

（4）第四级：强制保护级

适用于涉及国家安全、社会秩序、经济建设、公共利益的重要信息和信息系统，其遭到破坏后，会对国家安全、社会秩序、经济建设和公共利益造成严重损害。

（5）第五级：专控保护级

适用于涉及国家安全、社会秩序、经济建设、公共利益的重要信息和信息系统的核心子系统，其遭到破坏后，会对国家安全、社会秩序、经济建设和公共利益造成特别严重的损害。

4．技术要求和管理要求

实现信息系统的安全等级保护将通过选用合适的安全措施或安全控制来保证，依据实现方式的不同，信息系统等级保护的安全基本要求分为技术要求和管理要求两大类。

技术类安全要求通常与信息系统提供的技术安全机制有关，主要是通过在信息系统中部署软硬件并正确地配置其安全功能来实现，主要包括物理安全、网络安全、主机系统安全、应用安全和数据安全等几个层面的安全要求。管理类安全要求通常与信息系统中各种角色参与的活动有关，主要是通过控制各种角色的活动，从政策、制度、规范、流程以及记录等方面做出规定来实现，主要包括安全管理机构、安全管理制度、人员安全管理、系统建设管理和系统运维管理几个方面的安全要求。

技术要求与管理要求是确保信息系统安全不可分割的两个部分，两者之间既互相独立，又互相关联。在一些情况下，技术和管理能够发挥它们各自的作用；在另一些情况下，需要同时使用技术和管理两种手段，实现安全控制或更强的安全控制。大多数情况下，技术和管理要求互相提供支撑以确保各自功能的正确实现。

2.4.2 等级保护实施方法与过程

1．等级保护实施方法

实行信息安全等级保护时"要重视信息安全风险评估工作，对网络与信息系统安全的潜在威胁、薄弱环节、防护措施等进行分析评估，综合考虑网络与信息系统的重要性、涉密程度和面临的信息安全风险等因素，进行相应等级的安全建设和管理"。信息安全等级保护的实施方法如图 2.2 所示。

信息安全等级保护的实施方法中主要涉及以下内容。

● 安全定级：对系统进行安全等级的确定。

● 基本安全要求分析：对应安全等级划分标准，分析、检查系统的基本安全要求。

● 系统特定安全要求分析：根据系统的重要性、涉密程度及具体应用情况，分析系统特定安全要求。

● 风险评估：分析和评估系统所面临的安全风险。

● 改进和选择安全措施：根据系统安全级别的保护要求和风险分析的结果，改进现有安全保护措施，选择新的安全保护措施。

- 实施：实施安全保护。

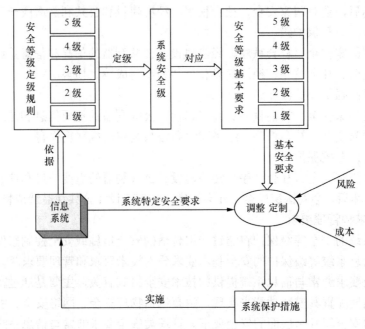

图 2.2　信息安全等级保护的实施方法

2. 等级保护实施过程

信息安全等级保护的实施过程包括以下 3 个阶段。

- 定级阶段。
- 规划与设计阶段。
- 实施、等级评估与改进阶段。

等级保护的基本流程如图 2.3 所示。

（1）第一阶段：定级

定级阶段主要包括两个步骤。

① 系统识别与描述

根据需要将复杂系统进行分解，描述系统和子系统的组成及边界。

② 等级确定

完成信息系统总体定级和子系统的定级。

（2）第二阶段：规划与设计

规划与设计阶段主要包括以下 3 个步骤。

① 建立系统分域保护框架

通过对系统进行安全域划分和保护对象分类，建立系统的分域保护框架。

② 选择和调整安全措施

根据系统和子系统的安全等级，选择对应等级的基本安全要求，并根据风险评估的结果，综合平衡安全风险和成本，以及各系统特定的安全要求，选择和调整安全措施，确定系统、子系统和各类保护对象的安全措施。

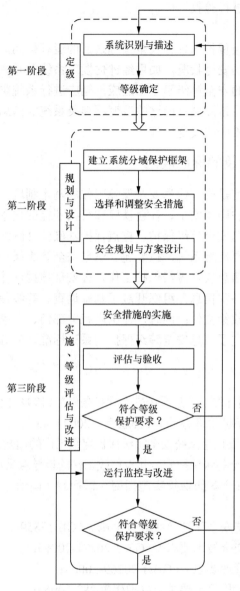

图 2.3　等级保护的基本流程

③ 安全规划与方案设计

根据所确定的安全措施，制定安全措施的实施规划，并制定安全技术解决方案和安全管理解决方案。

（3）第三阶段：实施、等级评估与改进

实施、等级评估与改进阶段主要包括以下 3 个步骤。

① 安全措施的实施

依据安全解决方案建立和实施等级保护的安全技术措施和安全管理措施。

② 评估与验收

按照等级保护的要求，选择相应的方式来评估系统是否满足相应的等级保护要求，并对建立等级保护的最终结果进行验收。

③ 运行监控与改进

运行监控是在实施等级保护的各种安全措施之后的运行期间，监控系统的变化和系统安全风险的变化，评估系统的安全状况。如果经评估发现系统及其风险环境已发生重大变化，新的安全保护要求与原有的安全等级已不相适应，则应进行系统重新定级。如果系统只发生部分变化，例如发现新的系统漏洞，而这些改变不涉及系统的信息资产和威胁状况的根本改变，则只需要调整和改进相应的安全措施。

2.4.3　等级保护主要涉及的标准规范

信息安全等级保护制度是国家信息安全保障工作的基本制度、基本策略和基本方法，是促进信息化健康发展，维护国家安全、社会秩序和公共利益的根本保障。国务院法规和中央文件明确规定，要实行信息安全等级保护，重点保护基础信息网络和关系国家安全、经济命脉、社会稳定等方面的重要信息系统，抓紧建立信息安全等级保护制度和规范。

近几年，为组织开展信息安全等级保护工作，公安部根据法律授权，会同国家保密局、国家密码管理局以及原国务院信息办组织开展了基础调查、等级保护试点、信息系统定级备案等工作，出台了一系列政策文件；同时，在国内有关部门、专家和企业的共同努力下，公安部和标准化部门组织制定了信息安全等级保护的系列标准，为等级保护工作的开展提供了有力的保障。

主要的政策法规有：

- 《中华人民共和国计算机信息系统安全保护条例》（1994年国务院147号令，第九条）；
- 《信息安全等级保护管理办法》（公通字〔2007〕43号）；
- 《关于开展全国重要信息系统安全等级保护定级工作的通知》（公信安〔2007〕861号）；
- 《关于开展信息安全等级保护安全建设整改工作的指导意见》（公信安〔2009〕1429号）；
- 《电子政务信息安全等级保护实施指南（试行）》（国信办〔2005〕25号）。

主要标准规范有：

- 《计算机信息系统安全保护等级划分准则》（GB 17859-1999）；
- 《信息系统通用安全技术要求》（GB/T 20271-2006）；
- 《信息系统安全管理要求》（GB/T 20269-2006）；
- 《信息系统安全工程管理要求》（GB/T 20282-2006）；
- 《信息系统安全等级保护定级指南》（GB/T 22240-2008）；
- 《信息系统安全等级保护基本要求》（GB/T 22239-2008）；
- 《信息系统安全等级保护实施指南》（GB/T 25058-2010）；
- 《信息系统等级保护安全设计技术要求》（GB/T 25070-2010）；
- 《信息系统安全等级保护测评要求》（GB/T 28448-2012）；
- 《信息系统安全等级保护测评过程指南》（GB/T 28449-2012）。

2.5　信息安全管理体系的建立与认证

如前所述，按照先进的信息安全管理体系标准，建立完整的信息安全管理体系并实施与保持，达到动态的、系统的、全员参与、制度化的、以预防为主的信息安全管理方式，能够以最低的成本，实现可接受的信息安全水平，从根本上保证业务的连续性。本节即以 BS 7799 为例，介绍信息安全管理体系的建立与认证过程。

2.5.1 BS 7799 信息安全管理体系的建立

不同的组织在建立与完善信息安全管理体系时，可根据自己的特点和具体情况采取不同的步骤和方法。但总体来说，建立信息安全管理体系一般要经过下列 5 个基本步骤。

- 信息安全管理体系的策划与准备。
- 信息安全管理体系文件的编制。
- 建立信息安全管理框架。
- 信息安全管理体系的运行。
- 信息安全管理体系的审核与评审。

下面就来介绍按照 BS 7799 标准建立信息安全管理体系的详细过程。

1. 按照 BS 7799 标准建立信息安全管理体系前的准备工作

（1）管理承诺

组织管理层应提供其承诺建立、实施、运行、监控、评审、维护和改进信息管理体系的证据，这是成功实施信息安全管理体系的重要保证，管理承诺应包括以下几个方面。

- 建立信息安全方针。
- 确立信息安全目标和计划。
- 为信息安全确立角色和责任。
- 向组织传达信息安全目标和符合信息安全策略的重要性，在法律条件下组织的责任及持续改进的需要。
- 提供足够的资源以开发、实施、运行和维护信息安全管理体系。
- 确定可接受风险的水平。
- 进行信息安全管理体系的评审。

（2）组织与人员建设

为在组织中顺利建立信息安全管理体系，需要建立有效信息安全机构，为组织中的各类人员分配角色、明确权限、落实责任并予以沟通。组织与人员建设的任务包括以下几个方面。

- 成立信息安全委员会。
- 任命信息安全管理经理。
- 组建信息安全管理推进小组。
- 设立信息安全管理组织机构，进行职责划分。
- 保证有关人员的分工、职责和权限，并可进行有效沟通。

（3）编制工作计划

建立信息安全管理体系是一项复杂的系统工程，它的建立需要较长的时间。为确保体系顺利建立，组织应进行统筹安排，即制订一个切实可行的工作计划，明确不同时间段的工作任务与目标及责任分工，控制工作进度，突出工作重点，安排和制订总体计划。总体计划被批准后，就可以针对具体工作项目制订详细计划，如文件编写计划等。

在制订计划时，组织应考虑资源需求，如人员的需求、培训经费、办公设施、聘请咨询公司的费用等。如果寻求体系的第三方认证，还要考虑认证的费用，组织最高管理层应确保提供建立体系所需的人力与财力资源。

（4）能力要求与教育培训

组织的管理体系通常是按照国际标准、国际先进标准或国家标准的要求建立起来的，而信息安全管理体系建立的依据是 BS 7799-2《信息安全管理体系规范》。为了强化组织的信息安全意识，明确信息安全管理体系的基本要求，进行信息安全管理体系标准的培训是十分必要的，这也是组织实施好信息安全管理的关键因素之一。

培训工作要分层次、分阶段地进行，而且必须是全员培训。分层次培训是指对不同层次的人员开展有针对性的培训，包括对管理层（包括决策层）、审核验证人员及操作执行人员的培训，且培训的内容也应各有侧重。分阶段是指在信息安全管理体系建立、实施与保持等阶段，培训工作要有计划地安排实施，如在风险评估前对评估人员所进行的风险评估方法的培训等。培训可以采用外部与内部相结合的方式进行。

2. 建立信息安全管理框架

建立信息安全管理体系之前先要建立一个合理的信息安全管理框架，要从整体和全局的视角，从信息系统的所有层面进行整体安全建设，并从信息系统本身出发，通过建立资产清单，进行风险分析、需求分析和选择安全控制等步骤，建立安全体系并提出安全解决方案。

信息安全管理框架的建立必须按一定的程序进行。组织首先应根据自身的业务性质、组织特征、资产状况和技术条件确定 ISMS 的总体方针和范围，然后在风险分析的基础上进行安全评估，并确定信息安全风险管理制度，选择控制目标，准备适用性声明。

如前所述，BS 7799-2 提出了建立信息安全管理框架的步骤，如图 2.4 所示。

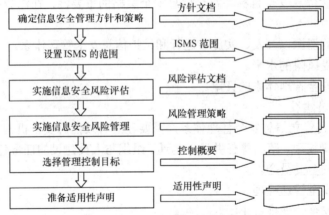

图 2.4　建立信息安全管理框架的步骤

（1）确定信息安全策略

信息安全策略（Information Security Policy）本质上来说是描述组织具有哪些重要信息资产，并说明这些信息资产如何被保护的一个计划。其目的就是对组织中的成员阐明如何使用组织中的信息系统资源，如何处理敏感信息，如何运用安全技术产品，用户在使用信息时应当承担的责任，详细描述对员工的安全意识与技能要求，列出禁止行为。

信息安全策略通过为组织中的每一个人提供基本的规则、指南和定义，在组织中建立一套信息资产保护标准，防止由于员工的不安全行为引入风险。信息安全策略是进一步制定控制规则、安全程序的必要基础。信息安全策略应当目的明确、内容清楚，能广泛地被组织成员接受与遵守，而且要有足够的灵活性和适应性，能涵盖较大范围内的各种数据、活动和资源。确立了信息安全策略，就意味着设置了组织的信息安全基础，强调了信息安全对组织业务目标的实现和业务活动持续运营的重要性，可以使员工了解与自己相关的信息安全保护责任。

信息安全策略可以分为两个层次，一个是信息安全方针，另一个是具体的信息安全策略。所谓信息安全方针就是组织的信息安全委员会或管理当局制定的一个高层文件，用于指导组织如何对资产，包括敏感性信息进行管理、保护和分配的规则进行指示。信息安全管理方针应当阐明管理层的承诺，提出组织管理信息安全的方法，并由管理层批准。除了总的信息安全方针，组织还要制订具体的信息安全策略，信息安全策略就是为保证控制措施的有效执行而制定的明确具体的信息安全实施规则。

信息安全方针必须要在 ISMS 实施的前期制定出来，表明管理层的承诺，指导 ISMS 的实施；信息安全策略的制定则要在信息安全风险评估工作完成后，对组织的安全现状有了明确的了解的基础上有针对性地编写，用于指导风险的管理与安全控制措施的选择。

（2）设置 ISMS 的范围

通过设置 ISMS 的范围，可以确定需要重点进行信息安全管理的领域。组织需要根据自己的实际情况，在整个组织范围内、个别部门或领域构架 ISMS。在本阶段，应将组织划分成不同的信息安全控制领域，以易于对有不同需求的领域进行适当的信息安全管理。

在设置 ISMS 的范围时，应重点考虑如下的实际情况。

● 组织现有部门

组织内现有部门和人员均应根据组织的信息安全方针和策略，负起各自的信息安全职责。

● 办公场所

有多个办公场所的组织单位，应该考虑不同办公场所给信息安全带来的不同的安全需求和威胁。

● 资产状况

在不同地点从事业务活动时，应把不同地点涉及的信息资产都纳入 ISMS 管理范围内。

● 所采用的技术

使用不同的计算机、通信和网络技术，将会对信息安全范围的划分产生影响。

（3）实施信息安全风险评估

风险评估是进行安全管理必须要做的最基本的一步，它为信息安全管理体系的控制目标与控制措施的选择提供依据，也是对安全控制的效果进行测量评价的主要方法。组织在 PDCA 过程策划阶段的主要任务就是进行风险评估，识别组织所面临的风险大小，为信息安全风险管理提供依据。

信息安全风险评估的复杂程度取决于风险的复杂程度和受保护资产的敏感程度，所采用的评估措施应该与组织对信息资产风险的保护需求相一致。风险评估主要对 ISMS 范围内的信息资产进行鉴定和估价，然后对信息资产面对的各种威胁和脆弱性进行评估，同时对已存在或规划的安全控制措施进行鉴定。风险评估主要依赖于业务信息和系统的性质、使用信息的业务目的以及所采用的系统环境等因素，在进行信息资产风险评估时，需要将直接后果和潜在后果一并考虑。

（4）实施信息安全风险管理

该阶段主要是根据风险评估的结果进行相应的风险管理。信息安全风险管理主要包括以下四种措施。

● 降低风险：在考虑转移风险前，应首先考虑采取措施降低风险。

● 避免风险：有些风险很容易避免，例如通过采用不同的技术、更改操作流程、采用简单的技术措施等。

● 转移风险：该方法通常只有在风险不能被降低或避免，或者被第三方（被转嫁方）接受时方可采用。一般用于那些低概率，但一旦风险发生会对组织产生重大影响的风险。

● 接受风险：用于那些在采取了降低风险和避免风险措施后，出于实际和经济方面的原因，只要组织进行运营，就必然存在并必须接受的风险。

（5）确定控制目标和选择控制措施

根据信息安全方针与策略的要求，为保护信息资产，管理层需要做出决策，对某些重要风险采取降低风险的办法，这样就需要导入合适的过程来选择相应的控制措施，通过选择和实施 BS 7799 的控制目标与控制措施，来满足安全需求。

在选择控制目标与控制措施时并没有一套标准与通用的办法。选择的过程往往不是很直接，可能要涉及一系列的决策步骤、咨询过程，要和不同的业务部门或大量的关键人员进行讨论，对业务目标进行广泛的分析，最后产生的结果要很好地满足组织对业务目标、资产保护及投资预算的要求。

控制目标的确定和控制措施的选择原则是成本不超过风险所造成的损失。由于信息安全是一个动态的系统工程，组织应实时对选择的控制目标和控制措施加以校验和调整，以适应变化了的情况，使组织的信息资产得到有效、经济、合理的保护。

（6）准备信息安全适用性声明

在风险评估之后，组织应该选用 BS 7799-2 中符合组织自身需要的控制措施与控制目标。所选择的控制目标和控制措施以及被选择的原因应在适用性声明（Statement of Application，SOA）中进行说明。

SOA 是适合组织需要的控制目标和控制措施的声明，需要提交给管理者、职员以及具有访问权限的第三方认证机构。SOA 中记录了组织内相关的风险控制目标和针对每种风险所采取的各种控制措施。SOA 应当说明选择这些控制目标和控制措施的原因，以及没有选取 BS 7799 中某些控制目标和控制措施的原因。

准备 SOA，一方面是为了向组织内的人员声明面对信息安全风险的态度；另一方面则是为了向外界表明组织的态度和作为，表明组织已经全面、系统地审视了组织的信息安全系统，并将所有应该得到控制的风险控制在能够被接受的范围内。

3. 编写 BS 7799 信息安全管理体系文件

建立并保持一个文件化的信息安全管理体系是 BS 7799 标准的一个总要求，编写信息安全管理体系文件是组织建立信息安全管理体系的重要基础工作，也是一个组织实现风险控制、评价和改进信息安全管理体系、实现持续改进不可缺少的依据。ISMS 文件主要包括以下内容。

● 信息安全方针与策略

● ISMS 范围

- 风险评估报告
- 风险控制计划
- ISMS 的控制目标与控制措施
- ISMS 管理和具体操作的过程
- 标准中要求的记录
- 信息安全相关职责描述和相关的活动事项
- 适用性声明

（1）文件的编写

- 编写原则
  - ✓ 体系文件的各个层次之间、文件与文件之间应做到层次清晰、接口明确、结构合理。
  - ✓ ISMS 文件是必须执行的法规性文件，应保持其相对的稳定性和连续性。
  - ✓ ISMS 文件不是信息安全管理现状的简单写实，应随着 ISMS 的不断改进而完善。
  - ✓ 编写 ISMS 文件时，要继承以往的有效经验与做法。
  - ✓ 应发动各部门有实践经验的人员，集思广益、共同参与，确保文件的可操作性。
  - ✓ ISMS 文件应该是唯一的，要杜绝不同版本并存的现象。
  - ✓ ISMS 文件应当可以作为组织 ISMS 有效运行并得到保持的客观证据（适用性证据和有效性证据），向相关方和第三方证实组织 ISMS 的运行情况。
  - ✓ 文件的编制和形式应考虑组织的产品或业务特点、规模、管理经验等。文件的详略程度应与人员的素质、技能和培训等因素相适应。
- 编写前的准备
  - ✓ 指定编写主管机构（一般为 ISMS 推进小组），指导和协调文件的编写工作。
  - ✓ 收集整理组织现有文件。
  - ✓ 对编写人员培训编写的要求、方法、原则和注意事项。
  - ✓ 为了使 ISMS 文件统一协调，达到规范化和标准化的要求，应编写指导性文件，就文件的要求、内容、体例和格式做出规定。
- 编写的策划与组织

确定要编写的文件目录，制订编写计划，落实编写、审核和批准人员，拟定编写进度。

（2）文件的作用

从总体来看，文件的作用包括以下几种。

- 阐述声明的作用

信息安全管理体系文件是客观地描述信息安全体系的法规性文件，为组织的全体人员了解信息安全管理体系创造了必要的条件。组织向客户或认证机构提供的《信息安全管理手册》起到了对外声明的作用。

- 规定和指导作用

信息安全管理体系文件规定了组织人员应该做什么、不应该做什么的行为准则，以及如何做的指导性意见，对人员的信息安全行为起到了规范、指导作用。

- 记录和证实作用

信息安全管理记录文件具有记录和证实信息安全管理体系运行有效的作用，其他文件则具有证实信息安全管理体系客观存在和运行适用性的作用。

从评价和改进信息安全管理体系的角度来看，文件具有以下三种具体作用。

● 评价信息安全管理体系

信息安全管理体系的作用可以在相关文件和记录上得到反映。

● 保障信息安全改进

信息安全管理体系文件是组织实现风险控制、评价和改进信息安全管理体系、实现持续改进不可缺少的依据。

● 平衡培训要求

人员培训的内容和要求应跟上文件要求的水平。

（3）文件的层次

信息安全体系关于文件的描述中，没有强求将其形成专门的手册的形式，没有刻意要求组织将体系文件分成若干层次。但依据 ISO 9000 的成功经验，在具体实施中，为便于运作并具有操作性，建议把 ISMS 管理文件也分成以下几个层次，即适用性声明、管理手册、程序文件、作业指导书和记录。

● 适用性声明

适用性声明是组织为满足安全需要而选择的控制目标和控制方式的评论性文件。在适用性声明文件中，应明确列出组织的信息安全要求（包括风险评估、法律法规和业务 3 个方面）；从 BS 7799-2 附录 A 中选择控制目标与控制方式，并说明选择与不选择的理由；如果有额外的控制目标与控制方式也需要一并说明。

● ISMS 管理手册

ISMS 管理手册是阐明组织的 ISMS 方针，并描述其 ISMS 管理体系的文件。ISMS 手册应包括以下内容。

    ✓ 信息安全方针的阐述。

    ✓ 信息安全管理的体系范围。

    ✓ 信息安全策略的描述。

    ✓ 控制目标与控制方式的描述。

    ✓ 程序或其引用。

    ✓ 关于手册的评审、修改与控制的规定。

● 程序文件

程序是为进行某项活动所规定的途径或方法。信息安全管理程序包括两部分：一部分是实施控制目标与控制方式的安全控制程序（如信息处置与储存程序）；另一部分是用于覆盖信息安全管理体系的管理与运作的程序（如风险评估与管理程序）。程序文件应描述安全控制或管理的责任及相关活动，是信息安全政策的支持性文件，是有效实施信息安全政策、控制目标与控制方式的具体措施。

程序文件的内容通常包括：活动的目的与范围（Why）、做什么（What）、谁来做（Who）、何时（When）、何地（Where）以及如何做（How），即人们常说的"5W1H"。

● 作业指导书

作业指导书是程序文件的支持性文件，用以描述具体的岗位和工作现场如何完成某项工作任务的具体做法，包括规范、指南、图样、报告和表格等，例如，设备维护手册。作业指导性文件可以被程序文件所引用，是对程序文件中整个程序或某些条款的补充和细化。

由于组织的规模、组织机构、被保护的信息资产和安全风险因素的不同，运行控制程序的多少和内容也各不相同。因此，其作业指导性文件也不相同。即使运行控制程序相同，但由于其详略程度的不同，其作业指导性文件也不尽相同。

● 记录

记录作为信息安全管理体系运行结果的证据，是一种特殊的文件。组织在编写信息安全方针手册、程序文件及作业指导文件时，应根据安全控制与管理要求确定组织所需要的信息安全记录。组织可以通过利用现有的记录、修订现有的记录和增加新的记录 3 种方式来获得信息安全记录。记录可以是书面记录，也可以是电子媒体记录，每一种记录应进行标识，记录应有可追溯性。记录内容与格式应该符合组织业务运作的实际并反映活动结果，以方便记录者的使用。

（4）文件的控制管理

由于 ISMS 文件是建立信息安全体系的基础，组织应当建立恰当的程序对 ISMS 系统进行管理，在文件生命周期的各个阶段（编写、审核、批准、发布、使用、保管、回收和销毁）都需要有恰当的控制措施。

● 文件控制

组织必须对各种文件进行严格的管理，结合业务和规模的变化，对文档进行有规律、周期性的回顾和修正。应保护和控制 ISMS 要求的文件，主要措施包括以下几个方面。

✓ 文件发布要得到批准，以确保文件的充分性。
✓ 必要时对文件进行审批与更新，并再次批准。
✓ 确保文件的更改和现行修订状态得到识别。
✓ 确保在需要时可获得适用文件的有关版本。
✓ 确保文件保持清晰、易于识别。
✓ 确保外来文件得到识别，并控制其分发。
✓ 确保文件的发放在控制状态下。
✓ 防止作废文件的非预期使用。
✓ 若因任何原因而保留作废文件时，应对这些文件进行适当的标识。

当某些文件不再适合组织的信息安全策略需要时，就必须将其废弃。但值得注意的是，某些文档虽然对组织来说可能已经过时，但由于法律或知识产权方面的原因，组织可以将相应文档确认后保留。

● 记录控制

在实施 ISMS 的过程中，需要对所发生的与信息安全有关的事件进行全面的记录，从而提供符合要求和符合信息安全管理体系有效运行的证据。记录应该满足以下要求。

✓ 安全事件记录必须明确记录相关人员当时的活动。无论是书面的还是电子版的安全事件记录都必须保存并维护，保证记录在受到破坏、损坏或丢失时容易挽救。
✓ 记录应清晰、易于识别和检索。
✓ 应编制形成文件的程序，以规定记录的储存、保护、检索、保存期限和处置所需的控制。

      ✓ 应保留概要的过程绩效记录和所有与信息安全管理体系有关的安全事件发生的记录。例如，访问者的签名簿、审核记录和授权访问记录等。

4．BS 7799 信息安全管理体系的运行

信息安全管理体系文件编制完成、确定信息安全管理范围后，组织应当按照文件的控制要求进行审核与批准并发布实施，至此，信息安全管理体系将进入运行阶段。

体系运行初期处于体系的磨合期，一般称为试运行期。在此期间体系运行的目的是要在实践中检验体系的充分性、适用性和有效性。在体系运行初期，组织应加强运行力度，通过实施其手册、程序和各种作业指导性文件，充分发挥体系本身的各项功能，及时发现体系策划存在的问题，找出问题根源，采取纠正措施纠正各种不符合项，并按照更改控制程序要求对体系予以更改，以达到进一步完善信息安全管理体系的目的。

在信息安全管理体系试运行过程中，要重点注意以下事项。

● 有针对性地宣传信息安全管理体系文件

体系文件的培训工作是体系运行的首要任务，培训工作的质量直接影响体系运行的结果。组织应根据培训工作计划及培训程序的要求对全体人员进行培训。培训包括信息安全意识、信息安全知识与技能等，培训可以分层次进行。

● 完善信息反馈与信息安全协调机制

体系文件通过试运行必然会出现一些问题，全体人员应对实践中出现的问题，如体系设计不周、项目不全等进行协调和解决，并将改进意见如实反馈给有关部门，以便采取纠正措施。信息安全管理体系的运行涉及组织体系范围的各个部门，在运行过程中，各项活动往往不可避免地发生偏离标准的现象。因此，组织应按照严密、协调、高效、精简和统一的原则，建立信息反馈与信息安全协调机制处理异常信息，对出现的问题加以解决，完善并保证体系的持续正常运行。

● 加强有关体系运行信息的管理

加强 ISMS 运行信息的管理，不仅是信息安全管理体系试运行本身的需要，也是保证试运行成功的关键。所有与信息安全管理体系活动有关的人员都应按体系文件的要求，做好信息安全的信息收集、分析、传递、反馈、处理和归档等工作。

● 加强信息安全体系文件的管理

信息安全体系文件属于组织的信息资产，包含有关组织的全部安全管理等敏感信息，组织应按照信息分类的原则对其进行分类、进行密级标注并实行严格的安全控制，未经授权不得随意复制或借阅。

5．BS 7799 信息安全管理体系的审核

（1）审核的含义

体系审核是为获得审核证据，对体系进行客观的评价，以确定满足审核准则的程度所进行的系统的、独立的并形成文件的过程。

信息安全管理体系审核是指组织为验证所有安全方针、策略和程序的正确实施，检查信息系统符合安全实施标准的情况所进行的系统的、独立的检查和评价，是信息安全管理体系的一种自我保证手段。审核结果则是一系列不符合行为或者观察结果，以及相应的校正行为的报告。

信息安全管理体系审核包括管理与技术两方面的审核。管理性审核主要是定期检查是

否正确有效地实施了有关安全方针与程序；技术性审核是指定期检查组织的信息系统是否符合安全实施标准。技术性审核需要信息安全技术人员的支持，必要时可以使用系统审核工具。

（2）审核的目的

组织应建立并保持审核方案和程序，定期开展信息安全管理体系的审核，以保证它的文件化过程，检查信息安全活动以及实施记录是否满足 BS 7799-2 的标准要求和声明的范围，检查信息安全实施过程是否符合组织的方针、目标和策划要求，并向管理者提供审核结果，为管理者的信息安全决策提供支持。

ISMS 审核的主要目的如下。

- 检查 BS 7799 的实施程度与标准的符合性情况。
- 检查满足组织安全策略与安全目标的有效性和适用性。
- 识别安全漏洞与弱点。
- 向管理者提供安全控制目标实现状况，使管理者了解安全问题。
- 指出存在的重大的控制弱点，证实存在的风险。
- 建议管理者采用正确的校正行动，为管理者的决策提供有效支持。
- 满足法律、法规与合同的需要。
- 提供改善 ISMS 的机会。

（3）体系审核的分类

信息安全管理体系审核可分为两种，一是内部信息安全管理体系审核，也称第一方审核，是组织的自我审核；二是外部信息安全管理体系审核，也称第二方、第三方审核。第二方审核是指顾客对组织的审核，第三方审核是第三方认证机构对申请认证组织的审核。这两种审核从审核的目的、审核方组成、审核依据、审核人员到审核后的处理均不相同。

（4）审核的基本步骤

- 确定任务（审核策划）。
- 审核准备。
- 现场审核。
- 编写审核报告。
- 纠正措施的跟踪。
- 全面审核编写的报告和纠正措施计划完成情况的汇总分析。

6. BS 7799 信息安全管理体系的管理评审

（1）管理评审的含义

管理评审主要是指组织的最高管理者按规定的时间间隔对信息安全管理体系进行评审，以确保体系的持续适宜性、充分性和有效性。管理评审过程应确保收集到必要的信息，以供管理者进行评价，管理者评审应形成文件。

管理评审应根据信息安全管理体系审核的结果、环境的变化和对持续改进的承诺，指出可能需要修改的信息安全管理体系方针、策略、目标和其他要素。

管理评审主要是 ISMS 管理体系 PDCA 运行模式的"A"阶段，是体系自我改进、自我完善的过程，其评价结果是下一轮 PDCA 运行模式的开始。

管理评审与体系审核是不同的，为了便于理解，二者的比较如表 2.4 所示。

表 2.4　　　　　　　　　　　**ISMS 体系审核与管理评审的比较**

	ISMS 体系审核	管理评审
目的	确保 ISMS 体系运行的符合性、有效性	确保 ISMS 体系持续的适宜性、充分性和有效性
类型	第一方、第二方、第三方	第一方
依据	BS 7799 标准、体系文件、法律法规	法律法规、相关方面的期望、ISMS 体系审核的结论
结果	第一方：提出纠正措施并跟踪实现 第二方：选择合适的合作伙伴 第三方：进行认证、注册	改进信息安全管理体系，提高信息安全管理水平
执行者	与被审核领域无直接关系的审核员	最高管理者

（2）管理评审的输入

评审输入包含在有关部门或人员准备的报告中，这些报告一般应在评审前交给信息安全管理部门的负责人员。评审输入包括以下内容。

● 内、外部信息安全管理体系审核的结果。

● ISMS 方针、风险控制目标和风险控制措施的实施情况。

● 事故、事件调查处理情况。

● 事故、事件、不符合项、纠正和预防措施的实施情况。

● 相关方的投诉、建议及其要求。

● 绩效评估报告、法规及其他要求符合性报告。

● 来自信息安全管理部门负责人员的关于 ISMS 总体运行情况的报告，来自各部门负责人员关于局部有效性的报告。

● 风险评估与风险控制状况的报告。

● 可能引起 ISMS 管理体系变化的企业内外部要素，如法律和法规的变化、机构人员的调整及市场的变化等。

● 改进建议：相关方特别是组织内人员改进文件和体系要素等方面的建议。

（3）管理评审的输出

管理评审完成后，把评审结果输出形成评审报告。由信息安全管理部门的负责人员编写出《管理评审报告》，经上级批准后下发至各有关部门。管理评审报告的内容包括评审的目的、评审的日期、组织人、参加人员、评审内容以及评审结论（包括评审输出的内容）。

评审结论涉及以下方面。

● 信息安全管理体系的适宜性、充分性和有效性的结论。

● 组织机构是否需要调整。

● 信息安全管理体系文件（主要指安全管理手册和程序文件）是否需要修改。

● 资源配备是否充足，是否需要进行调整。

● 信息安全方针、策略、控制目标和控制措施是否适宜，是否需要修改。

● ISMS 风险是否需要调整更新。

● 信息安全管理体系及其要素是否需要改进。

（4）管理评审的步骤

● 编制评审计划。

- 准备评审材料。
- 召开评审会议。
- 评审报告的分发与保存。

（5）管理评审的后续工作

管理评审的结果应予以记录并保存，如管理评审计划、各种输入报告、管理评审报告、纠正措施及其验证报告等。

信息安全管理部门的负责人员还要组织有关部门对管理评审中的纠正措施进行跟踪验证，验证的结果应记录并上报最高管理层及有关人员。

7. BS 7799 信息安全管理体系的检查与持续改进

组织应通过使用安全方针策略、安全目标、审核结果、对监控事件的分析、纠正和预防行动，以及管理评审信息来纠正和预防与 ISMS 要求不相符合之处，以持续改进 ISMS 的有效性。

（1）对信息安全管理体系的审查

检查活动用来保证信息安全管理体系的持续有效，常用检查措施有以下几种。

- 日常检查

日常检查应作为正式的业务过程经常进行，并用来侦测处理结果的错误，如调整银行账户、资产清点及解决客户抱怨等。这类检查需要在 ISMS 体系中设计，以完备的检查措施来限制由错误造成的损害。

在 ISMS 中，此类的检查可以扩展到以下内容。

- ✓ 检查对系统软件、管理软件参数与数据的非法修改。
- ✓ 确定数据在网络传输中的准确性和完整性。

- 自治程序

自治程序是一种为了保证能够及时发现任何错误或失败的发生而建立的控制措施。例如，当网络设备发生故障或错误时，监控程序或监控设备可以自动报警等。

- 学习其他组织的经验

识别和确定组织的程序时，可以向其他组织学习在处理此类问题时的更好的办法。这种学习对于技术和管理活动都很适用，组织可以利用很多资源，来识别技术和管理中的脆弱性。

- 内部信息安全管理体系审核

即在一个特定的常规审核时间段内（时间不应该超过一年）检查信息安全管理体系所有的方面是否达到预想的效果。组织应该对审核计划进行详细的规划，确保审核任务均匀散布在整个审核周期。

- 管理评审

管理评审的目的是检查信息安全管理体系的有效性，以识别需要做出的改进和采取的行动，管理评审至少每年进行一次。在确定目前的安全状态是令人满意的同时，应注意技术的变化和业务需求的变化及新威胁和脆弱点，以预测信息安全管理体系将来的变化并确保其在将来持续有效。

- 趋势分析

经常进行趋势分析有助于组织识别需要改进的领域，并建立一个持续改进和循环提高的基础。

（2）对信息管理体系的持续改进

通过各种检查措施，发现组织 ISMS 体系运行中出现了不符合规定要求的事项（简称不符合项）后，组织需要采取改进措施。改进措施主要通过纠正与预防性控制措施来实现，同时对潜在的不符合项采取预防性控制措施。

● 纠正性控制

组织应采取措施，以消除不合格的、与实施和运行信息安全管理体系有关的原因，防止问题再次发生。对纠正措施应该编制形成文件，确定以下要求。

✓ 识别实施和（或）运行信息安全管理体系的不合格事件。

✓ 确定不合格的原因。

✓ 评价确保不合格事件不再发生的需求。

✓ 确定和实施所需的纠正措施。

✓ 记录所采取措施的结果。

✓ 评审所采取的纠正措施。

● 预防性控制

组织应针对未来的不合格事件确定预防措施。预防措施应与潜在问题的影响程度相适应。应为预防措施编制形成文件的程序，以确定以下要求。

✓ 识别潜在的不合格事件及其原因。

✓ 记录所采取措施的结果。

✓ 评审所采取的预防措施。

✓ 识别已变更的风险并确保注意力关注在重大的已变更的风险上。

✓ 纠正措施的优先权应以风险评估的结果为基础。

2.5.2　BS 7799 信息安全管理体系的认证

1. BS 7799 信息安全管理体系认证概述

（1）认证的概念

认证（Certification），是第三方依据程序对产品、过程和服务等符合规定的要求给予书面保证（如合格证书）。认证的基础是标准。认证的方法包括对产品特性的抽样检验和对组织体系的审核与评定。认证的证明方式是认证证书与认证标志。认证是第三方所从事的活动，通过认证活动，组织可以对外提供某种信任与保证，如产品质量保证、信息安全保证等。

根据认证的对象不同，认证一般分为产品认证和体系认证。产品认证又可以细分为产品质量认证、产品安全认证和信息安全产品认证；而体系认证又可以分为信息安全管理体系认证、质量管理体系认证、环境管理体系认证和职业安全卫生管理体系认证等。信息安全认证包括两类：一类为信息安全管理体系认证，另一类为信息安全产品认证。

目前，世界上普遍采用的信息安全管理体系认证的标准是在英国标准协会的信息安全管理委员会指导下制定的 BS 7799-2《信息安全管理体系规范》。

（2）信息安全管理体系认证的目的和作用

信息安全管理体系第三方认证为组织的信息安全体系提供客观公正的评价，使组织在信息安全管理方面具有更大的可信性，并且能够使用证书向利益相关的组织提供保证。

信息安全管理体系可以保证组织提供可靠的信息安全服务，对该体系进行认证可以树立组织信息安全形象，为客户和合作者提供安全信任感，有利于组织业务活动的开展。特别是当信息安全构成组织所提供产品或服务的一个质量特性时，如金融、电信等服务组织，开展BS 7799 体系认证对外具有很强的质量保证作用。

进行信息安全管理体系认证的目的一般包括以下几个方面。

- 获得最佳的信息安全运行方式。
- 保证业务安全。
- 降低风险、避免损失。
- 保持核心竞争优势。
- 提高商业活动中的信誉。
- 提高竞争能力。
- 满足客户要求。
- 保证可持续发展。
- 符合法律法规的要求。

（3）信息安全管理体系认证的范围

组织寻求的认证范围通常与它实施安全管理体系的范围是相同的，但并不需要完全相同。比如一个组织可能有多个执行安全管理体系的办公地点，但寻求认证的也许仅有一个。如果是这种情况，就需要对认证范围拟订适用性声明，因为明确的适用性声明是认证文件中需要核查的内容之一。

认证范围定义是审核员确定评估程序的根据。认证机构将选择一些功能和活动以对其进行评价，并确定审核所需人员和具备适当背景的审核员与技术专家。

认证范围声明需要清晰的表达，以便于阅读和吸引潜在的贸易伙伴，同时要保证准确性及完整性。

（4）信息安全管理体系认证的基本条件

组织按照 BS 7799-2 标准与适用的法律法规要求建立并实施文件化的信息安全管理体系，并满足以下基本条件以后，可以向被认可的认证机构提出认证申请。

- 遵循法律法规的努力已被相关机构认同。
- 体系文件完全符合标准要求。
- 体系已被有效实施，即组织在风险评估的基础上识别出了需要保护的关键信息资产，制定了信息安全方针，确定了安全控制目标与控制方式并实施、完成了体系审核与评审活动并采取了相应的纠正预防措施。

（5）寻求认证机构

组织在具备体系认证的基本条件时，就可以寻求认证机构申请体系认证。

不同的认证机构被认可的认证范围可能是不同的，寻求认证的组织有责任就此做出必要的评价，以决定它们要选择的机构。组织在选定认证机构后，就可以与之联系提交认证申请，在双方协商一致的情况下签订认证合同。认证费用是按照审核员的审核人天数（包括文件审核与完成审核报告的人天）与每人天的审核价格来计算的，不同的认证机构认证费用标准也不尽相同。认证合同中应明确认证机构保守组织商业秘密、在组织现场遵守组织有关信息安全规章的要求。

2. BS 7799 信息安全管理体系的认证过程

（1）认证的准备

在认证之前，认证方与被认证方都要进行相应的准备活动。

被认证方需要按照 BS 7799-2 建立信息安全管理体系，在确认满足认证基本条件的情况下，被认证方向认证机构递交正式申请；认证机构对申请资料进行初步检查，确定是否受理申请。如果受理申请，认证机构将对认证费用进行评估并确定正式审核时间。

（2）认证的实施

● 第一阶段——文件审核与初访

该阶段主要是从总体上了解受审核方 ISMS 的基本情况，确认受审核方是否具备认证审核条件，为第二阶段的审核策划提供依据。该阶段的重点在于审核 ISMS 文件是否符合 BS 7799 标准的要求，了解受审核方的活动、产品或服务的全过程，判断风险评估与管理状况，并对受审核方 ISMS 的策划及内审情况等进行初步审查。

文件审核与初访的步骤如下。

✓ 文件审核。

✓ 第一阶段现场审核。

✓ 编制第一阶段审核报告。

● 第二阶段——全面审核与评价

该阶段是对信息安全管理体系的全面审核与评价，目的是验证组织的信息安全管理体系是否按照认证标准和组织体系文件要求予以有效实施，组织的安全风险是否被控制在组织可以接受的水平内，根据审核对组织的信息安全管理体系运行状况是否符合标准与文件规定做出判断，并据此对受审核方能否通过信息安全管理体系认证做出结论。

全面审核与评价的步骤如下。

✓ 第一阶段审核准备。

✓ 第二阶段现场审核。

✓ 编制审核报告，做出审核结论。

（3）证书与标志

组织采取了必要的纠正措施，并通过认证机构验证，认证机构将为组织颁发 ISMS 证书。证书包括下述内容。

● 关于认证机构的信息。

● 适用性声明和特定版本的描述。

● 关于信息安全系统满足 BS 7799 认证标准的声明。

● 证书开始生效的时间。

● 证书号。

（4）维持认证

审核和证书颁布并不代表认证结束，认证机构将继续监控组织 ISMS 符合标准的情况，并执行每年至少一次的监督审核。监督审核的重点是抽样检查系统的某些领域，所以比最初的审核时间短，审核时间约为初始现场审核时间的三分之一。尽管审核团队可能会随时间不同而变化，但是对他们的能力要求是与初始审核人员是一样的。

经过认证后，如果组织发生了可能影响到系统或者证书的变更，被认证组织有义务通知认证机构。这些变更包括组织变更、人员变更、业务核心变更、技术变更和外部接口变更等。

　　认证具有一定的有效期，有效期之后，需要认证机构重新进行审核。

　　对于被认证组织而言，认证后要定期进行自我评估活动，监控和检查 ISMS，包括以下内容。

- 检查 ISMS 的范围是否充分。
- 进行定期 ISMS 有效性检查，考虑安全审核结果、审核时间、建议和人员反馈。
- 进行定期的规程文档的审查，以实施 ISMS。
- 审查可接受的风险水平，考虑组织变更、技术和业务目标的变化。
- 实施 ISMS 的改善。
- 采取适当的校正或者预防行动。

小　结

　　1. 信息安全管理体系（Information Security Management System，ISMS）是组织在整体或特定范围内建立的信息安全方针和目标，以及完成这些目标所用的方法和手段所构成的体系；信息安全管理体系是管理活动的直接结果，表示为方针、原则、目标、方法、计划、活动、程序、过程和资源的集合。

　　2. 通过参照信息安全管理模型，按照先进的信息安全管理标准建立组织完整的信息安全管理体系并实施与保持，形成动态的、系统的、全员参与、制度化的、以预防为主的信息安全管理方式，能够用最低的成本，达到可接受的信息安全水平，从根本上保证业务的连续性。

　　3. PDCA 模型及其循环实施是质量管理的基本方法。信息安全管理体系的建立同样需要采用过程的方法，因此开发、实施和改进一个组织的 ISMS 的有效性同样可参照 PDCA 模型。

　　4. BS 7799 作为信息安全管理领域的一个权威标准，是全球业界一致公认的辅助信息安全治理的手段。BS 7799 的基本内容包括信息安全政策、信息安全组织、信息资产分类与管理、人员信息安全、物理和环境安全、通信和运营管理、访问控制、信息系统的开发与维护、业务持续性管理、信息安全事件管理和符合性管理 11 个方面。

　　5. 信息安全等级保护是指根据信息系统在国家安全、经济安全、社会稳定和保护公共利益等方面的重要程度，结合系统面临的风险、应对风险的安全保护要求和成本开销等因素，将其划分成不同的安全保护等级，采取相应的安全保护措施，以保障信息和信息系统的安全。组织可以按照信息安全等级保护的思想建立信息安全管理体系。

　　6. 不同的组织在建立与完善信息安全管理体系时，可根据自己的特点和具体情况采取不同的步骤和方法。但总体来说，建立信息安全管理体系一级要经过下列五个基本步骤。

- 信息安全管理体系的策划与准备。
- 信息安全管理体系文件的编制。
- 建立信息安全管理框架。
- 信息安全管理体系的运行。
- 信息安全管理体系的审核与评审。

7．信息安全管理体系第三方认证为组织的信息安全体系提供客观公正的评价，使组织在信息安全管理方面具有更大的可信性，并且能够使用证书向利益相关的组织提供保证。目前，世界上普遍采用的信息安全管理体系认证的标准是在英国标准协会的信息安全管理委员会指导下制定的 BS 7799-2:《信息安全管理体系规范》。

习　　题

1．什么是信息安全管理体系 ISMS？建立 ISMS 有什么作用？

2．PDCA 分为哪几个阶段？每一个阶段的主要任务是什么？

3．描述 PDCA 模型及其实施过程。在建立和实施信息安全管理体系的过程中，如何采用 PDCA 模型及其思想？

4．叙述 BS 7799 的主要内容。可以采用哪些模式引入 BS 7799？

5．叙述信息安全等级保护的含义。我国对于信息和信息系统的安全保护等级是如何划分的？

6．等级保护的实施分为哪几个阶段？每一个阶段的主要任务是什么？

7．建立信息安全管理体系一般要经过哪些基本步骤？

8．什么是信息安全管理体系认证？信息安全管理体系认证的过程是怎样的？

第 3 章

信息安全风险管理

安全管理是信息安全中非常重要的一环。要实现较完善的安全管理，必须分析和评估安全需求，建立满足需求的计划，然后实施这些计划，并进行日常维护和管理。由此可见，安全管理过程的第一步就是要建立一个全局安全目标，然后将其整合到机构的安全政策中去。实现这一要求的关键是明确所拥有和需要保护的信息资产，对资产面临的风险进行评估和控制，将风险减小到可以接受的水平。

本章首先介绍风险管理的相关概念、风险评估要素和分类；然后介绍风险评估的一般步骤和流程，风险评价的常用方法及风险控制；最后结合案例介绍风险评估的实施过程。

本章重点：风险管理的相关概念，风险评估的基本步骤，风险控制过程。

本章难点：风险评价方法。

3.1 概述

3.1.1 风险管理的相关概念

1. 安全风险（Security Risk）

在系统工程学中，风险多用于度量在技术性能、成本及进度方面达到某种目的的不确定性。对于信息安全这一特定领域来说，风险就是在一定条件下某些安全威胁利用机构的相关资产对机构、组织或部门造成某种损害的可能性。

所谓安全风险（简称风险），是指一种特定的威胁利用资产的一种或多种脆弱性，导致资产丢失或损害的潜在可能性，即威胁发生的可能性与后果的结合。通过确定资产价值及相关威胁与脆弱性水平，可以得出风险的度量值。

2. 风险评估（Risk Assessment）

风险评估是对信息和信息处理设施的威胁、影响（Impact，指安全事件所带来的直接和间接损失）和脆弱性及三者发生可能性的评估。

作为风险管理的基础，风险评估是组织确定信息安全需求的一个重要途径，属于组织信息安全管理体系策划的过程。风险评估的主要任务包括以下 5 个方面。

- 识别组织面临的各种风险。
- 评估风险概率和可能带来的负面影响。
- 确定组织承受风险的能力。
- 确定风险降低和控制的优先等级。
- 推荐风险降低对策。

风险评估也就是确认安全风险及其大小的过程，即利用适当的风险评估工具，包括定性和定量的方法，确定资产风险等级和优先控制顺序。

3. 风险管理（Risk Management）

所谓风险管理，就是以可接受的代价识别、控制、降低或消除可能影响信息系统的安全风险的过程。风险管理通过风险评估来识别风险大小，通过制定信息安全方针、采取适当的控制目标与控制方式对风险进行控制，使风险被避免、转移或降至一个可被接受的水平。风险管理还应考虑控制费用与风险之间的平衡。风险管理过程如图3.1所示。

在风险管理过程中，有几个关键的问题需要考虑。首先，要确定保护的对象（或者资产）是什么？它的直接和间接价值如何？其次，资产面临哪些潜在威胁？导致威胁的问题是什么？威胁发生的可能性有多大？第三，资产中存在哪些弱点可能会被威胁所利用？利用的容易程度又如何？第四，一旦事件发生，组织会遭受怎样的损失或者面临怎样的负面影响？第5，组织应该采取怎样的安全措施才能将风险带来的损失降到最低程度？解决以上问题的过程，就是风险管理的过程。

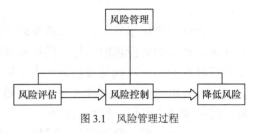

图3.1　风险管理过程

这里需要注意，在谈到风险管理的时候，人们经常提到的还有风险分析（Risk Analysis）这个概念。实际上，对于信息安全风险管理来说，风险分析和风险评估基本上是同义的。当然，如果细究起来，风险分析应该是处理风险的总体战略，它包括风险评估和风险管理两个部分，此处的风险管理相当于本教材的风险消减和风险控制的过程；风险评估只是风险分析过程中的一项工作，即对可识别的风险进行评估，以确定其可能造成的危害。

4. 安全需求（Security Demand）

分析和定义安全需求，并以保密性、完整性及可用性等方式明确地表达出来，有助于指导安全控制机制的选择和风险管理的实施。在信息安全体系中，要求组织确认3种安全需求。

- 评估出组织所面临的安全风险，并控制这些风险的需求。
- 组织、贸易伙伴、签约客户和服务提供商需要遵守的法律法规及合同的要求。
- 组织制订支持业务运作与处理并适合组织信息系统业务规则和业务目标的要求。

5. 安全控制（Security Control）

正如BS 7799中所定义的，安全控制就是保护组织资产、防止威胁、减少脆弱性、限制安全事件影响的一系列安全实践、过程和机制。为获得有效的安全，常常需要把多种安全控制结合起来使用，实现检测、威慑、防护、限制、修正、恢复、监测和提高安全意识等多种功能。

6. 剩余风险（Residual Risk）

剩余风险即实施安全控制后，仍然存在的安全风险。

7. 适用性声明（Applicability Statement）

适用性声明是指对适用于组织需要的目标和控制的评述。适用性声明是一个包含组织所选择的控制目标与控制方式的文件，相当于一个控制目标与方式清单，其中应阐述选择与不选择的理由。

3.1.2　风险管理各要素间的关系

风险管理中涉及的安全组成要素之间的关系如图3.2所示，具体描述如下。

- 资产具有价值，并会受到威胁的潜在影响。
- 脆弱性将资产暴露给威胁，威胁利用脆弱性对资产造成影响。
- 威胁与脆弱性的增加导致安全风险的增加。
- 安全风险的存在对组织的信息安全提出要求。
- 安全控制应满足安全需求。
- 通过实施安全控制防范威胁，以降低安全风险。

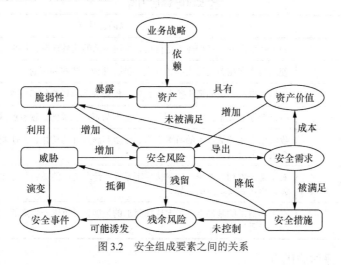

图 3.2   安全组成要素之间的关系

3.1.3   风险评估的分类

在进行风险评估时，应当针对不同的环境和安全要求选择恰当的风险评估种类。实际操作中经常使用的风险评估包括基本风险评估、详细风险评估和联合风险评估 3 种类型。

1. 基本风险评估

基本风险评估又称基线风险评估（Baseline Risk Assessment），是指应用直接和简易的方法达到基本的安全水平，就能满足组织及其业务环境的所有要求。这种方法使得组织在识别和评估基本安全需求的基础上，通过建立相应的信息安全管理体系，获得对信息资产的基本保护。这种方法适用于业务运作不是非常复杂的组织，并且组织对信息处理和网络的依赖程度不高，或者组织信息系统多采用普遍或标准化的模式。

（1）安全基线

采用基线风险评估，组织应根据自己的实际情况（所在行业、业务环境与性质等），对信息系统进行安全基线检查（将现有的安全措施与安全基线规定的措施进行比较，找出其中的差距），得出基本的安全需求，通过选择并实施标准的安全措施来消减和控制风险。所谓安全基线，是在诸多标准规范中规定的一组安全控制措施或者惯例，这些措施和惯例适用于特定环境下的所有系统，可以满足基本的安全需求，能使系统达到一定的安全防护水平。组织可以根据以下资源来选择安全基线。

- 国际标准和国家标准，如 BS 7799-1、ISO 13335-4。
- 行业标准或推荐，如德国联邦安全局 IT 基线保护手册。
- 来自其他有类似业务目标和规模的组织的惯例。

当然，如果环境和业务目标较为典型，组织也可以自行建立安全基线。

（2）基本风险评估的内容

按照 BS 7799 的要求，基本风险评估需要系统地评估组织信息资产的安全要求，识别需要满足的控制目标，对满足这些目标的控制措施进行选择。具体评估和管理的任务与内容如表 3.1 所示。

表 3.1   基本风险评估内容

风险评估任务	风险评估活动
资产识别和估价	列出在信息安全管理体系范围内，与被评估的业务环境、业务运营及信息相关的资产
威胁评估	使用与资产相关的通用威胁列表，检查并列出资产的威胁
脆弱性评估	使用与资产相关的通用脆弱性列表，检查并列出资产的脆弱性
现有安全控制识别	根据前期的安全评审，识别并记录所有与资产相关的、现有的或已计划的安全控制
风险评价	收集由上述评估产生的有关资产、威胁和脆弱性的信息，以便能够以实用、简单的方法进行风险测量
安全控制、选择及实施	对于每一项列出的资产，确认控制目标；针对资产的威胁和脆弱性，选择相关控制措施，以达到安全控制目标
风险接受	在考虑需求的基础上，考虑选择附加的控制，以更进一步降低风险，使风险消减到组织可接受的水平

（3）基本风险评估的优点

基本风险评估的优点有以下两点。

● 风险评估所需资源最少，简便易实施。

● 同样或类似的控制能被许多信息安全管理体系所采用，不需要耗费很多的精力。如果一个组织的多个信息安全管理体系在相同的环境里运作，并且业务要求类似，这些控制可以提供一个经济有效的解决方案。

（4）基本风险评估的缺点

基本风险评估的缺点有以下两点。

● 安全基线水平难以设置。如果安全基线水平被设置得太高，就可能需要过多的费用，或产生控制过度的问题；如果安全基线水平设置得太低，一些系统可能不会得到充分的安全保证。

● 难以管理与安全相关的变更。例如，如果一个信息安全管理体系被升级，评估最初的控制是否仍然充分就比较困难。

2. 详细风险评估

详细风险评估就是对资产、威胁及脆弱性进行详细识别和评估，详细评估的结果被用于风险评估及安全控制的识别和选择，通过识别资产的风险并将风险降低到可接受的水平，来证明管理者所采用的安全控制是适当的。

（1）详细风险评估的内容

详细风险评估可能是非常耗费人力和财力的过程，需要非常仔细地制订被评估信息系统范围内的业务环境、业务运营以及信息和资产的边界。详细风险评估是一个需要管理者持续关注的方法，其具体内容如表 3.2 所示。

表 3.2 详细风险评估内容

风险评估任务	风险评估活动
资产识别和估价	识别和列出在信息安全管理体系范围内被评估的业务环境、业务运营及信息相关的所有资产，定义一个价值尺度并为每一项资产分配价值（涉及机密性、完整性和可用性等价值）
威胁评估	识别与资产相关的所有威胁，并根据它们发生的可能性和造成后果的严重性来赋值
脆弱性评估	识别与资产相关的所有脆弱性，并根据它们被威胁利用的程度来赋值
现有安全控制识别	根据前期的安全评审，识别并记录所有与资产相关的、现有的或已计划的安全控制
风险评价	利用上述对资产、威胁和脆弱性的评价结果，进行风险评估，风险为资产的相对价值、威胁发生的可能性及脆弱性被利用的可能性的函数，采用适当的风险测量工具进行风险计算
安全控制的识别、选择及实施	根据从上述评估中识别的风险，适当的安全控制需要被识别以阻止这些风险；对于每一项资产，识别与被评估的每项风险相关的目标；根据对这些资产的每一项相关的威胁和脆弱性识别和选择安全控制，以完成这些目标；最后，评估被选择的安全控制在多大程度上降低了被识别的风险
风险接受	对残留的风险加以分类，可以是"可接受的"或是"不可接受的"；对那些被确认为"不可接受的"风险，组织要决定是否应该选择更进一步的控制措施，或者是接受残留风险

可以看出，详细风险评估是将安全风险作为资产、威胁及脆弱性的函数来进行识别与评估，根据风险评估的结果，能够从有关安全管理的标准中选择安全控制。整个过程不同于上面的基本风险评估，因为它需要对资产、威胁和脆弱性进行更为详细的分析。具体程序包括以下内容。

● 对资产（包括它们的价值和业务重要性）、威胁（包括它们的严重性）和脆弱性（包括它们的弱点和敏感性程度）进行测量与赋值。

● 使用适当的风险评价方法（参见 3.3 节）完成风险计算。

（2）详细风险评估的优点

详细风险评估的优点主要包括以下几点。

● 可以对安全风险获得一个更精确的认识，从而更为精确地识别出反映组织安全要求的安全水平。

● 可以从详细风险评估中获得额外信息，使与组织变革相关的安全管理受益。

（3）详细风险评估的缺点

详细风险评估的缺点是需要花费相当多的时间、精力和技术方可获得可行的结果。

3. 联合风险评估

联合风险评估首先使用基本风险评估，识别信息安全管理体系范围内具有潜在高风险或对业务运作来说极为关键的资产；然后根据基本风险评估的结果，将信息安全管理体系范围内的资产分成两类，一类需要应用详细风险评估以达到适当保护，另一类通过基本评估选择安全控制就可以满足组织需要。联合风险评估将基本风险评估和详细风险评估的优点结合起来，既节省评估所花费的时间与精力，又能确保获得一个全面系统的评估结果，而且，组织的资源与资金能够被应用在最能发挥作用的地方，具有高风险的信息系统能够被预先关注。

当然联合风险评估也有缺点：如果最初对信息系统的高风险识别不够准确，那么本来需要详细评估的内容也许会被忽略，最终导致结果失准。

选择风险评估种类时，评估时间、投入力度，以及具体开展的深度都应与组织的环境和安全要求相称。例如，如果组织和它的资产多数情况下只需要一个低等到中等的安全要求，基本的风险评估方法就足够了。如果安全要求更高，需要更具体和更专业的处理，那么就必须使用详细的风险评估方法。无论采用什么样的风险评估，都应遵循时间和成本有效的原则。

3.2 风险评估的流程

风险评估是确认安全风险及其大小的过程，即利用适当的风险评估工具和方法，确定资产风险等级和优先控制顺序。风险评估可以明确安全需求及确定切实可行的控制措施，全面系统的风险评估是实施有效风险管理的基础。

3.2.1 风险评估的步骤

风险评估属于组织信息安全管理体系策划的过程。风险评估的任务是识别组织所面临的安全风险并确定风险控制优先级，以实施有效控制，将风险控制在组织可以接受的范围之内。

1. 风险评估应考虑的因素

（1）信息资产及其价值。

（2）对这些资产的威胁，以及它们发生的可能性。

（3）脆弱性。

（4）已有安全控制措施。

2. 风险评估的基本步骤

（1）按照组织业务运作流程进行资产识别，并根据估价原则对资产进行估价。

（2）根据资产所处的环境进行威胁评估。

（3）对应每一威胁，对资产或组织存在的脆弱性进行评估。

（4）对已采取的安全机制进行识别和确认。

（5）建立风险测量的方法及风险等级评价原则，确定风险的大小与等级。

风险评估过程如图 3.3 所示。

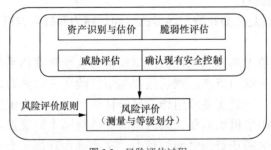

图 3.3　风险评估过程

3. 风险评估时应考虑的问题

在进行风险评估时，要充分考虑和正确区分资产、威胁与脆弱性之间的对应关系，如图 3.4 所示。

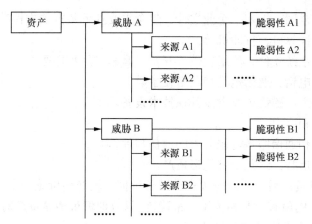

图 3.4 资产、威胁与脆弱性之间的对应关系

从图 3.4 中可以看出,资产、威胁与脆弱性之间的对应关系如下。

● 一项资产可能存在多种威胁。

● 威胁的来源多元,应从人员(包括内部与外部)、环境(如自然灾害)、资产本身(如设备故障)等方面加以考虑。

● 每一种威胁可能利用一个或数个脆弱性。

3.2.2 资产的识别与估价

资产(Asset)就是被组织赋予了价值、需要保护的有用资源。为了对资产进行有效的保护,组织需要在各个管理层对资产落实责任,进行恰当的管理。

在信息安全体系范围内,一项非常重要的工作就是为资产编制清单。每项资产都应该被清晰地定义,被合理地估价,在组织中应明确资产所有权关系,对资产进行安全分类,并以文件形式详细记录在案。

为了明确对资产的保护,有必要对资产进行估价。资产价值(The Value of Asset)大小不仅仅要考虑其自身的价值,还要考虑其对组织机构业务的重要性、在一定条件下的潜在价值以及与之相关的安全保护措施。资产的价值体现了它对一个机构的业务的重要程度。安全事件会导致资产保密性、完整性和可用性的损失,从而导致企业资金、市场份额、形象声誉的损失。因此,在信息系统中资产的价值可以用安全事件,即信息或其他技术资产的泄露、非法修改或被破坏等可能造成的影响的程度来衡量。

为了明确被保护的信息资产,组织应列出与信息安全有关的资产清单,对每一项资产进行确认和适当的评估。为了防止资产被忽略或遗漏,在识别资产之前应确定风险评估范围。所有在评估范围之内的资产都应该被识别,因此要列出对组织或组织的特定部门的业务过程有价值的任何事物,以便根据组织的业务流程来识别信息资产。例如,如果安全目标是保护一项订单处理业务的安全性,列入资产清单的就应该包括所有与订单处理流程相关的系统、网络设施和组件。

一个信息系统中的资产可能包括以下方面。

● 信息、数据与文档:数据库和数据文件、系统文件、用户手册、培训材料、运行与支持程序、业务持续性计划、应急方案等。

- 书面文件：合同、指南、企业文件、包含重要业务数据的文件等。
- 硬件资产：计算机、打印机等。
- 软件资产：系统软件、应用软件、开发工具和实用程序等。
- 通信设备：电话、通信电缆和网络设备等。
- 其他物理资产：磁盘、光盘及其他技术设备。
- 人员：员工和客户。
- 服务：计算和通信服务、服务中的信任与保密。
- 企业形象与信誉：这是一种无形资产。

在列出所有信息资产后，应对每项资产赋予价值。资产估价是一个主观的过程，而且资产的价值应当由资产的所有者和相关用户来确定，只有他们最清楚资产对组织业务的重要性，从而能够准确地评估出资产的实际价值。

资产价值不是以资产的账面价格来衡量的，而是以其相对价值来衡量。在对资产进行估价时，不仅要考虑资产的账面价格，更重要的是要考虑资产对于组织业务的重要性，即根据资产损失所引发的潜在的影响来决定。例如，信息保密性、完整性和可用性等安全属性的损害，可能导致资金、市场份额或企业形象的损失。资产价值越大，因泄露、修改、损害和不可用等安全事件对组织业务造成的潜在影响也就越大。在考虑资产安全性的损害对业务运营造成的影响程度时，可以考虑以下因素。

- 违反法律、法规。
- 对业务绩效的影响。
- 对组织声誉和形象的影响。
- 对业务保密性的影响。
- 业务活动中断造成的影响。
- 对环境安全及公共秩序的破坏。
- 资金损失。
- 对个人信息及安全的影响。

为确保资产估价的一致性和准确性，组织应按照上述原则，建立一个资产的价值尺度（资产评估标准），以明确如何对资产进行赋值。另外，一些信息资产的价值是有时效性的，例如，新产品的相关数据在产品面市之前是高度机密的。

在信息系统中，采用精确的财务方式来给资产确定价值比较困难，一般采用定性分级的方式来建立资产的相对价值或重要程度，即按照事先确定的价值尺度将资产的价值划分为不同等级，以相对价值作为确定重要资产及为这些资产投入多大资源进行保护的依据。这种定性分级可以参考表 3.3 进行划分。

表 3.3　　　　　　　　　　　　　　资产定性分级

分级类型	资产等级
相对较粗的分级	低、中、高
详细分级	可忽略、低、中、高、非常高
更详细的分级	（低）0、1、2、……、10（高）

经过资产的识别与估价后，组织应根据资产价值的大小，进一步确定需要保护的关

键资产。

3.2.3 威胁的识别与评估

威胁（Threat）是指可能对资产或组织造成损害的潜在原因。例如，网络系统可能受到来自计算机病毒和黑客攻击的威胁。资产的识别与估价完成后，接下来应当对组织需要保护的每一项关键信息资产进行威胁识别与评估。威胁识别与评估的主要任务是识别产生威胁的原因、确认威胁的目标以及评估威胁发生的可能性。

1. 威胁识别

在威胁识别过程中，应根据资产所处的环境条件和资产以前遭受威胁损害的情况来判断。一项资产可能面临多个威胁，同一威胁可能对不同资产造成影响。威胁识别应确认威胁由谁或由什么事物引发以及威胁所影响到的资产。威胁源可能是蓄意人为也可能是偶然因素，通常包括人、系统、环境和自然等类型。

- 人员威胁——包括故意破坏（网络攻击、恶意代码传播、邮件炸弹、非授权访问等）和无意失误（如误操作、维护错误）。
- 系统威胁——系统、网络或服务的故障（软件故障、硬件故障、介质老化等）。
- 环境威胁——电源故障、污染、液体泄漏、火灾等。
- 自然威胁——洪水、地震、台风、滑坡、雷电等。

在信息系统中，用于威胁识别和评估的信息能够从信息安全管理体系的参与人员，以及相关的业务流程中获得。这些人员可能是人力资源部的员工、设备计划与管理人员、信息技术专家以及组织中的安全负责人员。

威胁可能引起安全事件，从而对系统、组织和资产造成损害。在信息系统中，这种损害来源于对组织的信息及信息处理设施直接或间接的攻击，主要包括以下类型。

（1）内部威胁

内部威胁包括内部涉密人员有意或无意泄密，更改记录信息；内部非授权人员有意或无意偷窃信息，更改网络配置和记录信息，破坏网络系统等。

（2）信息截取

攻击者可以通过搭线或在电磁波辐射范围内安装截收装置等方式截获机密信息，或通过对信息流量和流向、通信频度和长度等参数的分析推出有用信息。这种方式是过去军事对抗、政治对抗和当今经济对抗中最常采用的窃密方式，也是一种针对信息网络的被动攻击方式，它不破坏传输信息的内容，不易被察觉。

（3）非法访问

非法访问即未经授权使用信息资源或以未授权方式使用信息资源。

（4）完整性破坏

完整性破坏包括对信息的篡改、插入、删除等。

（5）冒充

冒充包括冒充特权人员，冒充合法主机或用户，冒充网络控制程序套取或修改使用权限、口令和密钥等信息，越权使用网络设备和资源等。

（6）拒绝服务

拒绝服务使合法用户不能正常访问网络资源，使系统无法提供正常服务，甚至摧毁系统。

（7）重放

重放即攻击者截收并录制信息，然后在必要的时候重发或反复发送这些信息。例如，一个实体可以重发含有另一个实体鉴别信息的消息，以证明自己是该实体，达到冒充的目的。

（8）抵赖

抵赖是指收方、发方或者收发双方否认信息的收发过程或收发信息的内容。

（9）其他威胁

对信息系统的威胁还包括计算机病毒、操作失误和意外事故等。

2．威胁发生的可能性分析

识别资产面临的威胁后，还应该评估威胁发生的可能性，确定威胁发生的可能性是风险评估的重要环节。组织应根据经验和有关统计数据来判断威胁发生的频率或概率。威胁发生的可能性受下列因素的影响。

- 资产的吸引力。
- 资产转化成报酬的容易程度。
- 威胁的技术含量。
- 脆弱性被利用的难易程度。

对于威胁发生的可能性大小，可以采取分级赋值的方法予以确定。例如，将可能性分为3 个等级：

非常可能 = 3；大概可能 = 2；不太可能 = 1。

威胁发生的可能性大小与威胁发生的条件密切相关。例如，消防管理好的部门发生火灾的可能性要比消防管理差的部门发生火灾的可能性小。因此，上述根据经验或统计获得的威胁发生的可能性，可以是一个组织、相同行业或者社会的均值。对于具体环境中威胁发生的可能性，应考虑具体资产的脆弱性予以修正：

$$P_{TV} = P_T \times P_V$$

其中，P_{TV}——考虑资产脆弱性时威胁发生的可能性；

　　　P_T——未考虑资产脆弱性时威胁发生的可能性；

　　　P_V——资产脆弱性被威胁利用的可能性。

3．评价威胁发生造成的后果或潜在影响

威胁一旦发生会造成信息保密性、完整性和可用性等安全属性的损失，从而给组织造成不同程度的影响，严重的威胁发生会导致诸如信息系统崩溃、业务流程中断、财产损失等重大安全事故。不同的威胁对同一资产或组织所产生的影响不同，导致的价值损失也不同，但损失的程度应以资产的相对价值（或重要程度）为限。

威胁的潜在影响 I = 资产相对价值 V × 价值损失程度 C_L

价值损失程度 C_L 是一个小于等于 1、大于 0 的系数，资产遭受安全事故后，其价值可能完全丧失（即 $C_L = 1$），但不可能对资产价值没有任何影响（即 C_L 不可能等于 0）。为简化评价过程，可以用资产的相对价值代替所面临威胁产生的影响。

3.2.4　脆弱性评估

仅有威胁还构不成风险。由于组织缺乏充分的安全控制，组织需要保护的信息资产或系统存在着可能被威胁所利用的弱点，即脆弱性。脆弱性（Vulnerability）是指资产的弱点，这些弱点可能被威胁利用导致安全事件的发生，从而对资产造成损害。脆弱性本身并不会引起损害，它只是为威胁提供了影响资产安全性的条件。威胁只有利用了特定的脆弱性，才可能对资产造成影响。这些脆弱性可能来自组织结构、人员、管理、程序和资产本身的缺陷等，大体可以分为以下几类。

● 技术脆弱性——系统、程序和设备中存在的漏洞或缺陷，如结构设计问题和代码漏洞等。

● 操作脆弱性——软件和系统在配置、操作及使用中的缺陷，包括操作人员在日常工作中的不良习惯、审计或备份的缺失等。

● 管理脆弱性——策略、程序和规章制度等方面的弱点。

识别脆弱性的途径有很多，包括各种审计报告、事件报告、安全复查报告、系统测试及评估报告等，还可以利用专业机构发布的列表信息。当然，许多技术和操作方面的脆弱性，可以借助自动化漏洞扫描工具和渗透测试等方法来识别和评估。

评估弱点时需要考虑两个因素，一个是脆弱性的严重程度（Severity）；另一个是脆弱性的暴露程度（Exposure），即被威胁利用的可能性 P_V。这两个因素也可以采用分级赋值的方法。例如，脆弱性被威胁利用的可能性 P_V 可以分级为：

非常可能 = 4；很可能 = 3；可能 = 2；不太可能 = 1；不可能 = 0。

脆弱性评估数据获取的手段主要包括访谈核查、漏洞扫描和渗透测试。

1. 访谈核查

访谈核查是了解安全配置、安全管理现状和排查漏洞的主要途径，通过实地查看信息系统运行环境，登录设备查看安全配置信息，以及与安全相关人员进行访谈等方式，有助于快速了解系统安全的整体概要情况，是技术手段的重要补充。

2. 漏洞扫描

漏洞扫描是快速了解系统是否存在某些特定漏洞的有效方式。根据扫描位置不同可分为本地扫描和远程扫描。与渗透测试相比，漏洞扫描存在一定的误报和漏报情况，其准确性主要取决于漏洞特征库的准确性和更新的及时性。一次完整的漏洞扫描通常分为三个阶段。

第一阶段：发现目标主机或网络。通过 PING 等手段识别目标系统的在线节点，了解信息系统实际运行节点的数量、地址信息。

第二阶段：进行进一步的信息搜集。通过操作系统识别、服务识别，获得各节点的操作系统类型、开放的端口、提供的服务类型以及服务软件版本等信息。如果目标是一个网络，则还可以更进一步地获取网络的拓扑结构、路由设备等信息。

第三阶段：漏洞识别。依据漏洞特征，搜集、判断目标系统是否存在特定的安全漏洞。

典型的漏洞扫描软件有 Nmap 和 Nessus。漏洞扫描软件的漏洞库更新速度直接影响扫描结果的有效性和参考价值。

3. 渗透测试

渗透测试（Penetration Test）作为一种专业的信息安全服务，是在经过用户授权批准后，由信息安全专业人员采用攻击者视角、使用与攻击者相近的技术和工具来尝试攻入被评估目标系统的一种测评服务。它通过攻击方式寻找并检测目标网络、应用系统和终端存在的漏洞，是帮助用户了解和改善其系统安全的一种手段。

参考开放信息系统安全组（OISSG）制定的渗透测试框架，实施渗透测试通常包括以下

3 个基本阶段。

阶段一：计划和准备

本阶段包含交换初步信息、计划和准备测试的步骤。在测试前，应签署一份正式的评估协议。这份协议将为测试任务的法律保护提供基础。协议应说明工作小组、测试周期、问题升级方式和其他工作安排。本阶段主要开展下列活动。

① 指定双方联系人。

② 首次会议，确定测试范围和方案。

③ 协商采用的特定测试用例和问题处置方式。

阶段二：评估

这是实际执行渗透测试的阶段。如图 3.5 所示，评估主要有以下 9 个方面的内容。

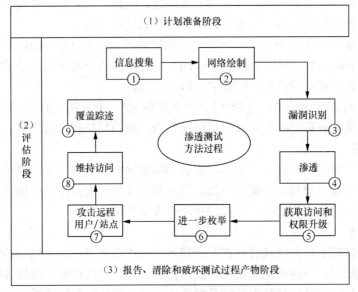

图 3.5 渗透测试的主要内容与过程

① 信息搜集：信息搜集主要是通过互联网，采用技术和非技术手段发现关于评估目标的所有信息。

② 网络绘制：提取前述步骤所获得的网络信息，并在此基础上进行扩展以绘制更准确的目标网络拓扑图，包括网络中的主机、边界、服务、端口等。

③ 漏洞识别：执行分析发现可利用的弱点。

④ 渗透：评估方通过绕开现有的安全措施进行非授权访问，并试图尽可能地获取更高级别的访问权限。

⑤ 获取访问和权限升级：进一步利用系统漏洞和脆弱性，对系统进行枚举。通过本步骤，评估者确认并记录可能的入侵。这将有助于从整体上为目标组织机构提供更全面、准确的影响评估。

⑥ 进一步枚举：获取口令、收集信息、识别路由、绘制内网拓扑图，可以以此步骤为新起点，再次执行步骤①～⑤。

⑦ 攻击远程用户/站点：远程用户、远程办公和在远程站点之间的通信可能使用了鉴别和加密技术，以确保网络上传输的数据不会被伪造或窃听。但是，这并不能保证通信端点不会被

窃听。攻击者会试图攻入组织机构的远程用户、远程办公和远程站点，以获取内部访问权限。

如果成功地获得了远程站点的访问权限，则对远程目标执行步骤①～⑥，否则转入下一个步骤。

⑧ 维持访问：通常，隐蔽信道的使用、后门的安装部署并不作为渗透测试的一部分，因为这会增加攻击者利用后门的风险。但设计全面的方案和规划可以保证该步骤的安全。

⑨ 覆盖踪迹：在渗透测试中通常应该尽可能地开放（除非客户请求）并且生成所有活动的详细信息和日志，该步骤的操作应该在测试评估过程中被记录，并分析效果。具体方法包括隐藏文件、清除日志、抑制完整性检查、抑制防病毒软件等。

阶段三：报告、清除测试过程产物

① 报告：包括口头报告和最终的详细渗透过程报告。在完成了所有测试用例后，应撰写一份描述测试过程、测试结果以及改进建议的书面报告。

② 清除测试过程产物：应从被测试系统上删除所有创建和存储的信息。如果因为某些原因无法从远程系统上删除这些信息，则应在技术报告中阐明这些信息及其存放的位置），以便客户的技术人员能够在收到报告后将它们删除。

4．渗透测试工具——Metasploit

Metasploit 是缓冲区溢出漏洞探测和利用的常用工具。Metasploit 以脚本的形式集成了不同类型平台上常见的溢出漏洞利用程序，具有可扩展性，使用该工具可以自动利用相关的溢出安全漏洞，简化缓冲区溢出漏洞的测试过程。

Metasploit 含有命令行界面和图形界面等多种调用方式，运行后，相关操作具有很强的自动化功能。本书将以命令行界面为例展开介绍，图形界面的使用方法与命令行界面的区别不大，只是操作方式不同。

运行 Metasploit 后首先看到的是欢迎界面，输入问号（？）可查看帮助信息，如图 3.6 所示。

图 3.6　Metasploit 工具帮助界面

Metasploit 工具包中集成了众多溢出攻击方式，在使用之前需要先了解当前包含的溢出工具包内容。在命令行提示符下输入"show exploits"即可查看当前框架中包含的渗透脚本，如图 3.7 所示。

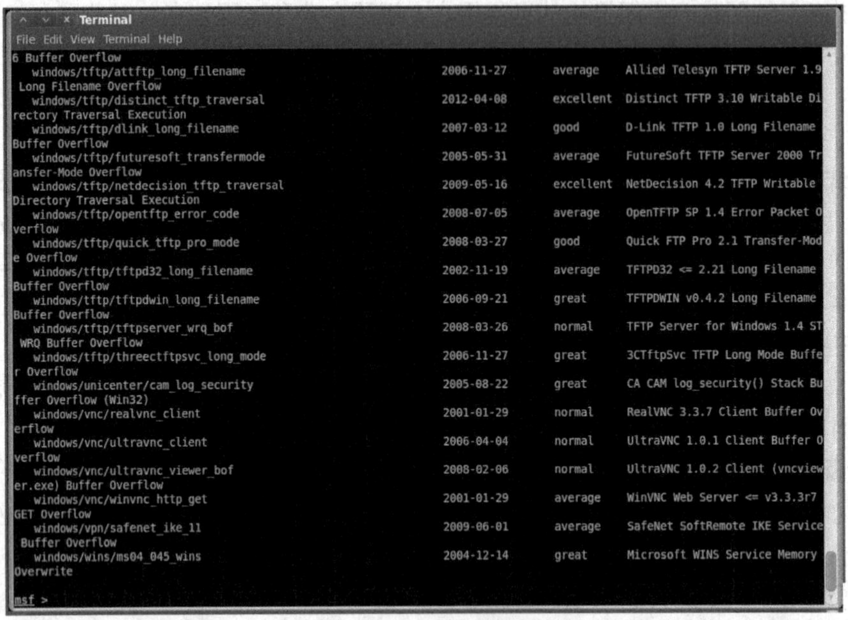

图 3.7　Metasploit 工具渗透脚本

图 3.7 中左列显示的是溢出程序路径，右列显示的是该程序的详细说明。可通过 info 命令查看程序使用方式，该命令的作用是显示溢出程序包的详细信息。例如，若要查看 ms04_045_wins 溢出的执行方式，则可以在命令行提示符后键入：

info windows/wins/ms04_045_wins

反馈结果如图 3.8 所示。

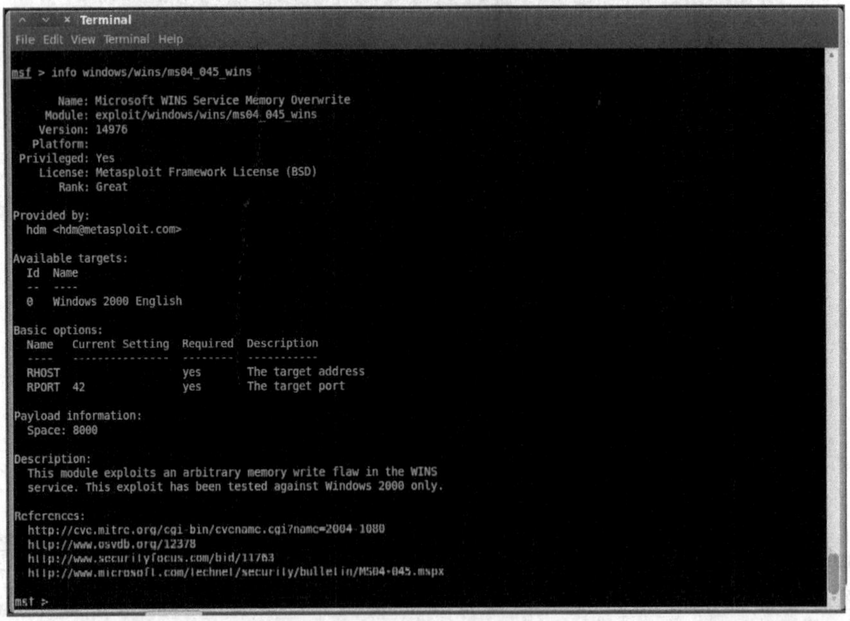

图 3.8　Metasploit 工具查看 ms04_045_wins 溢出工具信息

payload 是溢出成果后执行的操作,如添加用户、建立反弹端口等。输入"show payloads"命令即可查看软件包含的 payload 列表,如图 3.9 所示。

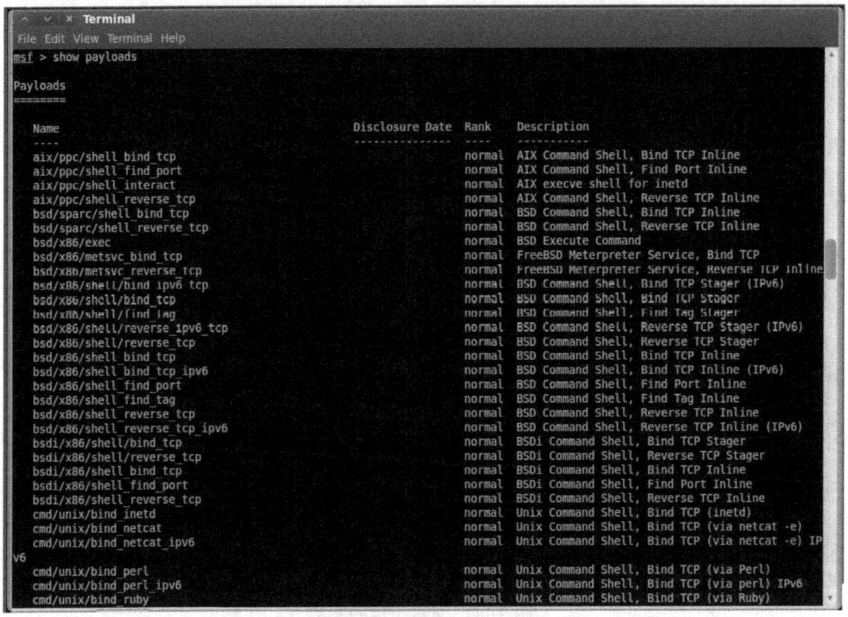

图 3.9　Metasploit 工具查看 payload 信息

同样地,也可以使用 info 命令查看 payload 的详细信息。例如,在命令行提示符后键入:

info windows/exec

即可得到 Windows 下 exec 的信息,如图 3.10 所示。

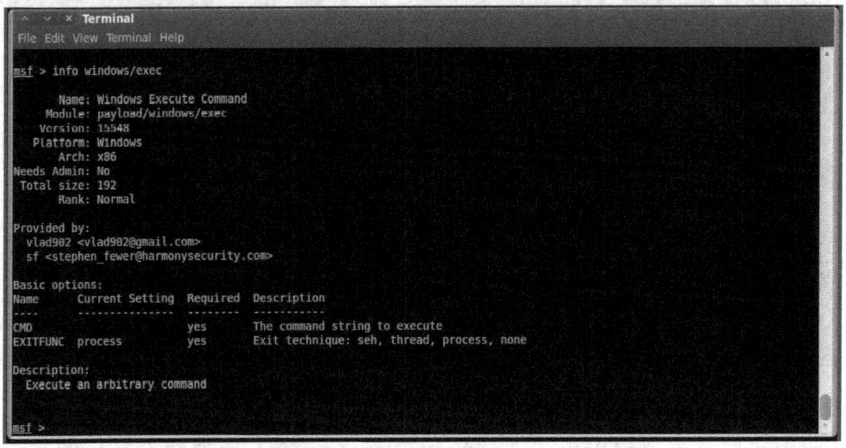

图 3.10　Metasploit 工具查看 Windows 下 exec 的信息

需要说明的是,以 BSD 开头的是针对 BSD 系统的 payload,以 Linux 开头的是针对 Linux 系统的 payload,以 CMD 和 Windows 开头的是针对 Windows 系统的 payload。因为不同系统对不同的 payload 要求不一样,所以一定要选择合适的 payload 才能够保证成功溢出。

　　了解具体溢出工具信息后，就可以实施溢出操作了。在实际溢出过程中，用到的是"use"命令。这里仍然以 ms04_045_wins 溢出工具包为例。在命令行提示符后键入：

use windows/wins/ms04_045_wins

进入 ms04_045_wins 目录，在命令行提示符后键入

show options

查看所选择溢出工具要求指定的参数，如图 3.11 所示。

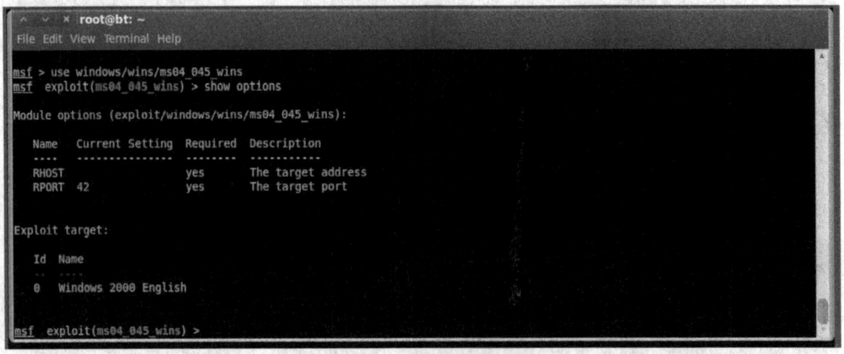

图 3.11　查看指定的参数

在命令行窗口中依次键入如下命令，设置一些必要的选项，如图 3.12 所示。

set rhost 192.168.1.123

set rport 42

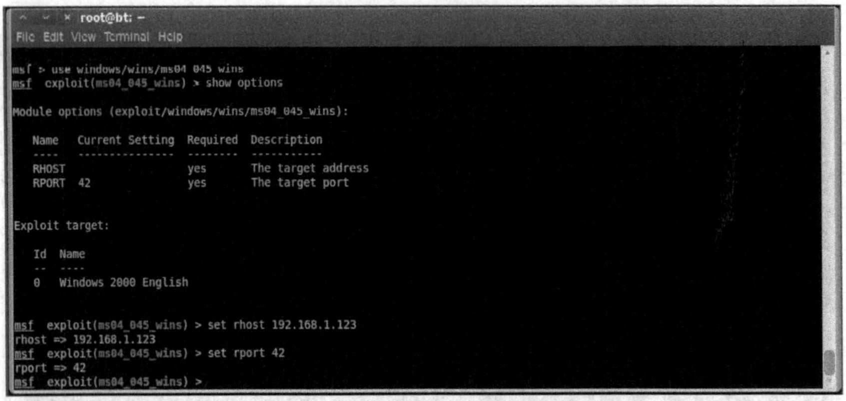

图 3.12　ms04_045_wins 基础参数设置

参数设置完成后，再选择溢出后运行的 ShellCode，输入如下命令，如图 3.13 所示。

set payload windows/exec   //指定使用的 ShellCode
set cmd net user hack hack /add   //指定使用的命令，添加用户
set cmd net localgroup administrators hack /add   //指定使用的命令，添加用户组

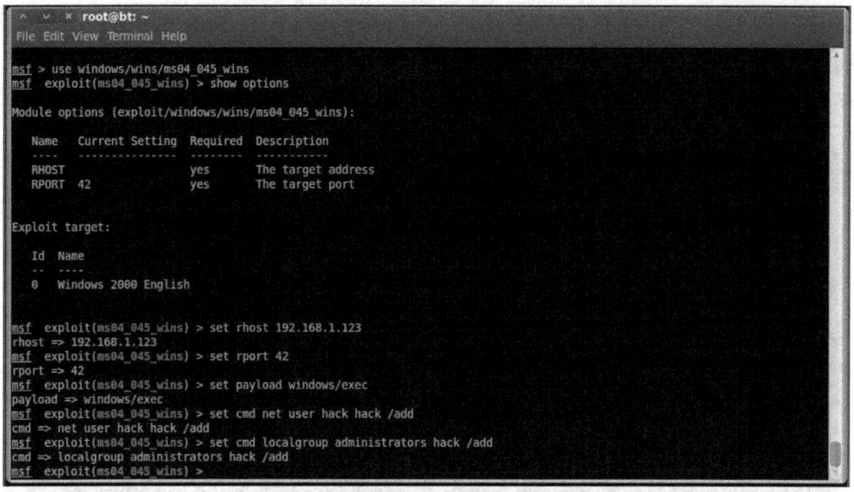

图 3.13 ms04_045_wins ShellCode 参数设置

最后指明攻击目标主机的操作系统就可以执行攻击了。若要查看攻击所支持的操作系统类型时，则可在命令行提示符后键入如下命令：

show targets

程序将列出可供选择的（支持的）操作系统类型列表（见图 3.14）。

图 3.14 ms04_045_wins 支持的操作系统类型

键入如下命令，选定操作系统：

set target 0
set

即呈现如图 3.15 所示的界面。
检查无误后，输入如下运行命令，开始实施溢出：

exploit

Metasploit 对开展风险评估、验证脆弱性和估算威胁影响程度都具有实用价值。除了 Metasploit，Core IMPACT 和 Immunity CANVAS 也是实施渗透测试的有效工具，它们都为自动化渗透测试的开展提供了框架，并不断更新攻击库。

5. 小结

本节主要面向评估对象的脆弱性验证问题，引入渗透测试方法进行介绍。渗透测试一般由具有丰富的网络及系统安全知识与经验的团队负责，在测试过程中，以入侵者的思维方式，借以扫描工具、攻击程序和技术作为辅助，对目标进行检测。其测试过程就如同网络入侵事件的实际演练。通过渗透测试，可以了解入侵者可能利用的途径，了解威胁可能产生的影响，评估系统脆弱性与安全程度，为风险的度量和安全保障措施的部署提供依据。

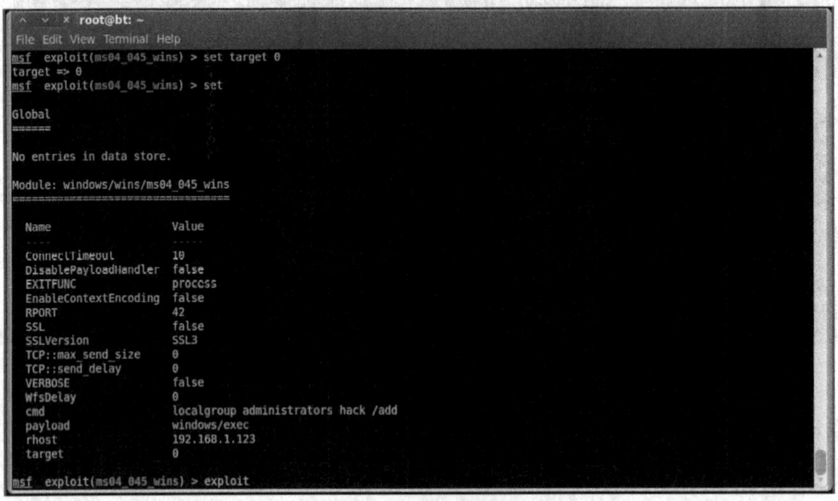

图 3.15　ms04_045_wins 整体参数设置情况

3.2.5　安全控制确认

在影响威胁事件发生的外部条件中，除了资产的弱点，还有组织现有的安全控制措施。在风险评估过程中，应当识别已有的（或已计划的）安全控制措施，分析安全控制措施的效力，对于有效的安全控制应继续保持，而对于那些不适当的控制应予以取消，或者用更合适的控制替代。这样做一方面可以指出当前安全措施的不足，另一方面也可以避免重复投资。

安全控制的分类方式有多种，按照目标和针对性可以分为以下几类。

● 管理性安全控制：对系统开发、维护和使用实施管理的措施，包括安全策略、程序管理、风险管理、安全保障和系统生命周期管理等。

● 操作性安全控制：用来保护系统和应用操作的流程和机制，包括人员职责、应急响应、事件处理、安全意识培训、系统支持和操作、物理和环境安全等。

● 技术性（Technical）安全控制：身份识别与认证、逻辑访问控制、日志审计和加密等。

按照功能，安全控制又可以分为以下几类。

● 威慑性（Deterrent）安全控制：此类控制可以降低蓄意攻击的可能性，实际上针对的是威胁源的动机。

● 预防性（Preventive）安全控制：此类控制可以保护脆弱性，使攻击难以成功，或者降低攻击造成的影响。

● 检测性（Detective）安全控制：此类控制可以检测并及时发现攻击活动，还可以激活纠正性或预防性安全控制。

● 纠正性（Corrective）安全控制：此类控制可以将攻击造成的影响降到最低。

不同功能的安全控制应对风险的情况如图 3.16 所示。

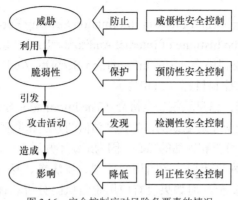

图 3.16 安全控制应对风险各要素的情况

另外，在风险评估之后选择的安全控制与现有的或计划的安全控制应保持兼容和一致，以避免在实施过程中出现冲突。

3.3 风险评价常用的方法

风险评价的目的是明确当前的安全状态、改善该状态并获得改善状态所需的资源。风险评价的主要问题在于度量风险方法的多样性及不确定性，风险评价的缺乏会削弱风险管理者和安全专家稳定、有效地把握风险的能力。采用合适的风险评价方法，建立风险管理框架，可以为管理者制定正确的业务决策提供风险分析和评估基础，从而实现风险管理水平的极大提升。

3.3.1 风险评价方法的发展

早在 20 世纪 70 年代中期，基本的风险度量就已建立，但它们没有实现形式化，也没有得到广泛传播。在此期间出现的一些风险评估方法和技术主要是通过权衡收支（cost-benefit）来帮助组织识别和管理零散的信息安全风险。

20 世纪 80 年代开发了一些手工和自动化的评估方法，其中部分方法构思精良、沿用至今。而其他一些基于投资回报（Return on Investment，ROI）的定性方法，由于主观性太强，不能为标准业务决策提供有效的支持。

在过去的一段时间里，信息安全风险度量方法的开发有了一定的进展，但这离标准度量的建立、完善和实用化还有一些距离。不过作为起步所需的风险识别、单个风险因素的测量和信息安全风险管理框架已经逐步建立，虽然其中一些还带有实验的性质。

美国国家标准和技术委员会（The U.S. National Institute of Standards and Technology）针对关键风险的定性和定量度量建立了风险分析和评估过程的顶层框架，虽然此框架同信息安全风险管理的广泛功能密切相关，但这些工作始终没有形式化。这期间很多组织也出版了信息安全风险管理指南。

● 国际信息安全基金会（The International Information Security Foundation，IISF）：系统安全通用原理（GASSP）。

● 国际标准化组织（The International Standards Organization，ISO）：ISO 17799。

● 经济合作与开发组织（The Organization for Economic Cooperation and Development，OECD）：信息安全原理。

● 欧洲信息安全论坛（The European Information Security Forum，ISF）：最佳实践标准。

● 内部审计学会（The Institute of Internal Auditors，IIA）：系统保障与控制。

● 信息安全审计与控制协会（The Information Security Audit and Control Association，ISACA）：信息及相关技术控制目标（COBIT）。

除了上述公开的指南外，信息系统安全协会（The Information Systems Security Association，ISSA）的信息评价指南也建立了对组织的信息资产估值的方法和量度。该指南的评论者认为缺少这样的量度是执行定量风险分析和评估的障碍，因为组织不知道如何建立其信息资产的货币值。

此外，一些自动灾难恢复计划、逻辑访问控制、反病毒、身份认证、加密和防火墙技术也常被组织用于管理信息安全，但如果没有应用定量风险分析和评估技术，决定投入多少资金来获得和实施这些管理工具就没有可靠的基础，特别对于投资回报的计算更是如此。

3.3.2 风险评价常用方法介绍

1. 预定义价值矩阵法

该方法利用威胁发生的可能性、脆弱性被威胁利用的可能性及资产的相对价值三者预定义的三维矩阵来确定风险的大小，假设如下。

● 威胁发生的可能性定性划分为低、中、高 3 级（0、1、2）。

● 脆弱性被利用的可能性也定性划分为低、中、高 3 级（0、1、2）。

● 受到威胁的资产相对价值定性划分为 5 级（0、1、2、3、4）。

这样资产共有 $3 \times 3 \times 5 = 45$ 种风险情况，依据风险函数特性将这 45 种风险情况按照某种规律赋值，形成预先确定的风险价值表（即确定风险函数 R 的矩阵表达式）。只要按照前面所述的威胁、脆弱性及资产价值的识别与评价方法确定每一项资产所面临的每一威胁发生的可能性 P_T、脆弱性被威胁利用的可能性 P_V 及该资产的相对价值 V，就可以从事先确定的价值矩阵表中查出对应的风险值 $R = R(P_T, P_V, V)$。风险价值矩阵如表 3.4 所示。

表 3.4　　　　　　　　　　　　　预定义风险价值矩阵表

	威胁发生的可能性 P_T	低 0			中 1			高 2		
	脆弱性被利用的可能性 P_V	低 0	中 1	高 2	低 0	中 1	高 2	低 0	中 1	高 2
资产相对价值 V	0	0	1	2	1	2	3	2	3	4
	1	1	2	3	2	3	4	3	4	5
	2	2	3	4	3	4	5	4	5	6
	3	3	4	5	4	5	6	5	6	7
	4	4	5	6	5	6	7	6	7	8

假设威胁发生的可能性为低，脆弱性被利用的可能性为中，资产的相对价值为 3 级，依据风险矩阵表，此威胁利用目前存在的脆弱性对资产所造成的风险为 4。即 $P_T = 0$，$P_V = 1$，$V = 3$，则 $R = R(P_T, P_V, V) = R(0, 1, 3) = 4$。

预定义价值矩阵法常用于详细风险评估，如果要用于基本风险评估，可以进行简化。例如，把威胁发生的可能性、脆弱性被利用的可能性以及受到威胁的资产相对价值都定性划分为低、高二级（0、1），这样资产共有 $2 \times 2 \times 2 = 8$ 种风险情况，依据风险函数的特性对这 8 种风险情况赋值，具体如表 3.5 所示。

表 3.5　　　　　　　　　　简化的预定义风险价值矩阵表

	威胁发生的可能性 P_T	低 0		高 1	
	脆弱性被利用的可能性 P_V	低 0	高 1	低 0	高 1
资产相对价值 V	0	0	1	2	3
	1	1	2	3	4

2. 威胁排序法

这种方法把风险对资产的影响（或资产的相对价值）与威胁发生的可能性联系起来，常用于考察和比较威胁对组织资产的危害程度。这种方法的实施过程如下。

- 第一步：按预定义的尺度，评估风险对资产的影响，即资产的相对价值 I，例如，尺度可以是从 1 到 5。
- 第二步：评估威胁发生的可能性 P_T，P_T 也可以用 P_{TV}（考虑被利用的脆弱性因素）代替，例如，尺度为 1 到 5。
- 第三步：测量风险值 R，$R = R（P_{TV}，I）= P_{TV} \times I$。

也就是说，这种方法是利用威胁发生的可能性 P_{TV} 和威胁的潜在影响 I 两个因素来评价风险，风险大小为两个因素值的乘积。根据风险值的大小，对资产面临的不同威胁进行排序（或者对威胁等级进行划分），如表 3.6 所示。

表 3.6　　　　　　　　　　按风险大小对威胁排序

威胁	影响（资产价值 I）	威胁发生的可能性 P_{TV}	风险 R	威胁等级
威胁 A	5	2	10	2
威胁 B	2	4	8	3
威胁 C	3	5	15	1
威胁 D	1	3	3	5
威胁 E	4	1	4	4
威胁 F	2	4	8	3

3. 网络系统的风险计算方法

对于各种网络系统，可以根据网络系统的重要性（系统的相对价值）、威胁发生的可能性 P_{TV}、威胁发生后安全性降低的可能性 3 个因素来评价风险的大小。即：

$$R = R(P_{TV}, I) = I \times P_{TV}$$
$$= V \times (1 - P_D) \times (1 - P_O)$$

其中，V——系统的重要性，是系统的保密性 C、完整性 IN 和可用性 A 3 项评价值的乘积，

即 $V = C \times IN \times A$；

P_O——威胁不会发生的可能性，与用户的个数、原先的信任、备份的频率以及强制安全措施需求的满足程度有关；

P_D——系统安全性不会降低的可能性，与组织已实施的保护性控制措施有关。

例如，某组织有管理、工程与电子商务 3 个网络系统；系统的保密性、完整性和可用性均定性划分为低（1）、中（2）、高（3）3 个等级；P_O、P_D 均划分为 5 级，并赋予以下数值：很低（0.1）、低（0.3）、中（0.5）、高（0.7）、很高（0.9）。那么该组织网络系统的风险计算结果如表 3.7 所示。

表 3.7　　　　　　　　　　　某组织网络系统风险计算结果

网络系统名称	保密性 C	完整性 IN	可用性 A	网络系统重要性 V	防止威胁发生 P_O	防止系统性能降低 P_D	风险 R	风险排序
管理	1	3	2	6	0.1	0.3	3.78	2
工程	2	3	2	12	0.5	0.5	3.00	3
电子商务	3	3	2	18	0.3	0.3	8.82	1

4. 区分可接受风险与不可接受风险法

风险分为可接受的风险（T）与不可接受的风险（N）两种，以便于区分需要立即采取控制措施的风险和暂时不需要控制的风险。

● 威胁发生的可能性 P_T 定性划分为低、中、高 3 级（0、1、2）。
● 脆弱性被利用的可能性 P_V 也定性划分为低、中、高 3 级（0、1、2）。
● 受到威胁的资产的相对价值 V 定性划分为 5 级（0、1、2、3、4）。

根据威胁发生的可能性及脆弱性被利用的程度确定威胁频度值，如表 3.8 所示。

表 3.8　　　　　　　　　　　　威胁频度值计算表

威胁发生的可能性 P_T	低 0			中 1			高 2		
脆弱性被利用的可能性 P_V	低 0	中 1	高 2	低 0	中 1	高 2	低 0	中 1	高 2
威胁频度值 P_{TV}	0	1	2	1	2	3	2	3	4

由威胁发生的频度值及资产的相对价值确定风险矩阵表，如表 3.9 所示。

表 3.9　　　　　　　　　　　　资产风险矩阵表

资产相对价值　威胁频度值	0	1	2	3	4
0	0	1	2	3	4
1	1	2	3	4	5
2	2	3	4	5	6
3	3	4	5	6	7
4	4	5	6	7	8

把风险定义为可接受的风险（T）与不可接受的风险（N）以后，上述风险矩阵表将变

为表 3.10。

表 3.10　　　资产风险矩阵表（可接受的风险 *T* 与不可接受的风险 *N*）

威胁频度值＼资产相对价值	0	1	2	3	4
0	T	T	T	T	N
1	T	T	T	N	N
2	T	T	N	N	N
3	T	N	N	N	N
4	N	N	N	N	N

　　当某一资产的相对价值、所受的威胁及其相对应的脆弱性被识别与评价后，通过上面的矩阵表就可以确定被评估的风险结果是可接受的还是不可接受的。

　　5．风险优先级别的确定

　　确定风险数值的大小不是评估的最终目的，评估的重点是明确不同威胁对资产所产生的风险的相对值，即确定不同风险的优先次序或等级，对于风险级别高的资产优先分配资源进行保护。组织可以采用按照风险数值排序的方法，也可以采用区间划分的方法将风险划分为不同的优先等级，这包括将风险划分为可接受风险与不可接受风险。接受与不可接受的界限应当考虑风险（机会损失成本）与风险控制成本的平衡。

　　例如，利用区间划分方法将上面的"预定义价值矩阵表"中计算的风险进行等级划分，其结果如表 3.11 所示。

表 3.11　　　　　　　　　　风险等级划分示例

风险数值区间	风险等级
6、7、8	1 级，高风险，优先重点控制
3、4、5	2 级，一般风险，进行适当控制
0、1、2	3 级，低风险，可以接受

3.3.3　风险综合评价

　　综合评价是风险度量的重要环节。评价是指按预定的目的，确定研究对象的属性（指标），并将这种属性变为客观定量的数值或主观效用的行为，它多指多属性对象的综合评价。评价是对研究对象功能的一种量化描述，它既可以利用时序统计数据去描述同一对象功能的历史演变，也可以利用统计数据去描述不同对象功能的差异。评价方法的核心问题，是阐明目标函数的形成机理和结构形式，即建立适当的数学模型。按照评价模式，可分为传统评价模式和现代评价模式。

　　（1）传统评价模式：这一模式存在诸多弊端，一是指标体系不全面、不规范；二是评价方法本质上以定性分析或半定性、半定量分析为主，主观成分较重。

　　（2）现代评价模式：这是现今流行的一种评价模式，它代表着评价的发展方向。这一模式的指标体系较全面、规范，评价方法借助于对定性指标定量化，使指标体系可计算，并可通过计算机软件予以实现。该模式要求尽可能排除主观成分，使评价结果体现科学、公正和公开的原则。

考虑到风险主要受到财产、威胁和脆弱性3个方面的影响，风险评估关注的重点也是这3个要素。OCTAVE方法提出了如图3.17所示的风险评价模型，该模型虽然比较笼统，却是后来众多风险评价模型的根源，即风险=资产×威胁×脆弱性。

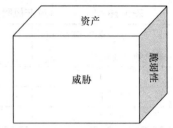

图3.17 OCTAVE风险评价模型

一些文献将系统看作一系列组件的集合，系统的运行是组件间通过访问路径的交互，所以利用组合独立性安全要素、组合互补性安全要素、组合关联性安全要素及规范路径的概念来对系统进行抽象，建立了基于组件的信息系统安全度量评估模型。这里提出信息系统安全度量在安全要素集E上的评估规则。

对系统S，安全要素$e \in E$，若S包含的规范路径集为：

$$P^* = (p_1^*, p_2^*, \cdots, p_m^*)$$

则

$$f_e(S) = \min(f_e(p_1^*), f_e(p_2^*), \cdots, f_e(p_m^*))$$

其中，$f_e(p)$表示在安全要素e上访问路径p的安全性到安全度量偏序集上的映射。

该计算模型也是木桶原理的体现，即以最薄弱的环节来度量系统的安全风险。该模型是假设可以穷尽系统所有威胁路径。但是考虑到是所有可能路径，在系统规模较大、威胁种类较多时，其工作量是难以预料的。

在信息安全中，风险指的是安全风险，是对潜在事故发生的可能性及事故后果严重性的预测，是对信息系统安全程度的度量。从该观点出发，安全风险可描述为由事故场景、可能性和严重性所组成的三元组的集合，即：

$$R \equiv \left\{ (S_i, \mathrm{Pr}_i, C_i) \mid i = 1, 2, \cdots, n \right\}$$

其中，S_i为第i个事故场景，$\mathrm{Pr}_i = \mathrm{Pr}(S_i)$为第$i$个事故场景发生可能性（频率或在所考虑时间内发生的概率），$C_i = C(S_i)$为事故对应的严重性。

从定量角度，系统的风险又可以表示为可能性和严重性的函数，即：

$$R = f(\mathrm{Pr}, c)$$

该模型以事故场景代替威胁。所谓事故场景是指导致信息系统毁坏或损失的意外事件或者事件序列。事故场景描述了不期望后果发生的原因和系统状态恶化的过程。该模型的实质是对威胁的进一步描述，采用的仍是威胁、脆弱性和资产的三要素模型。

风险分析阶段是整个风险评估过程的重点，是根据上一阶段的调查结果，分析系统主要面临的威胁因素、信息系统关键资产的构成情况和系统关键资产存在的脆弱性（包括技术措施和组织措施）。从信息的机密性、完整性和可用性等方面综合分析威胁因素对系统的影响，可以使用下面的公式计算信息系统的安全风险：

风险 = 威胁事件发生频率×利用系统脆弱性的可能性×对系统的综合影响

从安全属性出发，以对机密性、完整性和可用性等的威胁来作为风险的基本要素，使得评估完备性较强。但是，很多威胁是同时对这三个方面构成影响的，所以在具体操作时，仍有很多问题需要解决，即如何对这 3 个方面进行科学量化。

　　风险同威胁发生的可能性、威胁发生后对系统造成的影响有关。因此评估风险就要评估威胁发生的后果及发生的可能性，而脆弱性、威胁等识别只是评估的基础，是作为后果和可能性的参考。因此实际风险计算函数应该是：

$$R = f(Tp, I)$$

　　其中，R 为风险，Tp 为威胁发生的可能性，I 为威胁发生的后果。Tp 与脆弱性、威胁有关，具体的计算或者说定义依赖于实际系统和经验，Tp 还与采用的控制措施有关系，适当的控制措施可以降低 Tp 值或者等级，即：

$$Tp = f(V, T, Ct)$$

　　其中，V 为脆弱性，T 为威胁，Ct 为控制措施。威胁发生的后果与脆弱性、威胁以及信息的保密性、完整性、可用性等的破坏程度有关。具体的后果赋值或定义依赖于实际的系统和经验，同样，I 还与采用的控制措施有关系，有效地控制措施可以减少或者降低 I 值或者等级，即：

$$I = f(V, T, Cx, Ix, Ax)$$

　　其中，Cx 为保密性遭到破坏的程度及造成的后果，Ix 为完整性遭到破坏的程度及造成的后果，Ax 为可用性遭到破坏的程度及造成的后果。

　　总之，风险是一个混沌的概念，因此可以以无限精度来对其进行刻画。但风险也是时间维上的不稳定性变化，没有一个确定的公式来描述，所以在定义的度量空间中对风险的相对意义（即相对概率）进行风险相对等级的确定也许更有现实意义。

3.3.4　风险评估与管理工具的选择

　　风险评估完毕，评估的结果（资产、资产价值、威胁、脆弱性和风险等级，以及被确认的控制）应该被保存和文件化，如存储在数据库里。组织可以利用软件支持工具进行风险评估活动，这可以简化再评估活动。

　　在选择与使用风险评估及管理软件工具时应考虑以下事项。

- ● 软件工具至少应该包括数据搜集、分析和结果输出模块。
- ● 所依据的方法与功能应该反映组织的安全方针，并与组织的风险评估及管理方法相适应。
- ● 在满足组织选择可靠的、成本有效的控制措施时，要能够对风险评估与管理结果形成清楚、精确的报告。
- ● 能够维护在数据搜集和分析阶段所采集信息的历史记录，以供将来调查与评估使用。
- ● 必须有帮助文件来描述工具如何使用。
- ● 与组织中的硬件和软件协调并兼容。
- ● 安排充分的使用培训。
- ● 保证有关工具安装与使用指南的齐全。

3.4　风险控制

　　安全政策的制定及实施是为了将安全风险降低到可以接受的水平。但由于风险具有不确定性，因此要完全消除风险是不切实际的。对信息安全管理的设计及维护人员来说，要根据信息风险的一般规律提出安全需求，建立具有自适应能力的信息安全模型，从而将风险降低到可以接受的水平。信息系统是否安全要看它的风险是否已经降低到可接受程度，是否在可控范围内，而不是绝对的无风险。

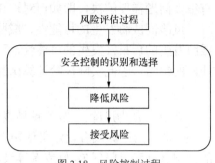

图 3.18　风险控制过程

通过风险评估对风险进行识别及评价后，风险管理的下一步工作就是对风险实施安全控制，以确保风险被降低或消除。风险控制过程所涉及的活动如图 3.18 所示。

3.4.1　安全控制的识别与选择

安全控制的选择应以风险评估的结果作为依据，判断与威胁相关联的脆弱性，决定什么地方需要保护，以及应该采取何种形式的控制。

选择安全控制的另一个重要因素是费用。如果实施和维持这些控制的费用比资产遭受威胁所造成损失的预期值还要高，那么所选择的控制就是不合适的；同样，如果控制费用超出了组织计划的安全预算，也是不适当的。但是，如果预算不足以提供足够数量和质量的控制，从而导致不必要的风险，那么就应当关注和考虑预算的合理性。安全控制预算应作为一个限制性因素予以考虑，通过费用比较（控制费用与损失成本）对已有和计划的控制进行再检查，如果它们不够充分有效，就要考虑取消或者改进控制计划。

根据 BS 7799 的要求，组织在以下领域需要考虑引入安全控制措施。

- 安全方针。
- 安全组织。
- 资产分类和控制。
- 人员安全。
- 物理和环境安全。
- 通信与运营管理。
- 访问控制。
- 系统开发与维护。
- 安全事件管理。
- 业务持续性。
- 符合法规要求。

控制的选择应该考虑运作（非技术性）控制和技术控制之间的平衡，两种控制之间是彼此支持与互补的。这里的运作控制包括那些提供实物、人员和行政管理等方面安全的控制。

在选择安全控制措施时应当考虑以下因素。

- 控制的易用性。
- 用户透明度。
- 为用户提供帮助，以发挥控制的功能。
- 控制的相对强度。
- 实现的功能类型——预防、威慑、探测、恢复、纠正、监控和安全意识教育。

通常，一个控制可以实现多种功能，实现得越多则越好。当考虑总体安全性或应用一系列控制的时候，应尽可能保持各种功能之间的平衡，这有助于总体安全获得较好的效果与较高的效率。

3.4.2 降低风险

组织根据控制费用与风险平衡的原则识别并选择了安全控制措施后，对所选择的安全控制应当严格实施并保持，通过以下途径达到降低风险的目的。

● 避免风险。例如，将重要的计算机与 Internet 隔离，使之免受外部网络的攻击。

● 转移风险。例如，通过购买商业保险将风险转移，或将高风险的信息处理业务外包给第三方。

● 减少威胁。例如，建立并实施恶意软件控制程序，减少信息系统受恶意软件攻击的机会。

● 减少脆弱性。例如，经常性地为系统安装补丁，修补系统漏洞，以防止系统脆弱性被利用。

● 减少威胁可能的影响。例如，建立业务持续性计划，把灾难造成的损失降到最低。

● 检测意外事件，并做出响应和恢复。例如，使用网络管理系统对网络性能与故障进行监测，及时发现问题并做出响应。

风险降低示意图如图 3.19 所示。某一资产的原有风险为 R_1，经过控制措施风险降至现在的 R_3。这种风险的变化过程可以分解为两部分：一部分为威胁发生可能性的降低对风险降低的贡献，即 $R_1 \rightarrow R_2$；另一部分为威胁潜在影响程度的降低对风险降低的贡献，即 $R_2 \rightarrow R_3$。

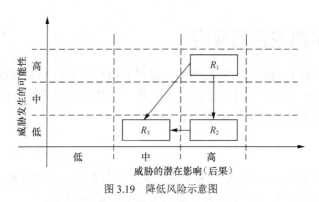

图 3.19　降低风险示意图

选择哪一种降低风险的方式，要根据组织运营的具体业务环境和条件来决定，总的原则就是为降低风险所选的安全控制要与特定的业务要求相匹配，而且要对所选择的安全控制进行充分的评估。

3.4.3 接受风险

要使组织的信息系统达到绝对安全（即零风险）是不可能的。组织在实施选择的控制后，仍然会存在风险，称之为残留风险或剩余风险（Residual Risk）。甚至有些剩余风险是组织有意对某些资产没有进行保护而造成的。例如，假设的低风险或者能够选择的控制成本太高。

当然，为确保组织信息系统的安全，剩余风险应当在可接受的范围之内。即：

剩余风险 R_r ＝ 原有风险 R_0 －（控制）降低的风险 ΔR

剩余风险 R_r ≤ 可接受风险 R_t

风险接受是一个对残留风险进行确认和评价的过程。在安全控制实施后，组织应对所选择的安全控制的实施情况进行评审，即对所选择的控制在多大程度上降低了风险做出判断。换句话来说，就是对实施安全控制后的资产风险进行重新计算，以获得残留风险的大小，并将残留风险分为"可接受"和"不可接受"的风险。对于每一个无法接受的风险，必须做出业务决策以判断是否接受该风险。判断的结果或是风险最后被接受，或是增加控制费用将该风险降低到一个可接受的水平。

组织在完成了包括风险评估、降低风险及风险接受的风险管理过程之后，可以将风险控制在一个可以接受的水平，但这并不意味着风险评估工作的结束。事实上，随着时间的推移，组织的业务环境不断发生变化，新的威胁与脆弱性也会不断增加，组织由于业务需求也可能需要增加新的信息系统或设施。另外，有关信息安全的法律法规也可能发生变化。总之，风险是随时间而变化的，风险管理应是一个动态、持续的管理过程。这就要求组织实施动态的风险评估与风险管理，即组织要定期进行风险评估，并在以下情况进行临时评估，以便及时识别风险并进行有效的控制。

- 当组织新增信息资产时。
- 当系统发生重大变更时。
- 发生严重信息安全事故时。
- 组织认为有必要时。

3.5 信息安全风险评估实例

A 市作为一个典型的地级以下行政单位，经济基础和信息化基础较好，且每年传递的涉密信息不到总信息量的 3%。当前，该市开展了基于互联网的电子政务信息安全保障工作，下面是该市电子政务系统的安全风险评估记录。

3.5.1 评估目的

针对 A 市基于互联网电子政务系统的安全评估，主要包括以下目的。
- 评估 A 市基于互联网的电子政务总体建设方案的合理性。
- 评估在系统建设阶段所采用技术手段的安全性。
- 评估网络和系统的安全策略是否到位。
- 评估系统实施阶段安全技术管理的现状。
- 评估系统建设的安全管理现状。
- 通过评估，建立 A 市信息办自己的安全队伍。

3.5.2 评估原则

A 市电子政务系统安全评估的方案设计与具体实施应满足以下原则。

- 标准性原则：评估方案的设计与实施应根据国内或国际的相关标准进行。
- 可控性原则：评估的工具、方法和过程要跟上进度表的安排，保证评估工作的可控性。
- 整体性原则：评估的范围和内容应当整体全面，包括安全涉及的各个层面，避免由于遗漏造成未来的安全隐患。
- 最小影响原则：评估工作应尽可能小地影响系统和网络的正常运行，不能对现有网络的运行和业务产生显著影响（包括系统性能明显下降、网络拥塞和服务中断等）。
- 保密原则：对评估的过程数据和结果数据严格保密，未经授权不得泄露给任何单位和个人，不得利用此数据进行任何侵害系统的行为。

3.5.3 评估基本思路

针对 A 市基于互联网电子政务系统的运行现状，本次系统安全评估以方案分析、系统核查和工具检测相结合的方式进行，具体描述如下。

- 方案分析：针对系统总体建设方案，从安全保障方案的功能与安全机制等方面对方案的合理性进行详细分析与总结，从方案的总体规划上考查系统能否抵御来自互联网的威胁。
- 系统核查：对被评估节点的安全控制和安全管理的各个环节进行全面评估，包括技术核查和管理核查两部分。技术核查是指对系统实施过程中的策略配置和业务安全措施进行核查；管理核查是指从人员、环境和管理等方面对安全的落实情况进行核查。
- 工具检测：采用安全扫描软件对安全漏洞进行远程检测和评估；采用攻击软件对系统和网络进行渗透攻击，从而对系统的安全性进行全面评估。

系统评估过程如图 3.20 所示。

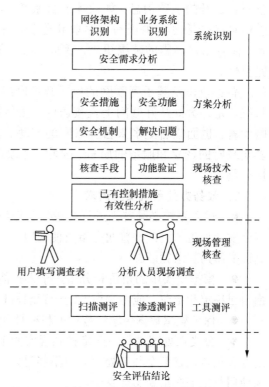

图 3.20　A 市基于互联网的电子政务系统安全评估过程

3.5.4 安全需求分析

1. 网络安全需求

互联网是一个无行政主管的全球网络，安全性先天不足，自身缺少安全机制，安全隐患多，使得基于互联网开展电子政务的应用面临着严峻的挑战。

基于互联网的单项政务应用只用于某项政府业务的处理，信息的处理一般是在互联网中加密传输，互联网只用于部门间互联，通常采用虚拟专用网络技术（Virtual Private Networks，VPN，一种在不安全的公共网络上建立虚拟安全专用通道和网络的信息安全技术），不对外开放服务，网络的攻击很难突破密码技术攻入内部网络。而对于完全基于互联网的全面应用模式，互联网既要作为政府政务办公"内部"网络的互联与接入平台，又要作为面向公众开放服务的"外部"网络平台，"内部"网络和"外部"网络交融在一起。"外部"网络遭遇来自互联网的恶意攻击时，很容易波及"内部"网络，不仅会影响对外服务的运转，而且会影响政府日常办公的安全，因此，必须解决安全办公与开放服务的有机统一问题。

互联网拥有大量用户，并且存在身份仿冒等威胁。系统很难分辨哪些是合法用户，哪些是非法用户。一旦政务办公人员的身份被假冒，将有极大可能影响到政府的办公系统。因此，身份鉴别是网络安全的基本需求，必须建立严格的认证机制，实行统一身份认证和授权管理。

A 市基于互联网的电子政务系统虽然已明确涉密信息不上网，但是网络上仍然存在大量不宜公开的敏感信息，如政务办公系统的待办公文等。互联网作为高度开放的网络，敏感信息在传输过程中极易被窃取和监听，敏感数据会面对更多的高水平黑客和别有用心者，而且信息泄露的范围更大。因此，必须保证敏感信息在存储和传输过程中的机密性和完整性。

恶意攻击是基于互联网的电子政务网络面临的主要威胁，特别是为企业和百姓服务的系统，允许大众从互联网上直接访问，虽然扩大了服务范围，方便了大众，但是相对局域网而言，也面临着更多来自互联网的威胁。若不能保持服务窗口的良好稳定运行，势必会影响政府的形象和服务的质量。因此，必须提高系统的抗攻击能力和解决关键系统的可用性问题。

2. 政务办公系统安全需求

● 进入系统必须首先进行登录，身份由统一的机构进行管理，并且能根据身份的重要程度发放相应的凭证，普通办事员使用用户名作为登录凭证，领导和重要职位的人员使用数据证书作为登录凭证。

● 模拟现实中的角色和分工，个人只能处理自己职责相关的任务。并且个人权限不能由自己决定和更改，应由全市的统一管理机构进行管理。

● 保证敏感数据传输过程中的机密性和完整性。

● 公文在处理过程中严格按照现实的工作流程进行，不能漏过任何环节，每个环节指定专人负责，在某个环节处理之前不能进入下一个环节。对于重要的操作，如签发公文，要求使用数字证书重新验证身份。

● 对于已形成的正式公文，按照敏感程度进行分类，敏感公文的借阅必须履行借阅手续。

● 系统涉及敏感数据和公开数据，系统应能保证公开数据在处理的过程中不影响敏感数据的安全性。

● 为降低系统风险，系统的内部业务处理模块要求其他无关人员不可达。

● 系统应有一套应急手段以应对突发事件，且能够自动备份和快速恢复系统。

3. 项目审批管理安全需求

● 进入系统必须首先进行登录，身份由统一的机构进行管理。

● 企业用户只能处理和查询本单位的上报和查询业务。项目审批人员只能处理自己职责相关的业务，个人权限应由全市的统一管理机构进行管理。

● 根据服务对象和信息敏感程度，系统分为企业上报和内部业务处理两个子系统，且应能保证公开数据在处理的过程中不影响敏感数据的安全性。

● 为降低系统风险，审批和统计等内部业务处理模块要求普通人员不可达。

3.5.5 安全保障方案分析

基于互联网开展电子政务建设，关键是要解决好安全问题。为了确保应用系统和信息传输安全，规范工程项目按照建设方案有序实施，专家组在调研的基础上，制定了《A 市基于互联网的电子政务系统技术总体要求》和《A 市基于互联网的电子政务系统安全保障方案框架》。该要求和构架就应用系统的分级分域保护、归档数据分级保护、工作流程访问控制、基于身份认证的单点登录、基于功能模块的权限控制以及试点系统总体安全保护措施等内容做了具体要求。安全保障方案框架如图 3.21 所示。

安全互联、接入控制与边界防护解决的是各单位互联和接入，以及边界防护的安全问题；网络分域解决的是各局域网的安全问题；桌面安全防护解决的是互联网上用户终端的安全防护问题；应用安全将应用安全与网络安全相结合，解决的是应用系统中用户的身份认证和授权访问控制问题。此外，安全服务包括病毒库升级服务和认证服务等内容，安全管理包括授权管理和审计管理等内容。

图 3.21 A 市基于互联网的电子政务系统安全保障方案框架

1. 安全互联、接入控制与边界防护

使用具有防火墙功能的 VPN 密码机和 VPN 客户端，既解决了安全互联，又解决了终端安全接入，同时还解决了终端防护问题。

具有防火墙功能的 VPN 密码机的安全功能包括以下内容。

● 各 VPN 设备间的安全互联，形成安全的电子政务网络。

● 电子政务网络中电子政务应用数据传输的保密性和完整性保证。

● 支持基于数字证书的设备认证。

● 支持基于用户的接入控制。

● 应同时支持移动安全接入、VPN 安全互联和互联网访问等功能。

● VPN 密码机自身具有入侵检测与攻击防护能力。

分析小结：能够提供子网间基于互联网的安全互联；能够提供互联网移动用户安全接入；能够保证电子政务数据的传输安全；能够同时支持电子政务安全互联与对外开放服务；能够对网络边界进行有效的网络层安全防护。

2. 政务办公系统

该系统的安全功能要求如下。

● 数据分级分域存放。政务办公系统部署于敏感数据处理区，数据存放于敏感数据处理区。当数据转为公开时，通过专用通信进程传输给门户网站。

● 统一身份认证。通过统一身份认证系统进行统一的身份管理和身份验证，增加系统安全性。

● 访问控制。通过统一授权，实现基于系统模块的访问控制；基于角色对系统按照模块进行统一授权，进而实现基于角色的访问控制。

● 信息分级控制。将信息分为内部受控、内部公开和完全公开三类，实现信息的分级控制。

● 关键操作（如公文签发）实施证书方式认证。

● 基于工作流的访问控制。

政务办公系统的安全功能示意图如图 3.22 所示。

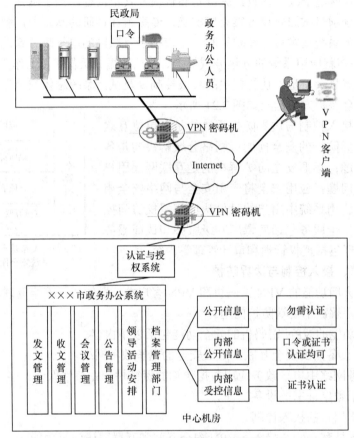

图 3.22　政务办公系统安全功能示意图

分析小结：能够对信息进行分域存储；能够与安全系统相结合提供基于应用的传输加密和完整性认证，防止信息在传输过程中的泄密事件的发生；能够与统一身份认证相结合，实现基于数字证书或口令的身份认证，保证用户访问的合法性；能够与授权管理相配合，实现基于角色的模块级访问控制；能够实现基于信息分级的访问控制；能够实现基于工作流的访问控制。

3.5.6　安全保障方案实施情况核查

1．中心机房部署情况

A 市电子政务中心机房承载着全市的电子政务应用系统。A 市基于互联网的电子政务系统机房机柜部署情况如图 3.23 所示，机柜功能描述如表 3.12 所示。

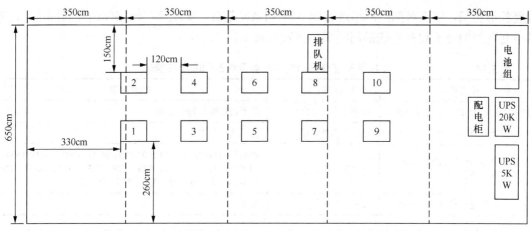

图 3.23　A 市基于互联网的电子政务系统中心机房机柜部署图

表 3.12　　　　　　　　**A 市基于互联网的电子政务系统机柜功能描述**

机柜编号	功能
1 号机柜	四号楼网络机柜
2 号机柜	光纤机柜
3 号机柜	安全服务区机柜
4 号机柜	核心网络设备机柜
5 号机柜	公开区机柜
6 号机柜	公开区机柜
7 号机柜	敏感区机柜
8 号机柜	敏感区机柜
9 号机柜	安全管理机柜
10 号机柜	敏感区机柜

2. 网络设备和安全设备部署情况

A 市基于互联网的电子政务系统部署了安全防护设备和系统，对电子政务应用系统进行分域防控。系统核心网络设备和安全设备部署如表 3.13 所示。

表 3.13　　**A 市基于互联网的电子政务系统核心网络设备和安全设备部署统计表**

系统或设备	地　　址	物理位置
接入路由器	12.13.10.17	4 号机柜
核心交换机	12.13.10.16	4 号机柜
行政区 VPN 密码机	12.13.10.18	4 号机柜
防火墙	12.13.15.27	4 号机柜
入侵检测引擎	12.13.16.36	9 号机柜
网络审计引擎	12.13.70.76	9 号机柜

3. 办公区部门隔离检查

部门网络是整个电子政务网络平台的重要组成部分，各部门承载的业务数据类型和敏感程度各不相同，应当对部门网络进行统一的 VLAN 划分，实现部门网络间的逻辑隔离。A 市基于互联网的电子政务系统部门隔离核查表如表 3.14 所示。

表 3.14　　　　　　　　A 市基于互联网的电子政务系统部门隔离核查表

检查项目	检查手段	检查结果
楼层交换机上 VLAN 划分方式	查看交换机策略	基于物理端口划分方式
VLAN 划分范围	查看交换机策略	基于端口隔离
楼层交换机上是否添加了办公区对业务区的限制	查看交换机策略	拒绝常用风险端口：TCP 的 445、5800、5900、1720、5554、9996、135、136、137、138、139、593、4444 端口和 UDP 的 1434、1720、135、136、137、593 端口
楼层交换机是否启用三层交换	查看交换机策略	启用

分析小结：楼层交换机基于端口进行隔离，端口之间不能互访，降低了攻击的风险；禁止了网上邻居等常用风险端口，降低了办公区对业务区造成的风险，符合安全要求。

3.5.7　安全管理文档审查

1．文档体系

目的：测评文档体系是否完整，能否满足电子政务运行要求。

测评内容与结果如表 3.15 所示。

表 3.15　　　　　　　　A 市基于互联网的电子政务系统管理文档审查表

文档编号	文档名称	测评方式	结果判定
1-1	政务办公系统管理办法	检查	文档完善
1-2	项目审批管理系统管理办法	检查	文档完善
1-5	统一认证和授权管理系统管理办法	检查	文档完善
1-7	电子政务中心机房管理制度	检查	文档完善
1-8	信息办日常管理制度	检查	文档完善
2-1	电子政务系统安全管理办法	检查	文档完善

2．文档管理

目的：测评文档是否有专人管理，能否满足电子政务运行要求。

测评内容与结果如表 3.16 所示。

表 3.16　　　　　　　　A 市基于互联网的电子政务系统文档管理情况审查表

管理项目	测评方式	结果判定	
文档有无专人管理	检查、访谈	有	电子类：张林
			非电子类：赵敏
敏感文档是否专人管理	检查、访谈	电子类：暂无	
		非电子类：档案室专管	
安全设备是否专人管理	检查、访谈	有	李光
是否制定安全管理制度	检查、访谈	已制定	

3.5.8 验证检测

形式化验证和基于属性的测试是检查系统漏洞的重要方法，它们都是以信息系统的设计和实现为基础。但是，信息系统还包括策略、程序和操作环境等，这些外部因素很难用形式化验证和基于属性的测试进行描述。然而这些因素却决定了信息系统实现的安全策略是否达到了一个可接受的程度，对这些因素的检验采用漏洞检测方法是直接而有效的方式。常用的漏洞检测方法有漏洞扫描和渗透测试两种。

1. 检测目的

测试的目的在于分析 A 市电子政务应用平台安全保障体系实施的实际情况。通过此次评估达到如下目标。

● 评估 A 市电子政务应用平台域间访问的策略控制。

● 评估 A 市电子政务应用服务器的安全性。

● 评估 A 市电子政务应用平台抵抗外网攻击的能力。

2. 检测范围

检测范围包括 A 市电子政务应用平台的安全防护设备和应用服务器。具体的检测对象位于以下四个区域。

（1）安全管理区。

（2）敏感数据区。

（3）公开数据处理区。

（4）安全服务区。

边界防护设备主要包括如下内容。

● 行政区外委办局安全接入 VPN。

● 行政区及综合服务中心安全接入 VPN。

● 中心机房边界防火墙。

3. 检测方法

检测主要采用以下方法来达成目标。

● 漏洞扫描：通过收集系统的信息自动检测远程或者本地主机的安全脆弱点和漏洞。通过使用漏洞扫描，可以了解被检测端的大量信息，例如开放端口、提供的服务、操作系统版本和软件版本等。通过这些信息，可以了解到主机所存在的安全问题，从而能够及时消除系统存在的安全隐患。

● 渗透测试：渗透测试是对安全扫描结果的进一步验证，它是一项被授权的尝试违反安全性或完整性策略限制的技术手段。渗透测试被设计用于描述安全机制的有效性和对攻击者的控制能力，从一个攻击者的角度对目标的安全性进行考察。

4. 扫描测试过程

扫描技术可以快速而深入地对网络或目标主机进行部分安全性评估。通过对系统脆弱性的分析评估，安全扫描能够检查和分析网络设备、网络服务、操作系统以及数据库系统等目标的安全性，有助于了解网络或主机的安全等级，协助对网络或主机的安全性评估。

一般情况下，搜集一个网络或者系统的信息，是一个比较综合的过程，主要包括以下步骤。

（1）找到网络地址范围和关键的目标机器 IP 地址。

（2）找到开放端口和入口点。

（3）找到系统的制造商和版本。

（4）找到某些已知漏洞。

下面的实例使用美国互联网安全系统公司（Internet Security System，ISS）的互联网安全扫描器（Internet Security Scanner，ISS）、XScan 3.3 及 Shadow Security Scanner（SSS）对 A 市电子政务所运行的网络进行扫描测试。扫描检测点主要分为内网检测点和外网检测点，外网检测点主要包括 S1 和 S6，内网检测点主要包括 S2、S3、S4、S5，具体如图 3.24 所示。

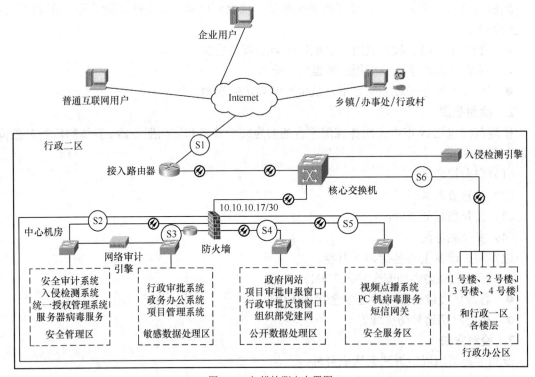

图 3.24　扫描检测点布署图

以 S2 点的测试为例，被测目标信息如表 3.17 所示。

表 3.17　　　　　　　　　　　　　　　　被测目标信息

主机	xx.16.2.1-xx.16.2.255
系统平台	Windows Server 2003，Linux
应用系统	安全审计系统，入侵检测系统，统一授权管理系统
测试位置	S2
备注	检测安全管理区同其他区的隔离情况及本区内主机的安全性

测试步骤如下。

● 　步骤一：将测试机接入 S2 的 VLAN 中，将地址设置为 172.16.2.9。

● 　步骤二：对安全管理区的主机进行扫描检测。

测试结果如表 3.18 和表 3.19 所示。

表 3.18 　　　　　　　　　　　　　　　　端口及服务开放情况

被测目标	开放端口	开放服务	是否合法	备　注
xx.16.2.3	21	ftp	不合法	临时用
xx.16.2.2	25	smtp	不合法	建议关闭
xx.16.2.6	80	httpd	合法	
xx.16.2.2	110	pop3	不合法	建议关闭

表 3.19 　　　　　　　　　　　　　　　　漏洞检测结果

漏洞名称	主　机	严重性等级	描述	补救措施
NetBIOS 共享–空会话	xx.16.2.3 xx.16.2.6	Medium	通过 NetBIOS 可以得到主机名、系统共享列表等主机相关信息	不必要的话可以删掉"Microsoft 网络的文件和打印机共享",建议安装 SP4 补丁
Microsoft Windows LSASS Buffer Overflow（win-lsass-bo）	xx.16.2.3 xx.16.2.6	High	可能被 Sasser.B 蠕虫感染	建议安装 MS04-011 相应的补丁

小　　结

1．风险评估是对信息和信息处理设施的威胁、影响和脆弱性及三者发生可能性的评估。

2．风险管理就是以可接受的代价识别、控制、降低或消除可能影响信息系统安全风险的过程。风险管理通过风险评估来识别风险大小,通过制定信息安全方针,采取适当的控制目标与控制方式对风险进行控制,使风险被避免、转移或降至一个可被接受的水平。

3．风险评估和管理还涉及资产、资产的价值、威胁、脆弱性、安全风险、安全需求、安全控制、剩余风险和适用性声明等概念。

4．风险评估的基本步骤如下。

（1）按照组织商务运作流程进行资产识别,并根据估价原则对资产进行估价。

（2）根据资产所处的环境进行威胁评估。

（3）对应每一威胁,对资产或组织存在的脆弱性进行评估。

（4）对已采取的安全机制进行确认。

（5）建立风险测量的方法及风险等级评价原则,确定风险的大小与等级。

5．风险评价就是利用适当的风险测量方法或工具确定风险的大小与等级,对组织信息安全管理范围内的各信息资产因遭受泄露、修改、不可用和破坏所带来的影响给出评价,以选择适当的安全控制方式。风险评价是组织策划信息安全管理体系的重要步骤。

6．在风险评价过程中,可以采用多种操作方法,包括基于知识（Knowledge-based）的分析方法、基于模型（Model-based）的分析方法、定量（Quantitative）分析方法、定性（Qualitative）分析方法及定性定量综合分析方法等。

7．风险评估方法又分为基本风险评估、详细风险评估和联合风险评估。

8. 衡量风险大小可采取不同的方式，风险度量方法也在不断发展和改进，需要结合业务特点、系统规模、评估目标等灵活运用。

9. 通过风险评估对风险进行识别及评价后，风险管理的下一步工作就是对风险实施安全控制，以确保风险被降低或消除。风险控制过程所涉及的活动包括安全控制的识别与选择、降低风险和接受风险。

习　题

1. 解释以下概念。
(1) 资产　　　　(2) 资产价值　　　(3) 威胁　　　(4) 脆弱性　　(5) 安全风险
(6) 风险评估　　(7) 风险管理　　　(8) 安全需求　　(9) 安全控制
(10) 剩余风险　　(11) 适用性声明

2. 简述风险评估的基本步骤。

3. 资产、威胁与脆弱性之间的关系如何？

4. 信息系统的脆弱性一般包括哪几类？

5. 比较基本风险评估与详细风险评估的优缺点。

6. 简述风险评价方法中威胁排序法的原理。

7. 某企业有 3 个网络系统：研发、生产与销售。系统的保密性、完整性、可用性均定性划分为低（1）、中（2）、高（3）3 个等级；P_O、P_D 均划分为 5 级，并赋予以下数值：很低（0.1）、低（0.3）、中（0.5）、高（0.7）、很高（0.9）。请完成该企业网络系统的风险计算结果表。

某企业网络系统风险计算结果

网络系统	保密性 C	完整性 IN	可用性 A	网络系统重要性 V	防止威胁发生 P_O	防止系统性能降低 P_D	风险 R	风险排序
研发	3	3	2		0.2	0.3		
生产	2	3	3		0.4	0.5		
销售	2	3	2		0.1	0.2		

8. 降低风险的主要途径有哪些？请分别叙述。

第 4 章

信 息 安 全 策 略 管 理

随着全球信息化程度越来越高，信息化普及范围越来越广，信息系统所面临的威胁也越来越多，越来越复杂化。鉴于安全管理工作的难度和复杂性，在制定安全措施时必须考虑一套科学、系统的安全策略和执行程序。

安全策略的制定与正确实施对组织的安全有着非常重要的作用。安全策略不仅能促进全体人员参与到保障组织信息安全的行动中，而且能有效降低因人为因素造成的安全损害。当然，策略的有效管理与实施离不开技术的支撑，本章将针对目前研究比较多的策略统一描述相关技术进行讲解和介绍。

本章重点：信息安全策略管理相关概念，信息安全策略规划原则、过程与方法，信息安全策略管理相关技术。

本章难点：信息安全策略规划原则、过程与方法，信息安全策略管理相关技术。

4.1 安全策略规划与实施

4.1.1 安全策略的内涵

1. 安全策略

信息安全策略从本质上来说是描述组织具有哪些重要信息资产，并说明这些信息资产如何被保护的计划。制定信息安全策略的目的是对组织成员阐明如何使用组织中的信息系统资源、如何处理敏感信息、如何采用安全技术产品，用户在使用信息时应当承担什么样的责任，详细描述对人员的安全意识与技能要求，列出被组织禁止的行为。

安全策略通过为组织的每个人提供基本的规则、指南和定义，从而在组织中建立一套信息资源保护标准，防止由于人员的不安全行为引入风险。安全策略是进一步制定控制规则和安全程序的必要基础。安全策略应当目的明确、内容清楚，能广泛地被组织成员接受与遵守，而且要有足够的灵活性和适应性，能够涵盖较大范围内的各种数据、活动和资源。建立了信息安全策略，就是设置了组织的信息安全基础，强调了信息系统安全对组织业务目标的实现以及业务活动持续运营的重要性，可以使组织人员了解与自己相关的信息安全保护责任。

（1）安全策略涉及的问题

制定正确的策略是规范各种保护组织信息资源的安全活动的重要一步，安全策略可以由组织中的安全负责人、业务负责人及信息系统专家制定，但最终都必须由组织的高级管理人员批准和发布。安全策略的发布应当得到管理层的批准，组织的安全策略是管理层表明对信息安全已明确承诺，并期望人员遵守安全规则和承担责任的有效工具。

安全策略应当解决如下问题。

- 敏感信息如何处理。
- 如何正确地维护用户身份与口令，以及其他账号信息。
- 如何对潜在的安全事件和入侵企图进行响应。
- 如何以安全的方式实现内部网及互联网的连接。
- 怎样正确使用电子邮件系统。

（2）安全策略的层次

信息安全策略可以分为两个层次，一个是信息安全方针，另一个是具体的信息安全策略。

所谓信息安全方针就是组织的信息安全委员会或管理机构制定的一个高层文件，用于指导组织如何对资产，包括敏感性信息进行管理、保护和分配的规则和指示。信息安全方针应当阐明管理层的承诺，提出组织管理信息安全的方法，并由管理层批准，采用适当的方法将方针传达给每个人员。信息安全方针应当简明、扼要，便于理解，至少应包括以下内容。

- 信息安全的定义、总体目标和范围，安全对信息共享的重要性。
- 管理层意图、目标和信息安全原则的阐述。
- 信息安全控制的简要说明，以及依从法律法规要求对组织的重要性。
- 信息安全管理的一般和具体责任，包括报告安全事故等。

具体的信息安全策略是在信息安全方针的框架内，根据风险评估的结果，为保证控制措施的有效执行而制定的明确具体的信息安全实施规则。表 4.1 列出了一些常用的信息安全策略。

表 4.1   常用的信息安全策略

策略名称	内容说明
网络设备安全	定义组织信息系统环境中网络设备的最小安全需求，包括各类交换机和路由器等
服务器安全	定义组织信息系统环境中服务器的最小安全需求，包括各类应用系统服务器、数据库服务器和事务处理服务器等
信息分类	对信息资产要有详细的记录与分类，并作适当的价值与重要性评估，以便采用相对的安全措施来保护其机密性、完整性和可用性
信息保密	定义组织中的哪些敏感信息必须进行加密保护，以及采用什么样的加密算法
用户账户与口令	定义用户账号和口令的规范，以及采用、保护和改变口令的标准
远程访问	定义外部用户通过网络连接访问组织内部信息资源的规则和要求
反病毒	定义组织中预防病毒与检测病毒的技术与管理措施
防火墙及入侵检测	定义组织中预防与检测外部非法入侵所采用的技术及管理措施
安全事件调查与响应	对于组织中发生的任何安全事件，组织人员都要及时报告给相关信息安全部门与人员，安全事件要得到及时的调查与处置
灾难恢复与业务持续性计划	定义灾难发生时，应对灾难的措施与程序，相关人员的职责和联系方法等
风险评估	为信息安全人员识别、评估和控制风险提供授权和定义需求
信息系统审计	为信息安全人员实施风险评估和审计活动，提供授权和定义需求，以保证信息和资源的完整性及法律规范的符合性，并监测系统和用户活动

2. 安全程序

为了更有效地实施信息安全策略，还需要制定详细的执行程序。例如，防范恶意软件的安全策略就需要建立一套完整的防范恶意软件的控制程序。安全程序是保障信息安全策略有效实施的、具体化的、过程性的措施，是信息安全策略从抽象到具体，从宏观管理层落实到具体执行层的重要一环。

程序是为进行某项活动所规定的途径或方法。为确保信息安全管理活动的有效性，信息安全管理体系程序通常要形成文件。

（1）安全程序的组成

信息安全管理程序包括两部分：一部分是实施控制目标与控制方式的安全控制程序（如信息处置与储存程序），另一部分是为覆盖信息安全管理体系的管理与运作的程序（如风险评估与管理程序）。程序文件应描述安全控制或管理的责任及相关活动，是信息安全策略的支持性文件，是有效实施信息安全策略、控制目标与控制方式的具体措施。

（2）安全程序涉及的问题

程序文件的内容通常包括：活动的目的与范围（Why）、做什么（What）、谁来做（Who）、何时（When）、何地（Where）、如何做（How）（例如，应使用什么样的材料、设备和文件，如何对活动进行控制和记录），即人们常说的"5W1H"。在编写程序文件时，应遵循下列原则。

● 程序文件一般不涉及纯技术性的细节，细节通常在工作指令或作业指导书中规定。

● 程序文件是针对影响信息安全各项活动目标的执行做出的规定，它应阐明影响信息安全的那些管理人员、执行人员、验证与评审人员的职责、权力和相互关系，说明实施各种不同活动的方式、将采用的文件及将采用的控制方式。

● 程序文件的范围和详细程序应取决于安全工作的复杂程度、所用的方法以及这项活动涉及人员所具备的技能和素质等。

● 程序文件应当简练、明确和易懂，其具有可操作件和可检查性。

● 程序文件应当采用统一的结构与格式编排，便于文件的理解与使用。

4.1.2 安全策略的制定与管理

1. 安全策略制定过程

（1）理解组织业务特征

充分了解组织业务特征是设计信息安全策略的前提。只有了解组织业务特征，才能发现并分析组织业务所处的风险环境，并在此基础上提出合理的、与组织业务目标相一致的安全保障措施，定义出技术与管理相结合的控制方法，从而制定有效的信息安全策略和程序。

对组织业务的了解包括对其业务内容、性质、目标及价值进行分析，在信息安全中，业务一般是以资产形式表现出来，它包括信息的数据、软件和硬件、无形资产、人员及其能力等。安全风险管理理论认为，适度保护业务资产对业务的成功至关重要。要实现对业务资产的有效保护，必须要对资产有很清晰地了解。

对组织文化及人员状况的了解有助于掌握人员的安全意识、心理状况和行为状况，为制定合理的安全策略打下基础。

（2）得到管理层的明确支持与承诺

要制定一个有效的信息安全策略，必须与决策层进行有效沟通，并得到组织高层领导的支持与批准。这有三个作用，一是使制定的信息安全策略与组织的业务目标一致；二是使制定的安全方针、政策和控制措施可以在组织的上上下下得到有效贯彻；三是可以得到有效的资源保证，比如在制定安全策略时必要的资金与人力资源的支持，部门之间的协调问题等，都必须由高层管理人员来推动。

（3）组建安全策略制定小组

安全策略制定小组的人员组成如下。

- 高级管理人员。
- 信息安全管理员。
- 信息安全技术人员。
- 负责安全策略执行的管理人员。
- 用户部门人员。

小组成员人数的多少视安全策略的规模与范围大小而定。在制定较大规模的安全策略时，小组不仅要指定安全策略起草人、检查审阅人和测试用户，还要确定策略由什么管理人员批准发布，由什么人员负责实施。

（4）确定信息安全整体目标

即描述信息安全宏观需求和预期达到的目标。一个典型的目标是：通过防止和最小化安全事故的影响，保证业务持续性，使业务损失最小化，并为业务目标的实现提供保障。

（5）确定安全策略范围

组织需要根据自己的实际情况确定信息安全策略要涉及的范围，可以在整个组织范围内，或者在个别部门或领域制定信息安全策略，这需要与组织实施的信息安全管理体系范围结合起来考虑。

（6）风险评估与选择安全控制

组织对信息安全管理现状的调查与风险评估工作是建立信息安全策略的基础与关键。在安全体系建立的整个过程中，风险评估工作占了很大的比例，风险评估的工作质量直接影响了安全控制的合理选择和安全策略的完备制定。风险评估的结果是选择适合组织的控制目标与控制方式的基础，组织选择了适合自己安全需求的控制目标与控制方式后，安全策略的制定才有了最直接的依据。

（7）起草拟定安全策略

根据风险评估与选择安全控制的结果，起草拟订安全策略。安全策略要尽可能地涵盖所有的风险和控制，没有涉及的内容要说明原因，并阐述如何根据具体的风险和控制来决定制订什么样的安全策略。

（8）评估安全策略

安全策略制订完毕，要进行充分的专家评估和用户测试，以评审安全策略的完备性和易用性，确定安全策略能否达到组织所需的安全目标。评估时可以考虑以下问题。

- 安全策略是否符合法律、法规、技术标准及合同的要求。
- 管理层是否已批准了安全策略，并明确承诺支持政策的实施。
- 安全策略是否损害组织、组织人员及第三方的利益。
- 安全策略是否实用，是否具有可操作性，是否可以在组织中全面实施。
- 安全策略是否满足组织在各个方面的安全要求。
- 安全策略是否已传达给组织中的人员与相关利益方，并得到了他们的同意。

（9）实施安全策略

安全策略通过测试评估后，需要由管理层正式批准实施。可以把安全方针与具体的安全策略编制成组织信息安全策略手册，然后发布到组织中的每个组织人员与相关利益方，明确安全责任与义务。这样做的主要原因如下。

● 几乎所有层次的人员都会涉及这些政策。

● 组织中的主要资源将被这些政策所涵盖。

● 将引入许多新的条款、程序和活动来执行安全策略。

为了使所有人员能更好地理解安全策略，可以在组织中开展各种形式的政策宣传和安全意识教育工作，从而形成"信息安全，人人有责"的信息安全氛围。宣传方式可以是管理层的集体宣讲、小组讨论、网络论坛、内部通讯、专题培训以及安全演习等。

（10）政策的持续改进

制定的安全策略实施后，并不能"高枕无忧"，因为组织所处的内外环境是不断变化的，信息资产所面临的风险也是一个变数，人的思想和观念也在不断变化。组织要定期评审安全策略，并对其进行持续改进，在这个不断变化的环境中，组织要想把风险控制在一个可以接受的范围内，就要对控制措施及信息安全策略进行持续的改进，使之在理论上、标准上及方法上持续改进。

2. 安全策略制定原则

● 起点进入原则：在系统建设初期就应考虑安全策略问题，避免留下基础性隐患，以免为保证系统的安全花费成倍的代价。

● 长远安全预期原则：对安全需求要有一个总体设计和长远打算，包括为安全设置一些可能不会立刻用到的潜在功能。

● 最小特权原则：不应给用户超出执行任务所需权限以外的权限。

● 公认原则：参考当前在相同环境下通用的安全措施，据此做出决策。

● 适度复杂与经济原则：考虑安全机制的经济合理性，尽量减小安全机制的规模和复杂程度，使之具有可操作性。

3. 安全策略管理办法

（1）集中式管理

所谓集中式管理就是在整个网络系统中，由统一、专门的安全策略管理部门和人员对信息资源和信息系统的使用权限进行计划和分配。集中式管理模式简单、易于控制，但是工作量过于集中，操作起来会有一定难度。

（2）分布式管理

分布式管理就是将信息系统资源按照不同的类别进行划分，然后根据资源类型的不同，由负责此类资源管理的部门或人员负责安全策略的制定和实施。分布式管理存在一定的风险，即各个部门制定的安全策略之间可能会存在不一致性。它的优点也很明显，即分布式管理可以大大减轻集中式管理给信息安全管理人员带来的巨大压力。

4.2 安全策略的管理过程

基于策略的管理是由策略驱动管理过程，本质上是对策略的管理。策略管理将管理和执行分离，管理者只需要按照策略的形式描述其目标和约束，制定出策略以约束系统行为，系统实体执行策略，这种方式减轻了管理员的负担，提高了管理的效率。

1. 安全策略统一描述技术

信息安全管理员通过描述策略来实现管理思想，体现管理意志，因此安全策略描述是实现策略管理的基础。目前，随着信息系统规模和应用复杂程度日趋增高，部署的安全设备种类多、型号杂、性能参差不齐、功能时有交叉。要实现对不同类型、不同厂家安全设备的统一策略管理，必须解决安全策略的统一描述问题，从而确保策略管理的规范性，提高系统的安全性。

2. 安全策略自动翻译技术

安全策略翻译是指将统一描述的安全策略翻译成不同设备对应的配置命令、配置脚本或策略结构的过程。由于安全策略配置的复杂性，人工配置时常会因为失误造成安全策略配置出现问题，同时安全策略配置工作会给信息安全管理员带来大量的工作，于是提出了安全策略自动翻译技术的研究。目前，该技术还处于发展初期，通常采用编译原理的思想实现。

3. 安全策略冲突检测技术

在大型的分布式系统中需要为不同的安全设备或安全目的配置不同的策略，策略的种类多样，数量众多，而且可能有多个管理员编辑和修改策略，因此策略之间的冲突很难避免，所以需要进行策略的一致性验证。

策略一致性验证主要包括策略的语法、语义检查和策略冲突检测两个方面。

4. 安全策略发布与分发技术

安全策略发布与分发是安全策略管理的一个重要环节。目前，人们提出的安全策略发布与分发模式主要有"推"和"拉"两种模式。

对内网设备而言，"推"模式下，策略服务器解析从策略库中提取的策略，将策略发送到相应的策略执行体；"拉"模式下，策略服务器接受设备的策略请求，查询策略库，决定分发的策略，并将该策略返回给发送请求的设备。

对外网设备而言，策略发布服务器作为设备和策略服务器之间分发策略的代理，使用"推"或"拉"策略时都由策略发布服务器和策略服务器通信，并将最终的策略决策转交给外网设备，从而保证策略服务器的安全。

5. 安全策略状态监控技术

安全策略状态监控技术主要用于支持安全策略生命周期中各种状态的监测，并控制状态之间的转换。策略的生命周期状态包括休眠态、待激活态、激活态和挂起态。休眠态是指策略刚生成时的状态；待激活态是指策略已被分发到被管设备上，但还未执行时的状态；激活态是指策略装入设备内核运行时的状态；挂起态则是指策略从设备内核被卸载的状态。

4.3 安全策略的描述与翻译

4.3.1 安全策略的描述

策略描述语言是策略统一描述方法的具体体现，目前已经有多种应用不同统一描述方法的策略描述语言。

1. 面向对象的策略统一描述语言 Ponder

Ponder 策略描述语言是由英国皇家学院历时 10 年发展而成的策略管理领域的研究成果。Ponder 策略描述语言是一种面向对象的说明性语言，它能够定义基于角色的访问控制安全策略和一般的分布式系统管理策略。Ponder 的一个典型特征是：相关策略是组合的，角色间的相互作用被定义为关系，这个结构能够很好地促进策略的重用和灵活性。Ponder 是一个比较完整的语言，它允许安全、QoS 和更多普通的策略描述。

Ponder 定义了四种基本策略类型：授权策略、委托策略、义务策略和抑制策略。基本策略可以复合，Ponder 定义了四种复合策略：组、角色、角色关系和管理结构。Ponder 还定义了元策略，元策略主要用于限制策略，不允许互相冲突的策略同时执行。

Ponder 的一大特色是采用域的表达方式来表示实体。域的使用可以达到动态地改变域成员而不必改变策略本身的效果，同时其面向对象的基本特征有效支持了策略的复用，大大简化了策略的管理。

2. XACML 策略描述语言

XACML（eXtensible Access Control Markup Language）是一个基于 XML 的说明性策略语言，主要用于分布式系统访问控制管理。它提供访问控制策略和访问控制请求响应格式的规范。

XACML 策略描述语言的主要组成部分包括规则、策略和策略集三个部分。规则由条件及作用组合而成。策略是由一系列规则按照规则组合算法组合而成，策略集由一系列策略按照策略组合算法组合而成，策略集可以嵌套策略集。规则、策略、策略集均包含义务表达式（Obligation Expression）和建议表达式（Advice Expression）以及目标（Target）。目标是由资源、行为、主体和规则或策略应用的环境定义的。

XACML 的一个特点是其目标元素与每个规则、策略或策略集依附，其目的是方便策略检索。当对请求进行响应时，策略决策点（PDP）通过评估目标来查找可用策略。XACML 的另一个特点是当不只一条策略被应用时，一个策略组合程序被用来避免策略冲突，多条策略组合行为需要多条规则组合以及策略组合算法的支持。

基于 XML 进行策略描述的主要优势是：XML 是一种被广泛使用的标准，支持跨平台，具有良好的可扩展性。尽管 XACML 能够对细粒度的访问控制描述提供支持，但该语言是相当冗余的，并且表达能力有限，并不以被用户理解为目标。XACML 在表示各属性时会使用大量字段，在进行一些逻辑运算时也是特别烦琐，策略决策点在进行匹配时，需要对大量字段进行比较，这无疑会增加策略管理的工作量，降低管理的效率。

3. P3P/APPEL 策略描述语言

万维网联盟 W3C 提出的 P3P 和 APPEL 用于一个网站和它的用户之间秘密协商，包括网站用户参数选择的收集。通过使用 P3P，网站能够表达它们的秘密策略，这些策略能够被用户代理自动恢复并很容易地翻译。网站可以用 P3P 来宣布它们为什么需要用户的私人信息，它们收集什么信息，它们要保持这些信息多长时间，谁将使用这些信息等。这些元素在一个应用到特定数据资源集合的策略中是标准化的。然后，网络用户被告知网站的数据收集策略，这些策略的编码形式是机器可读的 XML 形式。在这种情况下，用户能依靠其代理来读和评估网站策略，并且更进一步选择加入或退出数据分享的决定。

APPEL 能够补充 P3P，它描述了 P3P 策略关于用户的秘密参数的收集。这些语言的语法非常复杂，难以理解。它们只支持网络通信之间的机密性，不支持访问控制策略和事件触发的策略。

4．EPAL 策略描述语言

EPAL（Enterprise Privacy Authorization Language）是由 IBM 提出的基于 XML 的语言，在某些程度上，EPAL 和 XACML 是相似的，不同的是 EPAL 的目标只有机密策略，并不是像 XACML 那样的一般的访问控制策略。作为一个特殊的机密策略语言，EPAL 的一个特征是它并不是应用传统的 RBAC 策略，而是使用基于目的的访问控制。授权决策是由主体利用所需资源的目标直接决定的。这种访问控制机制简化了传统的 RBAC，但是需要一个良好结构化的目的元素。

虽然 EPAL 也指出了访问控制以及义务策略，但 EPAL 所针对的是机密数据的处理，例如，规定某用户对机密数据的访问权限，规定某事件发生时触发对机密数据的操作。EPAL 的目标是写出管理信息系统中数据处理的企业机密策略，其目标局限性限制了它的推广。

5．基于逻辑的策略统一描述方法

基于逻辑的策略统一描述采用形式化的表达方式。这种方式虽然易于分析，但并不直观，不是以用户理解为目标。基于逻辑的策略描述根据所采用逻辑类型的不同分为三类：一阶逻辑、分层逻辑和道义逻辑。

角色定义语言（Role Definition Language，RDL）是基于一阶逻辑的策略描述语言。该语言通过规则指明客户端可以获得角色的条件。一阶逻辑在同时使用否定规则和递归规则时会遇到一个问题：无法明确判断规则类型。相应的策略描述语言也面临这个问题。分层逻辑有效克服了一阶逻辑遇到的问题。授权规范说明语言（Authorization Specification Language，ASL）使用分层逻辑指定访问控制策略。ASL 决策制定机制缺少充分的灵活性和可重用性，因为授权决策已编码在规则中，与角色集依附，而不是由策略决策点动态地决策。因为没有一种方式将规则组合成可重用的结构。所以，尽管它支持基于角色的访问控制，但该语言不适用于大型系统。另外，ASL 是一种访问控制策略描述语言，因此，它只支持对访问控制策略的描述，不支持对义务策略的描述。Rei 是一个基于道义逻辑的声明性策略描述语言，它研究应当、可以、许可、禁止等这些道义概念的逻辑性质，主要用于动态的开放的计算环境下的安全和机密。Rei 允许定义策略类型，并传递策略元素来创造一个特定实例。Rei 允许行为和策略客体分离定义并允许它们自动与主体相关联。Rei 不是严格基于角色的，它能同时描述基于个体、组和角色的策略，这种方式在策略描述时使用相同的结构，但它不支持将多条策略组织到一起，不方便大型应用系统的策略管理。

6．其他策略统一描述方法

PDL（Policy Description Language）是由贝尔实验室提出的基于策略的管理语言之一，主要用于网络管理。它是声明性的，独立域的。PDL 使用"事件—条件—动作"的形式来定义策略，在满足条件的前提下，事件的发生会触发动作的执行。PDL 语法简单、语义清晰、表达性强，但它存在如下不足：一方面，规则不能按照层次组合起来，一条策略只有一个单调的结构，不能进行策略的复合，策略无法重用。另一方面，PDL 描述的策略欠缺对规则顺序的约束。

LaSCO 的描述思想是通过图形化方式为对象指定限制条件，这些限制条件是与安全相关的。LaSCO 以策略图的形式对策略进行描述。其中，策略图是一个带有域和需求谓词等注解的有向图。LaSCO 无法通过策略图指定义务策略，也不能进行策略的组合，因而 LaSCO 的适用范围有限，不能有效应对策略管理需求。由于图形格式在表达细节上有一定欠缺，需要与文本结合使用，而 LaSCO 忽略了这个问题，这也令 LaSCO 难于使用。

4.3.2 安全策略的翻译

安全策略翻译是将安全策略描述语言描述的安全策略转换为机器可识别语言的过程，重点解决不同层次安全策略之间的转换规范。

1. 基于案例推理的策略翻译技术

IBM 研究中心的研究者提出基于案例推理的策略翻译方法，利用案例数据库或系统行为的历史数据作为策略转换的基础，讲述了基于案例推理的一般结构、案例数据库及数据处理方式。其关键是案例库具有丰富的数据才能将商业目标映射为合适的配置参数。基于案例推理的策略翻译模块的组成如图 4.1 所示。

（1）案例数据库：存储高级策略与实现其系统配置参数的对应关系构成的案例。

（2）仿真器：为了解决引导问题，可以由仿真器使用启发式算法实现产生一些案例存入案例数据库中，目前的仿真器可选用 IBM 的高容量 Web 站点仿真器。

（3）数据预处理组件：数据可能含有噪声或者不一致的信息，因此需要对数据进行预处理，消除不相关

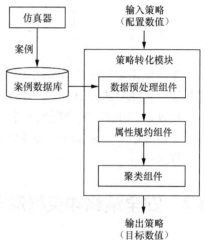

图 4.1 策略转化模块的组件

的、冗余的和鼓励的数据，并纠正数据中的不一致，使推理结果准确。

（4）属性规约组件：系统中含有大量的策略目标和配置参数，要采取措施确定高基策略所对应的确切的配置参数集合，降低推理的计算时间。

（5）聚类组件：增加数据的抗干扰性，降低数据查找时间，提高系统性能。

该技术的缺陷之一在于过分依赖案例库，而案例库只适用于某一特定的应用，因此，该方法与应用域紧密相关。这种通过构建案例库，将预期目标和配置参数相匹配的思想只适用于需求和配置参数能够被量化定义的场合（如资源配置管理、服务质量管理等）。在转换过程中引入新的配置参数或服务级目标时，会使现有的案例库失效。

2. 基于知识库的策略翻译技术

基于知识库的策略翻译主要由人机接口、词法获取机构、知识获取机构、词法库、策略知识库、策略编译器和策略组装器等组成，如图 4.2 所示。人机接口是联系策略翻译与管理员间的纽带，它由一组程序组成，用于完成输入工作。用户通过它编辑策略，输入词法和策略知识，更新、完善词法库和策略知识库。词法获取机构的基本任务是扩充词法库，把统一描述策略语言的关键词输入词法库，增强策略翻译的可扩展性，使其能够支持多种类型的网络安全设备的策略。知识获取机构的基本任务是把策略知识输入策略知识库，并负责维持策略知识的一致性、完整性，建立科学的策略知识库。策略编译器对统一描述的策略进行词法和语法检查，生成中间策略。策略组装器将中间策略和策略知识进行组装，最终生成目标策略，即各设备厂商的策略。

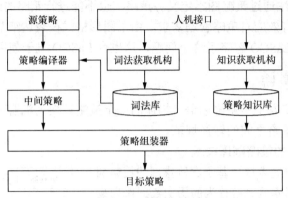

图 4.2   基于知识库的策略翻译组成结构

策略知识库是实现策略翻译的核心，策略知识库的构建需要由知识获取机构来完成，但是构建一致完整的知识库是一项难度很大的工作。

此外，美国的研究者提出一个可扩展的策略框架，用于管理异构网络环境下的安全设备，即在其设计的 Chameleos-x 体系结构中设计了一个 Chameleos-x 翻译器对上层下发的策略进行翻译。

4.4   安全策略冲突检测与消解

4.4.1   安全策略冲突的分类

IETF 在 RFC 3198 中定义策略冲突为两条或多条策略的条件部分同时满足而动作却不能同时执行的情况。

英国皇家学院的研究者从管理策略的角度给出策略冲突的定义，认为当策略的主体、目标和行为发生重叠，且满足某一特定条件时将发生策略冲突，并对其进行了如图 4.3 所示的分类。

图 4.3   安全策略冲突分类

策略冲突与策略模式和策略目标相关联。当策略行为同时被允许和拒绝，或者同时被强制执行和禁止执行时，会发生模态冲突；当系统中供多个服务共享的资源不足以满足多个策略动作同时执行的需要时，会发生优先级冲突；当两条正向授权策略的主体集和客体集都存在交集时，会发生职责冲突；当两条正向授权策略的主体集存在交集，且同时对客体集实施管理操作时，会发生主体重叠冲突；当两条策略的客体集存在交集时，可能会发生多管理冲突；当一条策略的主体集与另一条策略的客体集存在交集时，会发生自管理冲突。

Dunlop 等人按照策略作用对象间的关系将策略冲突基于角色划分为内部策略冲突、外部策略冲突、策略空间冲突和角色冲突，如图 4.4 所示。

图 4.4 安全策略冲突分类（Dunlop）

内部策略冲突是指多个策略赋予同一个角色，但策略之间规定了相互矛盾的角色动作；外部策略冲突是指一个用户具有多重角色，而多重角色的存在可能引发角色间的策略冲突；策略空间冲突是指不同的管理员对同一客体资源进行管理时设置了存在冲突的策略；角色冲突是指主体被同时赋予具有冲突权限的一组角色。

依据产生冲突的策略类型及外部约束的目标，可以对模态冲突和应用相关冲突重新进行分类，如图 4.5 所示。

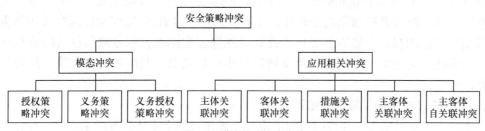

图 4.5 安全策略冲突分类

模态冲突通常发生在两个或多个带相反符号的策略作用于相同的主体、客体和措施的时候。模态冲突可分为 3 类：授权策略冲突、义务策略冲突、义务授权策略冲突。应用相关冲突通常指策略和策略的外部约束之间发生了冲突，即策略的内容与外部约束中明确规定不允许出现的情况发生冲突。依据外部约束目标的差异，应用相关冲突可分为 5 类：主体关联冲突、客体关联冲突、措施关联冲突、主客体关联冲突、主客体自关联冲突。

华中科技大学的研究者针对基于 RBAC 的互操作策略缺乏动态性的不足，提出了域间属性映射机制，并对基于属性映射的跨域访问可能引发的 3 种类型的互操作冲突——循环继承冲突、职责分离冲突和基数约束冲突进行分析，证明了其可在多项式时间内有效解决。

4.4.2 安全策略冲突检测

策略冲突检测就是对系统中的安全策略进行检测，判断策略之间是否存在冲突。系统一般通过某种算法对策略冲突进行检测，而且冲突检测算法随系统应用环境或策略描述方法的不同而不同。

1. 基于形式逻辑的策略冲突检测方法

基于形式逻辑的策略冲突检测方法利用逻辑的形式化表达能力，清晰地对策略语义进行描述，并通过逻辑推理检测策略之间存在的冲突。

研究者们提出了一种基于自由变量场景（Free-Variable Tableaux，FVT）的静态冲突检测方法。FVT 方法基于反绎推理，要求有效地检测冲突必须是从策略集合中取得一个矛盾，一阶逻辑的简单性不仅使得策略的表示更加简单，也使得冲突检测的速度更快。有学者通过形式逻辑事件演算（Event Calculus，EC）形式化描述了基于策略管理系统中的策略，着重分析了与应用无关的冲突和特定应用的冲突。F. Cuppens 等人提出采用分层的 Datalog 逻辑程序（Stratified Datalog Program）对 Or-BAC（Organization Based Access Control）模型中的策略冲突进行检测。华中科技大学的研究者提出了基于描述逻辑（Description Logic，DL）的策略分析方法，使用 Web 本体语言 OWL 对 XACML 进行扩展，并利用描述逻辑 DL 丰富的表达能力和推理能力，将整个访问控制策略转化为相应的描述逻辑知识库，将策略冲突问题转化为知识库的一致性问题，检测是否存在策略违背角色约束或者符合预定义的冲突规则。

2. 基于描述语言的策略冲突检测方法

基于描述语言的策略冲突检测方法针对特定的策略描述语言，利用其语义和语法特征进行策略冲突检测。

英国皇家学院的研究者通过对 Ponder 策略描述语言进行语法分析检测模态冲突，通过在 Ponder 中定义相应的元策略（Meta Policy，MP）检测应用相关冲突。贝尔实验室的研究者利用逻辑程序（Logic Programming，LP）对 PDL 策略进行冲突检测和消解，并运用逻辑推理验证冲突检测与消解结果的正确性。中科院的研究者针对 XACML 策略描述语言缺乏对冲突规则的检测和冗余规则的分析，描述了属性层次操作关联导致的权限继承和权限蕴含引起的多种冲突类型，并在资源语义树策略索引基础上，利用状态相关性对规则冲突进行检测。

3. 基于本体推理的策略冲突检测方法

本体技术主要用来实现异构网络间的语义互操作，基于本体推理的策略冲突检测方法主要是利用本体技术自身具备的良好描述能力和推理能力。

通过构建通用的策略本体，将其描述的策略转化为基于 XML 的策略，采用 XML 中的策略分析技术检测策略冲突，可以提高该检测方法的可扩展性。华中科技大学的杨黎对 RBAC 模型的策略冲突类型进行归纳，并采用本体推理技术对其进行检测：首先基于本体对 RBAC 访问控制策略进行描述，构造由概念和关系组成的公理集合 TBox，然后在本体中定义用来检测冲突的谓词和策略，最后采用描述逻辑的可满足性推理检测策略存在的冲突。Campbell 等提出基于分离类推理的策略冲突检测方法，如果本体中的两个类之间是分离关系，则任一个体不能同时是这两个类的实例，通过将访问控制策略中的冲突策略行为定义为分离类的个体，然后对本体进行一致性推理可以得出相分离类之间是否具有等价关系的个体，进而检测出策略之间是否存在冲突。

4. 基于有向图的策略冲突检测算法

南京大学的研究者研究了分布式系统中元素之间的关系，并统一抽象成有向无环图，将抽象的策略冲突检测问题转化为有向图的连通性问题，提出一种检测分布式系统中安全策略冲突的定量方法，拓展了安全策略冲突检测实用化的思路。四川大学的研究者提出了基于有向图覆盖关系的静态策略冲突检测方法，给出了有向无环图的冲突检测模型，通过在策略三元组判断的基础上加入对策略条件约束的判断，使得策略冲突检测结果更为准确。华中科技大学的研究者研究了多策略支持下的策略冲突检测和消解问题，根据主体间权限传递关系形成主体域有向图模型，根据客体间从属关系形成客体域有向无环图模型，将策略冲突检测问题转化为有向图中求连通节点的问题。

5. 基于分类概念格的策略冲突检测算法

吉林大学的研究者分析了策略系统存储结构在判断策略间条件变量值相交性方面存在的不足，研究了概念格结构在该方面的优势，提出基于分类概念格的动态策略存取模型。该模型利用概念间的偏序关系进行策略冲突检测，将属性值相交性判断转化为在冲突概念格内查找超概念-子概念的操作，提高了冲突检测效率。

综上所述，基于形式逻辑的冲突检测方法能够通过逻辑推理检测出应用相关冲突，并且能够证明检测结果的正确性，但是在实际应用中需要开发相应的推理验证工具，实现比较困难；基于描述语言的冲突检测方法仅能对使用该策略描述语言的策略冲突进行检测，适用范围有限，扩展性较差；基于本体技术的冲突检测方法利用描述逻辑具有的良好描述能力与推理能力，更适用于检测应用相关策略冲突，但是构建领域本体的好坏是影响冲突检测结果的关键；基于有向图的冲突检测方法将策略冲突检测问题转化为有向图的连通性问题，拓展了策略冲突检测的实用化思路，但缺乏对策略对象状态信息和环境信息的考虑；基于概念格的冲突检测方法首先需要将动态策略仓库组织为概念格，对策略进行有效稳定的分类，是该方法实施的瓶颈。

4.4.3 安全策略冲突消解

策略冲突消解就是消除策略冲突，保证策略一致性，使系统安全而高效地运行。冲突消解算法一般遵循某种消解原则对策略冲突进行消解，常见的策略冲突消解原则有以下几种。

1. 反向策略优先

反向策略优先是一种经常使用的保守的消解策略，使得显式地被拒绝执行的策略永远不能得到执行，从而保证了系统至少不会发生误操作。但对于某些特殊情况，它将导致一些期望执行的操作无法得到执行。

2. 本地策略优先

本地策略优先消解方法通过对策略所包含的对象范畴的大小进行比较来设定策略优先级，所包含范畴越小的策略具有的优先级越高。在正向策略和负向策略关系较为复杂的环境中，本地策略优先能够更好地刻画出更符合期望的消解结果。

3. 属主级别优先

属主级别优先消解方法借助于策略的属主属性（描述该策略的制定者或编辑者）来设定策略优先级，策略属主被分配了固定的优先级，该优先级相当于该属主制定的策略的优先级。属主级别优先是通过对策略属主划分级别实现的，并且要求各属主制定的策略之间不能发生冲突，因此，这种消解方法实现时较为复杂，使用时要求较高。

4. 新加载策略优先

新加载策略优先消解方法借助策略的加载时间（根据具体使用状况加载相关策略）来设定策略优先级，策略的加载时间距离当前时间越近，其优先级越高，反映了用户的最新期望。新加载策略优先的策略加载时间是动态的，不能保证消解结果的粒度和合理性。

5. 指定优先级

指定优先级消解方法通过为每条策略分配经过严格规范的优先级别来设定策略优先级，当各优先级的权值赋值比较合理时，能够较好地解决策略冲突。指定优先级的难点在于怎样合理地为各优先级赋值，尤其是在分布式系统中异步赋值时，易导致优先权赋值不一致，不能达到预期消解结果。

6. 距离最近优先

距离最近优先消解方法通过对策略所包含对象的继承层次结构分析来设定优先级，在对象继承层次结构中，策略与被管理对象之间的距离越近，其优先级越高。距离最近优先消解方法与本地策略优先消解方法比较相似，策略作用的对象越具体化，相应的优先级就越高，但距离最近优先消解方法更强调对象继承层次结构在冲突消解时的影响。

小　　结

1. 信息安全策略从本质上来说是描述组织具有哪些重要信息资产，并说明这些信息资产如何被保护的一个计划。其目的就是对组织成员阐明如何使用组织中的信息系统资源，如何处理敏感信息，如何使用安全技术产品，用户在使用信息时应当承担什么样的责任，详细描述对人员的安全意识与技能要求，列出被组织禁止的行为。信息安全策略可以分为两个层次，一个是信息安全方针，另一个是具体的信息安全策略。

2. 程序是为进行某项活动而规定的途径或方法。信息安全管理程序包括两部分：一部分是实施控制目标与控制方式的安全控制程序（比如信息处置与储存程序），另一部分是为覆盖信息安全管理体系的管理与运作的程序（比如风险评估与管理程序）。

3. 信息安全策略的制定过程为：理解组织业务特征和企业文化；得到管理层的明确支持与承诺；组建安全策略制定小组；确定信息安全整体目标；确定政策范围；风险评估与安全控制选择；起草拟订安全策略；评估安全策略；实施安全策略及政策的持续改进。

4. 安全策略实施相关技术包括安全策略统一描述技术、安全策略自动翻译技术、安全策略一致性验证技术、安全策略发布与分发技术以及安全策略状态监控技术。

习　　题

1. 什么是信息安全策略？信息安全策略分为哪两个层次？分别具有什么含义？

2. 信息安全策略的制定过程是怎样的？

3. 信息安全策略管理有哪些相关技术？这些技术的功能和作用分别是什么？

第 5 章

组织与人员安全管理

管理的实现必须依赖组织行为，做好信息安全工作必须建立与信息系统规模和重要程度相适应的安全组织。

信息系统的建设和运用离不开各级机构具体实施操作的人，人不仅是计算机信息系统建设和应用的主体，而且也是安全管理的对象。因此在整个信息安全管理中，人员安全管理是至关重要的，要确保信息系统的安全，必须加强人员的安全管理。

本章首先介绍国家宏观信息安全组织及企业自身的信息安全组织，然后介绍人员的安全管理。

本章重点：国家信息安全组织的基本任务与职能、企业信息安全组织的建立过程、人员安全管理。

本章难点：企业信息安全组织的建立过程。

5.1 国家信息安全组织

为了确保国家及组织的信息安全，必须建立各级信息安全组织，并且要从根本上认识到，这是法律所赋予的责任。

从宏观上讲，《中华人民共和国计算机信息系统安全保护条例》第四条规定："计算机信息系统的安全保护工作，重点维护国家事务、经济建设、国防建设、尖端科学技术等重要领域的计算机信息系统的安全"。

从微观上讲，《中华人民共和国计算机信息系统安全保护条例》第十三条规定："计算机信息系统的使用单位应当建立健全安全管理制度，负责本单位计算机信息系统的安全保护工作"。切实保护本单位信息系统的安全，是直接保护本单位权益的需要，更是维护国家利益的需要。

5.1.1 信息安全组织的规模

鉴于信息安全治理的重要性和严肃性，需要树立安全治理机制的权威性。因此，单位的最高领导必须主管信息安全工作，同时建立一个从上至下的完整的安全组织体系。以我国信息安全组织为例，其体制结构如图 5.1 所示。

国内外信息系统安全方面发生的问题表明，仅有信息安全监察组织而无安全管理组织的信息安全管理体制是不完善的。在我国，信息安全管理组织有四个层面：各部委信息安全管理部门、各省信息安全管理部门、各基层信息安全管理部门以及经营单位。其中，直接负责信息系统应用和系统

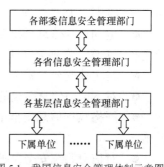

图 5.1 我国信息安全管理体制示意图

运行业务的单位为系统经营单位，其上级单位为系统管理部门。

安全组织的规模大小应与信息系统的规模相适应。大规模的信息系统要设立安全领导小组，由主管领导负责，同时建立或明确一个职能部门负责日常安全管理工作。规模小的信息系统应设立信息系统安全管理员。不论组织规模的大小，安全组织都应具备最基本的职能，即保证信息系统的安全。

具体来说，规模大的信息系统的安全组织应包括最高一级的安全组织和下一级的安全组织，成员应包括单位的最高负责人，并确定一个职能部门负责日常信息安全管理工作。这一职能部门的成员包括单位负责人、系统管理员、程序员、硬件人员、操作员、人事和保卫（警卫或保安）等。下一级的安全组织接受上一级的管理和监督，并向上一级报告和备案。规模小的信息系统的安全组织可以只有几个人，或设立信息安全专管员。

5.1.2 信息安全组织的基本要求与标准

信息安全组织应独立于信息系统运行，同时是一个综合性的组织。

1. 安全组织的基本要求

● 信息安全组织应当由单位安全负责人领导，绝对不能隶属于信息系统运营或应用部门。

● 安全组织是本单位的常设工作职能机构，其具体工作应当由专门的安全负责人负责。

● 安全组织的成员类型主要有硬件、软件、系统分析、审计、人事、保卫、通信、本单位应用业务，以及其他所需要的业务技术专家等人员。

● 安全组织一般有着双重的组织联系，既接受当地公安机关计算机或信息安全监察部门的管理、指导，又有与本业务系统上下级间的安全管理工作关系。

2. 安全组织的基本标准

● 具备由主管领导负责的逐级信息安全防范责任制，各级的职责划分明确，并能有效地开展工作。

● 明确信息系统使用部门或岗位的安全责任。

● 有专职或兼职的安全员，行业部门或大型企事业单位应确立委员会、安全组织等逐级安全管理机制，安全组织人员的构成要合理，并能切实发挥职能作用。

● 有健全的安全管理规章制度，按照国家有关法律法规的规定，建立和完善各项安全管理规章制度，并落到实处。

● 在工作人员中普及安全知识，提高信息安全意识，对重点岗位的工作人员进行专门的培训和考核，持证上岗。

● 定期进行信息系统风险评估，并对信息安全实行等级保护制度，本着保障安全、利于生产（工作、发展）和注意节约的原则，制定安全政策。

● 在实体安全、系统安全、运行安全和网络安全等方面采取必要的安全措施。

● 对本部门信息系统的安全保护工作有档案记录和应急计划。

● 严格执行信息安全事件上报制度，对信息系统安全隐患能及时发现并及时采取整改措施。

● 对信息系统安全保护工作定期总结评比，奖惩严明。

5.1.3 信息安全组织的基本任务与职能

1. 信息安全组织的基本任务

信息安全组织的基本任务是在政府主管部门的管理指导下，由与系统有关的各方面专家，定期或适时进行风险评估，根据本单位的实际情况和需要，确定信息系统的安全等级和管理总体目标，提出相应的对策并监督实施，使得本单位信息系统的安全保护工作能够与信息系统的建设、应用和发展同步进行。

2. 信息安全组织的职能

信息安全组织的具体职能如下。

（1）各级信息安全管理机构负责与信息安全有关的规划、建设、投资、人事、安全政策、资源利用和事故处理等方面的决策和实施。

（2）各级信息安全管理机构应根据安全需求建立各自信息系统的安全策略和安全目标。

（3）根据国家信息安全管理部门的有关法律、制度和规范来建立和健全有关的实施细则，并负责贯彻实施。

（4）负责与各级国家信息安全主管机关、技术和保卫机构建立日常工作关系。

（5）参与本单位及下属单位的信息系统的规划、设计、改进、改建、研究和开发等安全管理工作。

（6）建立和健全系统安全操作规程和制度。

（7）确定信息安全各岗位人员的职责和权限，建立岗位责任制，审议并通过安全规划、年度安全报告及有关安全的宣传、教育和培训计划等。

（8）对已证实的重大安全违规、违纪事件及泄密事件进行处理，对情节严重的追究其法律责任。

（9）对信息安全工作表现优秀的人员给予表彰。

（10）认真执行信息安全报告制度，定期向当地安全机关、信息安全检查部门报告本单位信息安全保护管理情况。

5.2 企业信息安全组织

现在计算机信息犯罪者（攻击者）的犯罪（攻击）手段各式各样且技术水平不断提高，防御者处于被动状态，单靠某一个人或几个人的高超技术是无法保障信息安全的，并且大多数的攻击或破坏都来自内部人员。因此，必须建立组织机构，完善管理制度，建立有效的工作机制，做到"事有人管"，职责分明。建立有效的信息安全管理组织是企业信息安全管理的基础，可以说，不健全的信息安全管理机制是信息安全最大的脆弱点。

5.2.1 企业信息安全组织的构成

1. 信息安全决策机构

信息安全决策机构应当由组织的最高管理层、与信息安全管理有关的部门负责人和管理技术人员组成，其职责是为组织信息安全管理提供导向与支持。信息安全决策机构的任务如下。

（1）评审和审批信息安全方针。

（2）分配信息安全管理职责。

（3）确认风险评估的结果。

（4）对与信息安全管理有关的重大更改事项，如组织机构调整、关键人事变动和信息系统更改等进行决策。

（5）评审和检测信息安全事故。

（6）审批与信息安全管理有关的其他重要事项。

组织最高管理者应在管理层指定一名信息安全管理负责人，分管组织的信息安全管理事宜，负责组织的信息安全方针的贯彻与落实，就信息安全管理的效果与有关重大问题及时与最高管理者进行沟通。

2. 信息安全管理机构

信息安全管理机构处于决策机构和执行机构之间，主要通过对人力资源的管理，完成对事件、任务和事务的管理。信息安全管理机构的任务包括如下内容。

（1）对安全事件进行评估，确定应采取的安全响应级别。

（2）确定对安全事件的响应策略及技术手段。

（3）管理信息安全相关的日常工作。

（4）管理信息安全相关的人力资源。

（5）管理信息安全组织内部和外部的相关信息。

（6）管理信息安全组织的资产。

3. 信息安全执行机构

信息安全执行机构是信息安全事件的响应机构。执行机构处于信息安全响应的第一线，因此，信息安全执行机构的技术力量直接影响到整个组织的服务质量。信息安全执行机构主要由以下人员组成。

- 信息安全技术人员。
- 信息系统集成技术人员。
- 计算机网络与通信技术人员。
- 信息安全法律专家。
- 信息系统（硬件、软件）技术人员。

信息安全执行机构在安全事件发生后，根据事件的具体情况和决策机构的决策，在管理机构的管理下采取不同的安全响应策略，组成不同的响应小组，提供优质的响应服务。

5.2.2 企业信息安全组织的职能

1. 建立内部信息安全协调机制

组织内部应当建立一个内部协调机制，以便于信息安全控制的具体实施。特别是对于规模较大的组织，一项安全控制活动需要多个部门的共同参与才能得以实现。为了能够迅速解决控制过程出现的问题，防止发生内部互相推诿的现象，提高工作效率，应当由与信息安全有关的部门代表组成的一个跨部门管理机制，解决一些实际的问题，如风险评估的具体方法与程序、信息安全事故的调查与处理等。建立内部协调机制是解决信息安全管理内部协调问题很好的办法。

2．明确职责

职责缺乏或界定不清，最终会导致控制得不到有效实施，形成管理风险。组织最高管理者应确保对以下职责进行规定并形成书面文件。

● 管理层的职责。
● 执行部门的职责。
● 与信息安全有关的管理、操作和验证等人员的职责。

进行职责划分的基本原则是告知管理层和员工应该做什么，特别是在信息安全事件发生时，以及信息安全得不到重视的地方，更应如此。

3．建立信息处理设施授权程序

信息处理设施（Information Processing Facilities）包括计算机网络设施、通信设施、电子办公设施、网络安全设施和实物安全保护设施等。其中的软件产品和新采购的信息处理设施如果控制不当，会给信息安全带来脆弱点，如与原系统不兼容、产品自身存在安全缺陷等。如果不对信息处理设施的使用加以控制，信息处理设施可能会被滥用。可以提供的具体控制措施包括以下几种。

（1）对新购进的信息处理设施履行审批手续，审批内容包括设施的使用目的、场所及安全技术要求。

（2）设施在正式安装或投入使用前进行安全技术方面的验证，如检查软硬件的兼容性问题等。

（3）对信息处理设施的使用者进行授权，明确使用者保护信息处理设施的责任，防止信息处理设施的滥用。

（4）对于在工作场所使用个人信息处理设施的情况进行评定并予以授权。

4．建立渠道，获取信息安全建议

信息技术发展日新月异，信息安全产品与技术也不断翻新，威胁的手段与种类也在不断地变化。因此，信息安全的管理是复杂的和困难的。组织应当通过不同方式，获取信息安全方面的建议以支持信息安全管理。可以利用的方式包括以下 3 项。

（1）从组织内部挑选懂技术和管理的信息安全方面的专家，为管理层提供信息安全解决方案，参与安全事故的调查，解答内部员工工作遇到的实际问题并及时提供预防性的安全咨询建议，如病毒的防范措施等。

（2）从外部专家那里获得信息安全建议，例如网络设备商、安全产品商和网络安全机构等。

（3）从公开的信息渠道获取有关的信息安全建议，如专业出版物、网络安全机构的定期公告等。

5．加强与政府机构的协作

国家与信息安全有关的执法机构和管理机关包括公安部、国家安全部、国家保密局、国家密码管理局及工业和信息化部等。组织在遵守信息安全法律法规的方面应服从上述机构的管理和指导；组织的信息系统接入国际互联网需要因特网服务提供者（ISP）的支持；组织的语音通信、数据传输，甚至计算机网络通信也需要电信运营商的支持。因此，组织有必要与当地执法机关、管理机关、信息服务供应商和电信运营商保持适当联系，以确保在出现安全事故时尽快采取恰当的行动。

但要注意的是，在进行安全信息的交流时，要防止组织的机密信息传给未经授权的人或组织。

6. 对组织信息安全进行独立评审

为验证组织的信息安全方针、控制程序及安全管理规章制度是否得到有效实施，及时发现安全隐患并采取纠正措施，防止同样的问题再次发生，组织可以进行内部审核或外部审核。

内部审核由组织内部接受过信息安全管理体系审核培训且有一定经验和技能的内部审核员进行。在正式审核前应成立审核组，任命审核组长，对审核方案进行策划，按计划进行审核。所谓审核的"独立"性是指审核员与被审核方要保持适当的独立性，即审核员不应审核自己的工作，确保审核结果的公正和可靠。

若组织规模较小，也可以从外部聘请专业审核机构或审核人员进行内部审核。组织为寻求对外提供信息安全信任，可以进行第三方认证。同时需要注意，对于外部的审核人员所带来的风险应予以识别，并进行充分控制。

5.2.3 外部组织

1. 识别与外部组织访问相关的风险

外部组织访问是指除组织人员以外的其他组织或人员对组织信息处理设施和信息资产的访问。访问类型包括以下 3 种。

- 物理访问：例如，进入办公室、计算机机房和档案室等。
- 逻辑访问：例如，访问组织的数据库和信息系统等。
- 网络连接：例如，永久性连接和远程访问等。

外部组织可能由于一系列原因被许可访问，包括临时访问和常驻现场两种形式。信息可能由于安全管理不当而面临外部组织访问带来的风险。外部组织访问所带来的典型的威胁是资源的未经授权访问和错误使用。例如，盗窃用户身份、密码或软件，进行软件或数据库的修改，使系统发生故障、文件损坏或被删除等。应对外部组织的访问活动进行风险识别和评估，以便确定控制要求。

关于外部组织访问风险的识别应考虑以下问题。

（1）外部组织需要访问的信息处理设施。

（2）外部组织对信息和信息处理设施的访问类型。

（3）所涉及信息的价值和敏感性，及其对业务运行的危险程度。

（4）保护外部组织无法访问的信息的控制措施。

（5）组织信息处理中所涉及的外部组织人员。

（6）如何识别组织或授权访问的人员并进行授权验证，多长时间需要重新确认。

（7）外部组织在存储、处理、传送、共享和交换信息过程中所使用的不同方法和控制措施。

（8）当需要时外部组织无法获得合法访问、接收到不正确的信息或误导信息的影响。

（9）处理信息安全事件和潜在破坏的惯例和程序，当发生信息安全事件时外部组织继续访问的期限和条件。

（10）与外部组织有关的法律法规要求和其他合同责任。

（11）不同的安排对其他利益相关人的影响如何。

2. 外部组织访问控制措施

为了确保组织的信息安全，在允许外部组织访问时，应当根据对外部组织访问风险的识别与评估，采取适宜的控制措施对其进行安全控制。

（1）对外部组织访问应实行访问授权管理，未经授权的外部组织不能访问。

（2）对于经过授权进行物理访问的外部组织，应佩戴易于识别的标志，在其访问重要的信息安全场所（如系统机房）时应有专人陪同，并告知访问人员有关的安全注意事项等。

（3）对于长期访问（进行长期逻辑访问和常驻现场）的外部组织，应通过签订信息安全协议，或在业务合同中明确规定经过双方确认的信息安全条款来进行安全控制。协议或合同中应考虑下列条款。

- 信息安全总方针。
- 资产保护要求，如对复制和泄露信息的限制。
- 服务的目标水平和服务的不可接受水平。
- 协议或合同方各自的职责。
- 有关法律事务方面的责任。
- 知识产权的委托。
- 访问控制协议，如用户访问的授权程序和特权。
- 可核实的执行准则及其检查和报告的定义。
- 监视和撤销与组织资产有关的任何活动的权利。
- 审查协议或合同方责任的权力，或交由第三方执行审核的权力。
- 建立逐级解决问题的过程，在适当时应考虑应急安排。
- 有关软硬件安装和维护的职责。
- 清晰的报告结构及商定的报告格式。
- 清晰、具体的变更管理程序。
- 要求的实物保护控制及保证遵循这些控制的机制。
- 用户及管理人员在方法、程序和安全方面的培训。
- 确保防止恶意软件的控制。
- 对安全事件及安全破坏的报告、通告和调查的安排。

3. 外包控制

组织根据业务运作的需要，可以将信息系统、网络、桌面系统的管理和控制部分或全部进行外包。例如，将系统的维护外包。当将信息处理的责任外包给另一个组织的时候，如果控制不当，会给组织带来很大的安全风险。有效的控制方法就是在双方的合同中明确规定信息系统、网络和桌面系统环境的风险管理、安全控制措施与实施程序，并严格按照合同的要求实施。例如，合同应强调以下内容。

（1）如何安排才能确保涉及外包的所有各方（包括分承包商）意识到他们的安全责任。

（2）如何确定和检测组织业务资产的保密性、完整性和可用性等安全属性。

（3）采用何种物理的和逻辑的控制，限制和限定授权用户对组织敏感信息的访问。

（4）发生灾难时，服务可用性如何维持。

（5）要向外包设备提供什么级别的实物安全。

（6）审核的权利。

5.3　人员安全

信息系统是由人研制开发的，其目的是为人类服务。影响信息系统安全的因素，除了少数难以预知的和无法抗拒的自然灾害外，绝大多数的安全威胁都来自人类自己，如有意对信息系统进行攻击和破坏的黑客、计算机病毒，以及无意的操作失误等。因此，人始终是影响信息系统安全的最大因素，人员管理必然是安全管理的关键。全面提高信息系统相关人员的技术水平、道德品质、政治觉悟和安全意识是信息安全最重要的保证。

5.3.1　人员安全审查

许多安全事件都是由内部人员引起的，堡垒往往容易从内部攻破。因此，人员的素质是十分重要的，人员安全管理的核心是确保有关业务人员的思想素质、职业道德和业务素质，这就要求加强人员审查，把好第一关。

人员安全审查应从人员的安全意识、法律意识和安全技能等几方面进行审查。

1．安全审查标准

人员应具有政治可靠、思想进步、作风正派和技术合格等基本素质。

有关人员的安全等级与信息密切相关，因此人员审查必须根据信息系统所规定的安全等级确定审查标准。例如，对于处理机要信息的系统，接触该系统的所有工作人员都必须按机要人员的标准进行审查。

关键的岗位人员不得兼职，并要尽可能保证这部分人员安全可靠。信息系统的关键岗位人选，如安全负责人、安全管理员、系统管理员、安全设备操作员和保密员等，必须经过严格的政审并要考核其业务能力。例如安全管理员，不仅要有严格的政审，还要考虑其现实表现、工作态度、道德修养和业务能力等方面。

人员聘用要因岗选人，制定合理的人员选用方案。在实际操作中应遵循"先测评，后上岗，先试用，后聘用"的原则。所有人员应明确其在安全系统中的职责和权限。所有人员的工作、活动范围应当被限制在完成其任务的最小范围内。对于涉及重大机密的人员，应当明确规定其需要承担的保密义务和相关责任，并应要求其做出规范和严肃的承诺。

2．人事安全审查

对于新录用的人员、预备录用的人员及正在使用的人员都应做好人事安全审查和记录，并对其进行备案。

人事安全审查是指对某人参与信息安全保障和接触敏感信息是否合适，是否值得信任的一种审查。审查内容包括以下方面。

（1）政治思想方面的表现。

（2）保密观念和对保密规则的了解程度，是否会随便泄露机密。

（3）对申请人声称的学术和资格证明进行认证，确认其学历程度及真实性。

（4）对申请人简历的完整性和准确性进行检查，对被推荐者进行调查，确认申请人是否具备充分的人品推荐材料，例如，工作推荐或个人推荐。

（5）独立的身份认证（确认各种证件或相应的身份证明材料）。

（6）面试过程中是否有不诚实的回答。

（7）是否有不良记录，行为是否偏激。

（8）业务是否熟练。

（9）是否遵守规章制度。

（10）对物质方面的需求，金钱价值观。

（11）平时是否有超越系统权限或盗取资料、信息的行为。

（12）对信息安全的认识程度。

（13）身体状况如何，是否能按岗位职责的要求正常工作。

对于合同人员或临时聘用的人员也要开展类似的审查。如果上述人员是通过中介机构推荐给组织的，组织要和中介机构签订合同，在合同中明确中介机构要负责对被推荐人的审查，以及中介机构在未对被推荐人进行审查，或对审查结果有疑问或怀疑时，必须立即通知组织。

同时，管理人员要对那些新来的或没有经验的，但得到授权接触敏感系统的工作人员进行监督。另外，对所有工作人员的工作都要进行定期审查。

5.3.2　人员安全教育

来自人员的信息安全威胁，通常是由于安全意识淡薄、对信息安全方针不理解或专业技能不足等原因造成的。为确保工作人员意识到信息安全的威胁和隐患，并在他们正常工作时遵守组织的信息安全方针，组织需要提供必要的信息安全教育与培训。这种教育和培训有时候要扩大到有关的第三方（外部组织）用户。

1.　信息安全教育的对象

信息安全涉及的面非常广，除自然科学外，还涉及社会科学的很多学科，包括计算机、通信网络、密码学、电磁学、管理学、审计学及法学等，而且正在形成一个独立的新学科。学科的特点决定了信息安全教育的特点。

信息安全教育的对象，应当包括信息安全相关的所有人员，主要包括下列人员。

● 领导和管理人员。

● 信息系统的工程技术人员，包括系统研发和维护的人员。

● 一般用户。

● 计算机及设备生产厂商。

● 法律工作者。

● 其他有关人员。

2.　信息安全教育的内容

教育和培训的具体内容和要求会因培训对象的不同而不同，主要包括法规教育、安全技术教育和安全意识教育等。

（1）法规教育

法规教育是信息安全教育的核心，只要与信息系统相关的人员（包括技术人员、管理人员和领导）都应该接受信息安全的法规教育。

我国关于信息安全方面的法律较多，其中包括《中华人民共和国计算机信息系统安全保护条例》《计算机软件著作权登记办法》《计算机软件保护条例》《中华人民共和国标准化法》和《中华人民共和国保守国家秘密法》等。有关信息安全法律法规的进一步了解，可以参见与信息安全相关的法律法规。

（2）安全技术教育

信息及信息安全技术，是信息安全的技术保证。常用的信息安全技术包括：加密技术、防火墙技术、入侵检测技术、漏洞扫描技术、备份技术、计算机病毒防御技术和反垃圾邮件技术等。为了防止信息安全相关人员在操作信息系统时，由于误操作等引入安全威胁，对信息安全造成影响，应当对相关人员进行安全技术教育和培训。此外，作为安全技术教育的一部分，还必须了解信息系统的脆弱点和风险，以及与此有关的风险防范措施和技术。

（3）安全意识教育

所有信息系统的相关人员都应接受安全意识教育，安全意识教育主要包括以下内容。

● 组织信息安全方针与控制目标。

● 安全职责、安全程序及安全管理规章制度。

● 适用的法律法规。

● 防范恶意软件。

● 与安全有关的其他内容。

除了以上教育和培训，组织管理者应根据工作人员所从事的安全岗位的不同，提供必要的专业技能培训。例如，负责网络安全的人员应得到安全技术、风险评估方法、控制标准的选择与实施等方面的培训等。

为确保与信息安全有关的所有人员都能得到必要的培训，并保证培训效果，分管培训的部门应对培训活动进行策划，编制培训计划并按计划要求实施培训，培训结束后还应通过适当的方式（如考试、现场操作等）进行考核。

5.3.3　人员安全保密管理

1. 安全保密契约管理

组织要求员工在工作之前签署一份安全协定，它能保证组织成员（和合约商）充分理解政策，使他们明白要对自己的行为负责。协定应包括不泄露组织秘密、道德准则和隐私问题等。

进入信息系统工作的人员应签订保密合同，承诺其对系统应尽的安全保密义务，保证在岗工作期间和离岗后的一定时期内，均不得违反保密合同，泄露系统秘密。对违反保密合同的人员应进行惩处，对接触机密信息的人员应规定其在离岗后的某段时间内不得离境。

保密协议的目的是对信息的保密性加以说明。雇员在受雇时，应和单位签署保密协议，并将此协议作为规章制度的一部分。没有签署保密协议的临时人员或第三方在接触信息处理设备之前必须签署临时保密协议。在雇佣合同或条款发生变动时，特别是员工要离开单位或其合同到期时，要对保密协议进行审订。

2. 离岗人员安全管理

组织必须有人员调离的安全管理制度。例如，人员调离的同时马上收回钥匙、移交工作、更换口令、取消账号，并向被调离的工作人员申明其保密义务。

对于离开工作岗位的人员，要确定该工作人员是否从事过非常重要的信息方面的工作。任命或提升工作人员时，只要其涉及接触信息处理系统，特别是处理敏感信息的系统，如处理财务信息或其他高度机密的信息的系统，就需要对该员工进行信用调查。对握有大权的工作人员，更要定期开展此类信用调查。

（1）调离人员

调离岗位的人员应做到及时移交所有的系统资料，及时更换口令，重申离岗后承担的安全与保密责任和义务。

对调离人员，特别是在不情愿的情况下被调走的人员，必须认真办理手续。除人事手续外，还必须进行调离谈话，申明其调离后的保密义务，收回所有钥匙及证件，退还全部技术手册及有关材料。系统必须更换口令，取消其用过的所有账号。在调离决定通知本人的同时，必须立即或预先进行上述工作，不能拖延。

对调离人员，特别是因为不适合安全管理要求而被调离的人员，必须严格办理调离手续。

（2）解聘人员

对于因有问题而解聘的人员，应严格审查其问题，按照保密契约的规定来执行，如有触犯法律法规的行为，应进行相应处理。

小　　结

1．在我国，信息安全管理组织有 4 个层面：各部委信息安全管理部门、各省信息安全管理部门、各基层信息安全管理部门以及经营单位。其中，直接负责信息系统应用和系统运行业务的单位为系统经营单位，其上级单位为系统管理部门。

2．企业信息安全组织由信息安全决策机构、信息安全管理机构和信息安全执行机构组成。同时，企业还需要考虑与外部组织相关的信息安全管理问题。

3．人始终是影响信息安全的最大因素，人员管理必然是安全管理的关键。人员安全管理的内容包括人员安全审查、人员安全教育以及人员安全保密管理等。

习　　题

1．信息安全组织的基本任务是什么？

2．信息安全组织通常由哪些机构组成？各机构的基本任务是什么？

3．信息安全人员的审查应当从哪几个方面进行？

4．信息安全教育包括哪些方面的内容？

第 6 章

环 境 与 实 体 安 全 管 理

信息系统所面临的威胁和攻击大致可以分为两类：一类是对信息所在环境的威胁和攻击，另一类是对信息本身的威胁和攻击。

环境与实体的安全管理是指为了保障信息系统安全、可靠地运行，确保系统在对信息进行采集、传输、存储、处理、显示、分发和利用的过程中，不会受到人为或自然因素的危害而使信息丢失、泄露和被破坏，对安全区域、信息系统环境、信息系统设备以及存储媒介等进行的安全管理。

本章第一节介绍环境安全管理，包括安全区域、保障信息系统安全的环境条件、机房安全和防电磁泄漏；第二节介绍设备安全管理，包括设备的选型、检测、配置与安装、登记、使用、维修和储存管理等；第三节介绍媒介安全管理，包括媒介的分类与防护、电子文档的安全管理、移动存储介质安全管理以及信息存储与处理安全管理。

本章重点：安全区域、设备安全管理、电子文档安全管理、移动存储介质管理。

本章难点：安全区域、电子文档安全管理、移动存储介质管理。

6.1 环境安全管理

在信息安全中，环境安全是基础。如果环境安全得不到保证，信息系统遭到破坏或被人非法接触，那么其他的一切安全措施都是空中楼阁。环境安全管理就是要保证信息系统有一个安全的物理环境，充分考虑各种因素对信息系统造成的威胁并加以规避。

6.1.1 安全区域

为防止未经授权的访问，预防对信息系统的基础设施（设备）和业务信息的破坏与干扰，应对信息系统所处的环境进行区域划分，把关键的、敏感的业务信息处理设施放置在安全区域，以便使这些设施得到确定的安全保护。同时，还应当有适当的安全屏障和接入控制，从实体上对其加以保护，防止对信息系统及其信息的未经授权的访问。

1. 物理安全边界

所谓物理安全边界是指在信息系统的实体和环境这一层次上建立某种屏障，如门禁系统等。必要时需要在信息处理设施的周边建立多个安全屏障，以便实现对信息系统环境和实体的保护。事实上，每一个安全屏障即是建立了一个安全边界，安全边界内的信息处理设施因此得到了保护。

信息系统安全边界的划分和执行应考虑如下的原则和管理措施。

● 必须明确界定安全范围。

● 信息处理设施所在的建筑物或场所的周边应当得到妥善的保护，所有入口都应该实施适当的保护，以防止未经授权者进入。

- 实体和环境保护的范围应当尽可能涵盖信息系统所在的整个环境空间。
- 应按照地方、国内和国际标准建立适当的入侵检测系统，并定期检测。
- 组织管理的信息处理设施应在物理上与第三方管理的设施分开。

2. 安全区域控制

对于安全区域，必须确保只有得到授权的人才能够进入和访问。为此，应当考虑如下的管理措施。

- 应当监视进出安全区域的访问者，要把访问者进入和离开安全区域的时间记录在案。此外，还应向得到授权的访问者详细说明该安全区域的安全要求和紧急处理程序。
- 必须严格控制对敏感信息及其存储和处理程序的访问，将其限制在得到授权的用户范围内。如有必要，应当使用认证管理，如 IC 卡、证书和个人身份号码等，以便能够对所有访问进行授权和验证，同时保持对所有访问的审查跟踪。
- 应当要求所有雇员、承包方人员、第三方人员以及其他访问者佩带某种形式的可视标识。
- 第三方支持服务人员只有在需要时才能有限制地访问安全区域或敏感信息处理设施，这种访问应被授权并受到监视。
- 对安全区域的访问权要定期地予以评审和更新，并在必要时废除。

3. 安全区域及其设备的保护

（1）办公室、房间和设施保护

对于安全区域内的办公室、房间和设施，应当设计并采取物理安全措施。办公室、房间和设施的保护措施应考虑以下内容。

- 相关的健康和安全法规、标准。
- 关键设施应坐落在可避免公众进行访问的场地。
- 如果可行，建筑物要不引人注目，并且在建筑物内侧或外侧用不明显的标记给出其用途的最少指示，以标识信息处理活动的存在。
- 标识敏感信息处理设施位置的目录和内部电话簿不要轻易被公众得到。

（2）外部和环境威胁的安全防护

为防止火灾、洪水、地震、爆炸、社会动荡和其他形式的自然或人为灾难引起的破坏，应当设计和采取物理保护措施。

要考虑任何邻近区域所带来的安全威胁，例如，邻近建筑物的火灾、屋顶漏水、地下室地板渗水和附近的爆炸等。

要避免火灾、洪水、地震、爆炸、社会动荡和其他形式的自然灾难或人为灾难的破坏，应考虑以下因素。

- 危险或易燃材料应在离安全区域安全距离以外的地方存放，大批供应品（如文具）不应存放于安全区域内。
- 备份设备和备份介质的存放地点应与主要场所有一段安全的距离，以避免主要场所发生的灾难对其产生破坏。
- 应提供适当的灭火设备，并应放在合适的地点。

（3）在安全区域工作

对于在安全区域进行工作，应当设计和实施物理保护指南和措施，此时需要考虑下列原则。

- 只在有必要知道的基础上，员工才应知道安全区域的存在或其中的活动。
- 为了安全原因和减少恶意活动的机会，应避免在安全区域内进行不受监督的工作。
- 未使用的安全区域在物理上要封闭并进行周期性的检查。
- 除非授权，不允许携带摄影、视频、声频或其他记录设备，如移动设备中的照相机。

上述控制应当针对在安全区域内工作的所有人员，包括雇员、承包方人员和第三方人员。

4. 公共访问和交接区的安全

访问点（如交接区）和未授权人员可进入的其他点应加以控制，如果可能要与内部信息处理设施隔离，以避免未授权访问。关于公共访问和交接区的安全需要考虑下列原则。

- 由建筑物外进入交接区的访问应局限于已标识或已授权的人员。
- 交接区应设计成外部访问人员在无须获得对本建筑物其他部分的访问权的情况下就能进行交接工作。
- 当内部的安全界线开放时，交接区的外部安全界线应得到安全保护。
- 对于进入的资产，在从交接区运送到使用地点之前，要检查是否存在潜在威胁。
- 对于进入的资产，应按照资产管理程序在场所的入口处进行登记。
- 如果可能，进入和外出的资产应在物理上予以隔离。

6.1.2 保障信息系统安全的环境条件

1. 温度和湿度

由于构成信息系统的计算机或网络设备集成度高，对环境的要求也比较高。机房的温度过高或过低都会对系统硬件造成一定的损坏。例如，过高的温度会使电子器件的可靠性降低，还会加速磁介质及绝缘介质老化，甚至可能引起硬件的永久性损坏；太低的温度会使元器件变脆，对硬件设备也有一定影响。湿度过高，会使密封不严的元器件引起腐蚀，使电器的绝缘性下降；而湿度过低，危害更大，不单会使存储介质变形，还容易引起静电积累。

根据信息系统对温度、湿度的要求，一般将温度、湿度分为 A、B 两级，分别如表 6.1 和表 6.2 所示。机房可按某一级执行，也可按某些级综合执行。综合执行指的是一个机房可按某些级执行，而不必强求一律，如某机房根据机器要求，开机时按 A 级温度和湿度，停机时按 B 级温度和湿度执行。

表 6.1　　　　　　　　　　开机时机房内的温度和湿度要求

项目	A 级		B 级
	夏季	冬季	
温度（℃）	23±2	20±2	15～30
相对湿度（%）	45～65		40～70
温度变化率（℃/h）	<5 并不得结露		<10 并不得结露

表 6.2 停机时机房内的温度和湿度要求

项目	A 级	B 级
温度（℃）	6～35	6～35
相对湿度（%）	40～70	20～80
温度变化率（℃/h）	<5 并不得结露	<10 并不得结露

同样，媒体存放的温度和湿度条件见表 6.3。

表 6.3 媒体存放的温度和湿度要求

项目	纸媒体	光盘	磁带		磁盘
			已记录数据的	未记录数据的	
温度（℃）	6～35	6～35	<32	5～50	4～50
相对湿度（%）	40～70	20～80	20～80		8～80

2．空气含尘浓度

尘埃进入计算机设备，容易引起设备接触不良，造成机械性能下降；若是导电的尘埃进入计算机设备，则会引起短路，甚至损坏设备。一般来说，主机房内粒径大于或等于 0.5μm 的尘埃个数，应小于或等于 18 000 粒/cm^3。

3．噪声

噪声会使人的听觉下降，精神恍惚，动作失误。为了使机房的工作人员有一个良好的工作环境，一般说来，在计算机系统停机条件下，主机房内主操作员位置的噪声在应小于 68dB（A）。

4．电磁干扰

电磁干扰会使人内分泌失调，危害人的身体健康，同时，也会引起计算机设备的信号突变，使得设备工作不正常。根据美国《AD 研究报告》中的实测统计和理论分析，0.07 高斯的磁场变化就能让计算机设备有误操作，0.7 高斯的磁场变化就能让计算机设备损坏。因此，对机房的电磁脉冲辐射的防护是十分必要的。一般说来，主机房内无线电干扰场强，在频率为 0.15MHz～1000MHz 时，不应大于 126dB。主机房内磁场干扰环境场强不应大于 800A/m。

5．振动

振动会使设备接触松动，增大接触电阻，使得设备的电器性能下降，同时也会使设备的绝缘性下降。一般而言，在系统停机条件下主机房地板表面垂直及水平方向的振动加速度不应大于 500mm/s^2。

6．静电

计算机设备中的 CMOS 器件很容易被静电击穿，造成器件损坏。实践表明，静电是造成计算机损坏的主要原因。机房地面及工作台面的静电泄漏电阻应符合现行国家标准《计算机机房用活动地板技术条件》的规定。主机房内绝缘体的静电电位不应大于 1kV。主机房内应该采用活动地板，活动地板表面应是导静电的，严禁暴露金属部分。主机房内的工作台面、座椅垫套等应是导静电的，其体积电阻率为 $1.0×10^7～1.0×10^{10}Ω·cm$。主机房内的导体必须与大地可靠地连接，不能有对地绝缘的孤立导体。

工作间不用活动地板时，可铺设导静电地面。导静电地面可采用导电胶与建筑地面粘牢，导静电地面的体积电阻率应为 $1.0\times10^{7}\sim1.0\times10^{10}\Omega\cdot cm$，其导电性能应长期稳定。

导静电地面、活动地板、工作台面和座椅垫必须进行静电接地。静电接地的连接线应有足够的机械强度和化学稳定性，导静电地面和台面采用导电胶与接地导体粘接时，其接触面积不宜小于 $10cm^{2}$。静电接地可以经过限流电阻及自己的连接线与接地装置相连，限流电阻的阻值宜为 $1M\Omega$。

7. 接地

为了保证信息系统的安全和工作人员的安全，机房内必须部署接地装置。根据 GB/T 2887-2000 标准《电子计算机场地通用规范》，机房接地有以下 4 种方式。

（1）交流工作接地，接地电阻不应大于 4Ω。

（2）安全工作接地，接地电阻不应大于 4Ω。

（3）直流工作接地，接地电阻不应大于 10Ω。

（4）防雷接地，应按现行国家标准《建筑物防雷设计规范》执行。

根据 GB 50174-1993《电子计算机机房设计规范》，接地时应考虑如下原则。

（1）交流工作接地、安全工作接地、直流工作接地和防雷接地等 4 种接地适宜共用一组接地装置，其接地电阻按其中最小值确定。若防雷接地单独设置接地装置时，其余 3 种接地适宜共用一组接地装置，其接地电阻不应大于其中的最小值，并应按现行标准《建筑防雷设计规范》的要求采取防雷击措施。

（2）对直流工作接地有特殊要求，需单独设置接地装置的电子计算机系统，其接地电阻值及与其他接地装置的接地体之间的距离，应当按照计算机系统及有关规定的要求确定。

（3）计算机系统的接地应采取单点接地并宜采取等电位措施。

（4）当多个计算机系统共用一组接地装置时，宜将各计算机系统分别采用接地线与接地体连接。

6.1.3 机房安全

机房安全就是对放置信息系统的空间进行细致周密的规划，对信息系统加以物理上的严密保护，以避免存在可能的不安全因素。

1. 机房的安全等级

为了对相应的信息系统提供足够的保护而又不浪费资源，应该对机房规定不同的安全等级，相应的机房场地应提供相应的安全保护。根据 GB 9361-1988 标准《计算站场地安全要求》，计算机机房根据安全等级可分为 A、B、C 3 个基本类型。

（1）A 类：对计算机机房的安全有严格的要求，有完善的计算机机房安全措施。该类机房可以放置需要最高安全性和可靠性的系统和设备。

（2）B 类：对计算机机房的安全有较严格的要求，有较完善的计算机机房安全措施。该类机房的安全性介于 A 类和 C 类之间。

（3）C 类：对计算机机房的安全有基本的要求，有基本的计算机机房安全措施。该类机房可以存放只需要最低限度的安全性和可靠性的一般性系统。

在具体的建设中，根据信息系统安全的需要，机房安全可按某一类执行，也可按某些类综合执行。所谓综合执行是指一个机房可按某些类执行，如某机房按照安全要求可对电磁波进行 A 类防护，对火灾报警及消防设施进行 C 类防护等。

不同安全等级机房的安全要求如表 6.4 所示。

表 6.4 机房安全类别

安全项目	C 类	B 类	A 类
场地选择	-	⊕	⊕
防火	⊕	⊕	⊕
内部装修	-	⊕	Θ
供配电系统	⊕	⊕	Θ
空调系统	⊕	⊕	Θ
火灾报警及消防设施	⊕	⊕	Θ
防水	-	⊕	Θ
防静电	-	⊕	Θ
防雷击	-	⊕	Θ
防鼠害	-	⊕	⊕
电磁防护	-	⊕	⊕

其中：-表示无要求；⊕表示有要求或增加要求；Θ表示要求与前级相同。

2. 机房的安全防护

（1）防火

火灾不仅对信息系统是致命的威胁，而且会危及人的生命及国家财产安全。尤其是计算机机房，大量使用电源，防火就显得尤其重要和必要了。为了保证不发生火灾，及时发现火灾，或发生火灾后及时消防和保证人员的安全，对机房应采取严格而完善的防火措施，并建立相应的消防规章制度。

（2）防水

由于信息系统大量使用电源，出水对计算机也是致命的威胁，它可以导致计算机设备短路，从而损害设备。所以，对机房必须采取完善的防水措施。

（3）自然灾害

自然界存在着种种不可预料或者虽可预料却不能避免的灾害，如洪水、地震、大风和火山爆发等。对此，我们应该积极应对，制定一套完善的应对措施，建立合适的检测方法和手段，以期尽可能早地发现这些灾害的萌芽，采取及时的预防措施。预先制定的对策包括在灾害来临时采取的行动步骤和灾害发生后的恢复工作等。通过对不可避免的自然灾害事件制定完善的计划和预防措施，可以使系统受到的损失程度降至最低。同时，对于重要的信息系统，应当考虑在异地建立适当的备份与灾难恢复系统。

（4）其他物理安全威胁

在实际生活中，除自然灾害外，还存在种种其他的情况威胁着信息系统的物理安全。例如，通信线路被盗窃者割断，就可能导致网络中断；如果周围有化工厂，发生有毒气体泄漏，就可能会腐蚀污染计算机系统。对于以上种种威胁，安全管理人员应有一个清醒的认识，并制定相应的防护措施。

6.1.4 防电磁泄漏

电磁泄漏发射技术是信息保密技术领域的主要研究内容之一，国际上称之为 TEMPEST（Transient Electromagnetic Pulse Standard Technology）技术。美国国家安全局（NSA）和国防部（DOD）曾联合研究和开发这一项目，主要研究计算机系统和其他电子设备的信息泄露及其对策，研究如何抑制信息处理设备的辐射强度，或采取有关的技术措施使对手不能接收到辐射的信号，或从辐射的信息中难以提取出有用的信号。TEMPEST 技术是由政府严格控制的一个特殊技术领域，各国对该技术领域严格保密，其核心技术内容的密级也比较高。

1. 电磁泄漏途径和影响因素

计算机设备，包括主机、显示器和打印机等，在其工作过程中都会产生不同程度的电磁泄漏。例如，主机各种数字电路中的电流会产生电磁泄漏，显示器的视频信号会产生电磁泄漏，键盘上的按键开关会引起电磁泄漏，打印机工作时也会产生低频电磁泄漏，等等。

计算机系统的电磁泄漏有两种途径：一是以电磁波的形式辐射出去，称为辐射泄漏；二是信息通过电源线、控制线、信号线和地线等向外传导造成的传导泄漏。通常，起传导作用的电源线和地线等同时具有传导和辐射发射的功能，也就是说，传导泄漏常常伴随着辐射泄漏。计算机系统的电磁泄漏不仅会使各系统设备互相干扰，降低设备性能，甚至会使设备不能正常使用。更为严重的是，电磁泄漏会造成信息暴露，严重影响信息安全。

理论分析和实际测量表明，影响计算机电磁辐射强度的因素如下。

- 功率和频率：设备的功率越大，辐射强度越大；信号频率越高，辐射强度越大。
- 距离因素：在其他条件相同的情况下，离辐射源越近，辐射强度越大，离辐射源越远，则辐射强度越小，也就是说，辐射强度与距离成反比。
- 屏蔽状况：辐射源是否屏蔽，屏蔽情况的好坏，对辐射强度的影响很大。

2. 防电磁泄漏措施

抑制设备中的信息通过电磁泄漏的技术有两种：一是电子隐蔽技术，二是物理抑制技术。电子隐蔽技术主要是利用干扰和跳频等技术来掩饰设备的工作状态并保护信息；物理抑制技术则是抑制一切有用信息的外泄。

物理抑制技术分为包容法和抑源法。包容法主要是对辐射源进行屏蔽，以阻止电磁波的外泄传播。抑源法是从线路和元器件入手，从根本上阻止设备向外辐射电磁波，消除产生较强电磁波的根源。

信息系统在实际应用中采用的防电磁泄漏措施如下。

（1）选用低辐射设备

这是防止电磁泄漏的根本措施。所谓低辐射设备就是指经有关测试合格的 TEMPEST 设备。这些设备在设计生产时已对能产生电磁泄漏的元器件、集成电路、连接线和阴极射线管（Cathode-Ray Tube，CRT）等采取了防辐射措施，把设备的辐射抑制到了最低程度。

（2）利用噪声干扰源

噪声干扰源有两种，一种是白噪声干扰源，另一种是相关干扰器。

- 使用白噪声干扰源

使用白噪声干扰源有以下两种方法。

✓ 将一台能够产生白噪声的干扰器放在设备旁边,让干扰器产生的噪声与设备产生的辐射信息混杂在一起向外辐射,使设备产生的辐射信息不易被接收复现。

✓ 将处理重要信息的设备放置在中间,四周放置一些处理一般信息的设备,让这些设备产生的辐射信息一起向外辐射,这样就会使接收复现时难辨真伪,同样会给接收复现增加难度。

● 使用相关干扰器

这种干扰器会产生大量的仿真信息处理设备的伪随机干扰信号,使辐射信号和干扰信号在空间叠加成一种复合信号向外辐射,破坏了原辐射信号的形态,使接收者无法还原信息。这种方法比白噪声干扰源的效果好,但由于这种方法多采用覆盖的方式,而且干扰信号的辐射强度大,因此容易造成环境的电磁噪声污染。

（3）采取屏蔽措施

电磁屏蔽是抑制电磁辐射的一种方法,包括设备屏蔽和电缆屏蔽。设备屏蔽是把存放设备的空间用具有一定屏蔽度的金属网罩屏蔽起来,再将此金属网罩接地。电缆屏蔽是对设备的接地电缆和通信电缆进行屏蔽。屏蔽的效能取决于屏蔽体的反射衰减值和吸收衰减值的大小,以及屏蔽的密封程度。

（4）距离防护

由于设备的电磁辐射在空间传播时随距离的增加而衰减,因此在离设备一定距离时,设备信息的辐射场强就会变得很弱,因而无法接收到辐射的信号。这是一种非常经济的方法,但这种方法只适用于有较大防护距离的单位,如果条件许可,进行机房的位置选择时可考虑这一因素。安全防护距离与设备的辐射强度和接收设备的灵敏度有关。

（5）采用微波吸收材料

目前,国内已经生产出了一些微波吸收材料,这些材料适用不同的频率范围,并具有不同的特性,可以根据实际情况,采用相应的材料以减少电磁辐射。

3. 电磁辐射标准

了解国外的电磁辐射标准,对于引进和使用国外的 TEMPEST 设备,以及确定使用信息系统处理敏感数据时应该采取何等程度的保护措施是很有益处的。这里简要介绍一下国外的 TEMPEST 标准。

（1）美国 FCC 标准

1979 年 9 月,美国联邦通信委员会（FCC）为了减少计算机设备产生的电磁干扰,在对原来的 FCC 标准进行修改的基础上,发布了新的标准,即 FCC20780（文件号）16-J 计算机设备电磁辐射标准。

FCC 标准把计算机设备分为 A、B 两类,对这两类设备有不同的电磁辐射要求,B 类设备的电磁辐射要严于 A 类设备。

A 类设备:用于商业、工业或企事业环境中的计算机设备,不包括用于公共场所和家庭的计算机设备。

B 类设备:用于居住环境的计算机设备,但不包括计算器、电子游戏机和其他用于公共场所的电子设备。

FCC15-J 规定的计算机设备电磁泄漏和传导泄漏的极限值如表 6.5 和表 6.6 所示。

表 6.5　　　　　　　　　　　　　FCC 电磁辐射泄漏极限值

频率（MHz）	A 类（30m）	A 类（3m）	B 类（3m）
30～88	30μV/m	300μV/m	100μV/m
88～216	50μV/m	500μV/m	150μV/m
216～1000	70μV/m	700μV/m	200μV/m

表 6.6　　　　　　　　　　　　　FCC 传导泄漏极限值

频率（MHz）	A 类（μV）	B 类（μV）
0.45～1.6	6000	250
1.6～30	3000	250

FCC 还对测试方法、测试设备和调试带宽等进行了规定。测试设备包括校准过的可调半波振子天线、频谱分析仪或场强测试仪，以及一些辅助设备，如滤波器和衰减器等。在 30MHz～1000MHz 频段内测量场强时，测试设备的 6dB 带宽不应小于 100MHz。在 30MHz 以下测量传导泄漏时，测试设备的 6dB 带宽不应小于 9kHz。外场地测量时，在被测量设备断电的情况下，对外界的环境噪声电平应比该标准规定的极限值低 6dB。天线与被测量设备的距离为 3m，也可以在 3m～30m 之间进行测试。在天线距离被测量设备 10m 以内时，天线高度在 1m～4m 之间；超过 10m 时，天线高度应在 2m～6m 之间。

（2）CISPR 标准

国际无线电干扰特别委员会（CISPR）是国际电子技术委员会（IEC）的一个标准组织，该组织主要致力于制定和发展电子产品的技术标准。1984 年 7 月，CISPR 发布了信息技术设备（Information Technology Equipment，ITE）的电磁干扰标准和测试方法的第二稿，其目的在于协调美国、德国和其他国家对电子数据处理（Electronic Data Process，EDP）设备电磁干扰的规定，并推荐给世界各国使用这个标准，因此 CISPR 标准也称为 CISPR 建议。

与美国 FCC 标准一样，CISPR 把信息处理设备分为 A、B 两类，对于这两类设备有不同的辐射要求。A 类设备主要是用于商业（工业、企事业）的设备，B 类设备是用于居住环境的设备。CISPR 标准规定的电磁辐射泄漏极限值和传导泄漏极限值如表 6.7 和表 6.8 所示。

表 6.7　　　　　　　　　　　　　CISPR 电磁辐射泄漏极限值

设备类型	频率范围（MHz）	极限值（μV）	平均值（μV）
A 类	0.15～0.50	79	66
	0.50～30	73	60
B 类	0.15～0.50	66～56	56～46
	0.50～6.0	56	46
	6.0～30	60	50

表 6.8 CISPR 传导泄漏极限值

设备类型	频率范围（MHz）	极限值（μV）
A 类	0.15～0.50	30
	0.50～30	37
B 类	0.15～6.0	30
	6.0～30	27

CISPR 的测试方法与 FCC 标准的测试方法大致相同。

4. 我国的 TEMPEST 标准

我国的 TEMPEST 标准研究开始于 20 世纪 90 年代，经过这些年的发展，我国的 TEMPEST 标准也正在逐步系列化、完善化，目前已有以下标准。

● BMB1-1994《电话机电磁泄漏发射限值和测试方法》（机密级）。
● BMB2-1998《使用现场的信息设备电磁泄漏发射检查测试方法和安全判据》（绝密级）。
● BMB3-1999《处理涉密信息的电磁屏蔽室的技术要求和测试方法》（机密级）。
● BMB4《电磁干扰器技术要求和测试方法》（秘密级）。
● BMB5《涉密信息设备使用现场的电磁泄漏发射防护要求》（秘密级）。
● GGBB1-1999《信息设备电磁泄漏发射限值》（绝密级）。
● GGBB2-1999《信息设备电磁泄漏发射测试方法》（绝密级）。
● GB9254-2008《信息技术设备的无线电骚扰极限值和测量方法》。

6.2 设备安全管理

对设备的安全管理是保证信息系统安全的重要条件。设备安全管理包括设备的选型、检测、购置与安装、登记、使用、维修和储存管理等。

1. 设备选型

信息系统采用有关信息安全技术措施和采购相应的安全设备时，应遵循下列原则。

（1）严禁采购和使用未经国家信息安全测评机构认可的信息安全产品。
（2）尽量采用我国自主开发研制的信息安全技术和设备。
（3）尽量避免直接采用境外的密码设备。
（4）必须采用境外信息安全产品时，该产品必须通过国家信息安全测评机构的认可。
（5）严禁使用未经国家密码管理部门批准和未通过国家信息安全质量认证的国内密码设备。

2. 设备检测

信息系统中的所有安全设备必须是经过国家信息安全产品测评认证的合格产品，并且应该符合国家或其他相关标准的要求，其电磁辐射强度、可靠性及兼容性也应符合安全管理等级要求。

3. 设备购置与安装

购置与安装设备时，要做到以下几点。

（1）设备符合系统选型要求并获得批准后，方可购置及安装设备。
（2）凡购回的设备均应在测试环境下经过连续 72 小时以上的单机运行测试和联机 48 小

时的应用系统兼容性运行测试。

（3）通过上述测试后，设备才能进入试运行阶段，试运行时间的长短可根据需要自行确定。

（4）通过试运行的设备才能投入生产系统，正式运行。

4．设备登记

对所有设备均应建立项目齐全、管理严格的购置、移交、使用、维护、维修和报废等登记制度，并认真做好登记及检查工作，保证设备管理工作正规化。

5．设备使用管理

对设备的使用进行管理要做到以下几点。

（1）每台（套）设备的使用均应安排专人负责并建立详细的运行日志。

（2）由设备负责人负责设备的使用登记，登记内容包括运行起止时间、累积运行时数及运行状况等。

（3）由责任人负责进行设备的日常清洗及定期保养维护，做好维护记录，保证设备处于最佳状态。

（4）一旦设备出现故障，责任人应立即如实填写故障报告，通知有关人员处理。

（5）设备责任人应保证设备在其出厂标称的使用环境（如温度、湿度、电压、电磁干扰和粉尘度等）下工作。

6．设备维修管理

维修设备时，要做到以下几点。

（1）设备应有专人负责维修，并建立满足正常运行最低要求的易损件的备件库。

（2）根据每台（套）设备的资质情况及系统的可靠性等级，制定预防性维修计划。

（3）对系统进行维修时应采取数据保护措施，安全设备维修时应有安全管理员在场。

（4）对设备进行维修时必须记录维修对象、故障原因、排除方法、主要维修过程及维修有关情况等。

（5）对设备应规定折旧期，设备到了规定使用年限或因严重故障不能恢复，应由专业技术人员对设备进行鉴定和残值估价，并对设备情况进行详细登记，提出报告和处理意见，由主管领导和上级主管部门批准后方能进行报废处理。

7．设备储存管理

储存设备的要求如下。

（1）设备责任人应保证每台（套）设备在出厂标称的环境下（如温度、湿度、电压、电磁干扰和粉尘度等）储存。

（2）设备应有进出库、领用和报废登记。

（3）必须定期对储存的设备进行清洁、核查及通电检测。

（4）安全产品及保密设备应单独储存并有相应的保护措施。

6.3 媒介安全管理

信息系统的记录媒介有磁盘、磁带、半导体、光盘和纸张等。这些媒介上存储了大量的信息并可能涉及各种机密，引诱着各种犯罪分子进行盗窃、销毁、破坏或篡改。因此，信息系统实体安全中的一项重要内容是媒介的保护与管理。媒介保护与管理的目的是保护存储在媒介上的信息，确保信息不被非法窃取、篡改、破坏或非法使用。对媒介的安全保护主要包括物理上的防盗、防毁、防霉等，以及数字上的防止未授权访问。

6.3.1　媒介的分类与防护

1. 媒介记录的分类

为了对那些必须保护的记录提供足够的数据保护，而对于那些不重要的记录不提供多余的保护，应该对所有媒介记录进行评价并做出分类。信息系统的记录按照其重要性和机密程度，可分为以下 4 类。

（1）一类记录——关键性记录

这类记录对信息系统的功能来说是最重要的、不可替换的，是火灾或其他灾害发生后立即需要，但又不能再复制的那些记录。如关键性程序、主记录、设备分配图表及加密算法和密钥等密级很高的记录。

（2）二类记录——重要记录

这类记录对信息系统的功能来说很重要，可以在不影响系统最主要功能的情况下进行复制，但比较困难和昂贵。如某些重要程序、存储数据、输入及输出数据等均属于此类。

（3）三类记录——有用记录

这类记录的丢失可能会引起极大的不便，但可以很快复制。已留有备份的程序就属于此类。

（4）四类记录——不重要记录

这类记录在系统调试和维护中很少使用。

各类记录应加以明显的分类标志，例如，可以在封装上以鲜艳的颜色编码表示，也可以作磁记录标志。

2. 媒介的防护要求

所有的一类记录都应该复制，其备份应分散存放在安全的地方。二类记录也应有类似的备份和存放办法。

媒体存放的库房或文件柜应具有以下条件。

（1）存放一类、二类记录的保护设备（如金属文件柜）应具备防火、防高温、防水、防震和防电磁场的性能；三类记录应存放在密闭的金属文件箱或文件柜中。这些保护设备都应存放在库房内。密码锁应定期改变密码，密码应符合选取原则。此外，应记住密码，不要写在纸张上，以防泄漏。

（2）存放机密材料的办公室应设专人值班，检查并注意开门、关门情况，及时查看机密材料是否放入保密柜内，办公室的门、窗是否关好。

（3）媒介存放条件与计算机的正常工作条件相同，如表 6.9 所示。

表 6.9　　　　　　　　　　　　　　**媒介的存放条件**

媒介 项目	卡片	纸张	磁带		磁盘	
			有记录的	未记录的	有记录的	未记录的
温度	5～50℃	5～50℃	<32℃	5～50℃	-40～65℃	
湿度	30%～70%	40%～70%	20%～80%		8%～80%	
磁场强度	—	—	<3200 A/m	<4200 A/m	<4000 A/m	

6.3.2 电子文档安全管理

1. 电子文档的保存与维护

电子文档的特性不同于纸质档案，决定了其在保存与维护方面的复杂性。如何保存和维护电子文档，使之安全、可靠并永久处于可供使用的状态，是文档管理者需要重视并解决的问题。

（1）保证电子文档载体物理上的安全

一般情况下，电子文档是以脱机方式存储在磁、光介质上的，所以要建立一个适合于磁、光介质保存的环境，诸如温度和湿度的控制，存放载体的柜、架和库房应达到的有关标准的要求，以及远离强磁场和有害气体等。

（2）保证电子文档内容逻辑上的准确

电子文档的内容是以数码形式存储于各种载体内的，在以后的使用中，必须依赖于计算机软硬件平台将电子文档的内容还原成人们能够直接阅读的格式，这对于电子文档而言是一个较为复杂的过程。由于电子文档来自各个方面，往往是在不同的计算机系统上形成的，且在内容的格式编排上也不尽一致，这种在技术和形式上的差异，必然导致以后还原时所采用的技术与方法的不同。电子文档在形成时所依赖的技术往往是已经过时的技术，这是科技进步所带来的必然结果。因此，除对电子文档本身进行很好的保存外，还必须对其所依赖的技术及数据结构和相关定义参数等加以保存，或采用其他方法和技术加以转换，以保证电子文档内容逻辑上的准确。

（3）保证电子文档的原始性

对于一些较为特殊的电子文档，必须以原始形成的格式进行还原显示。此时可采用以下三种方法：一是保存电子文档相关支持软件，即在保存电子文档的同时，将与电子文档相关的软件及整个应用系统一并保存，并与电子文档存储在一起，以便恢复时使之按本来的面目进行显示；二是保存原始文档的电子图像；三是保存电子文档的打印输出件或制成缩微品，这是最为稳妥的保存方法。

（4）保证电子文档的可理解性

对一份电子文档的内容来说，常常存在不被人完全理解的情况。为使人们能够完全理解一份电子文档，就需要保存与文档内容相关的信息。这些信息应包括元数据、物理结构与逻辑结构的关系、相关的电子文档名称、存储位置及相互关系以及与电子文档内容相关的背景信息等。

（5）对电子文档载体进行有效的检测与维护

电子文档的载体，特别是磁性载体，极易受到保存环境的影响。因此，对所保存的电子文档载体必须进行定期检测和备份，以确保电子文档信息的可靠性。检测可以采用等距抽样或随机抽样的方式进行，样品数量以不少于 10%为宜，以一个逻辑卷为单位。首先进行外观检查，确认载体表面是否有物理损坏或变形，如外表涂层是否清洁及有无霉斑出现等。其次进行逻辑检测，采用专用或自行编制的检测软件对载体上的消息进行读写校验。通过检测发现有出错的载体，须进行有效的修正或更新。对于电子文档的检测与维护，必须进行严格的管理，因为任何一次误操作都可能使保存的电子文档遭到人为损害，甚至造成难以弥补的损失。必须建立相应的维护管理文档，对电子文档的检测、维护和备份等操作过程进行记录，避免发生人为的误操作或不必要的重复劳动。

对电子文档的有效保存与维护是一项极其重要且复杂的工作。因而，在对电子文档的保存与维护过程中，应充分考虑环境、设备、技术、人员及电子文档的特点等综合条件，来制定技术方案和工作模式，并采取有效措施，以确保电子文档的安全可靠，使其能够始终处于可准确提供使用的状态。

2. 电子文档的使用与管理

与纸质文档相比，电子文档的使用具有明显的不同，它更快捷、更方便。但是，这不仅建立在电子文档所依赖的技术上，而且必须满足必要的先决条件和采取相应管理措施才能够实现。

（1）电子文档提供使用的方法

电子文档提供使用的方法一般有 3 种，即提供备份、通信传输和直接使用。

① 提供备份

存档部门向使用者提供载体备份时，应将文件转换成通用的标准文档存储格式，由使用者自行解决恢复和显示的软硬件平台。当使用者不具备使用电子文档的软硬件平台时，也可以向这些用户提供打印件或缩微品。

② 通信传输

即用网络传输电子文档。该方法比较适合信息资源互相交流，以及向相对固定的查档单位提供文档资料，可以通过点对点转换数字通信或互联网络来实现。

③ 直接使用

使用者通过存档部门或检索机构的网络进行电子文档的查询和使用。其特点是：可为使用者提供技术支援；同通信传输相比减少了大量管理工作；可以使更多的使用者同时利用同一份电子文档。这种方法的可行性取决于文档网络系统中可供直接使用的信息资源的多少。

（2）电子文档的使用管理

电子文档提供的使用方式的多样化与所依赖技术的多样化，导致文档使用的复杂性，因此加强电子文档的使用管理就显得特别重要。使用管理的内涵很丰富，从信息安全的角度出发，主要有对用户及提供使用者的管理、对提供使用载体的管理及使用时的安全保密措施等。

① 使用权限的审核

电子文档的使用所涉及的人员包括文档载体保管人员、数据系统管理人员、使用者及维护操作人员等。他们各自的工作性质和责任均不相同，因而对其进行使用权限审核是十分必要的。审核应由文档使用的决策者执行。首先，要根据各人员的级别和层次进行使用权限的认定，并依此向文档使用系统注册登录；在使用过程中，由系统自动判定当前使用者身份的合法性及其所使用功能的范围，并由系统自动对其使用各种功能操作的路径进行跟踪与记录；对涉及使用未经授权的功能，应能拒绝响应并给予告警提示。其次，在电子文档存储载体的使用上，要根据电子文档内容的密级和开放程度，来确定其使用控制程度，在使用中依据使用者的背景情况和使用目的来决定对他的授权。

② 备份的提供与回收

提供电子文档备份是一种主要的文档使用方式，但必然会带来使用时间与使用地点的分散，如果管理不好，将会造成文档信息无原则的散失，因此必须采取有效的措施和方法，对其进行严格管理。应当依据使用者的需求并在确认使用权限后进行备份操作。原则上尽量避免把载体上存储的电子文档信息全部复制，并要通过技术手段防止所提供备份的再复制。除经过编辑公开发行的电子出版物外，对那些提供使用的备份必须进行回收。要有完善的备份提供手续，提供者和使用者双方应对提供备份的内容进行确认，并对使用载体的类型、数量、使用时间、最后回收期限及双方责任人等情况进行登记。对回收的备份应消除其信息内容。

③ 使用中的安全措施

电子文档在使用中的保密与安全是十分重要的，而且与纸质档案相比，更加难以控制。因此，在电子文档的使用中，应特别注意以下 5 个方面。

● 所采用的使用方式，应视使用者的情况而定，不能无原则地向所有使用者提供全部使用方式。

● 依据电子文档内容的密级层次，进行有效管理。一般情况下，对于内容不是完全开放的电子档案，不宜用备份的方式提供使用。对于备份操作，必须在有效的监控下进行。

● 采用通信传输或直接使用等方式时，对有密级的信息内容要进行加密处理，并对所使用的密钥进行定期或不定期更换。

● 系统应对电子文档使用的全过程进行有效的跟踪监控，并自动进行相关记录，作为对使用情况进行查证的依据。

● 使用文档的系统应有较强的容错能力，避免由于误操作而带来的不可挽回的损失。

对电子文档的使用与管理是信息安全管理中的重要课题，只有做好这方面的工作，才能准确、快捷、安全和完整地向用户提供各种方式的信息服务，满足用户的需求。

3. 电子文档传输安全

电子文档的传输与纸质文件有所不同，就目前的计算机和通信技术来说，电子文档的传输主要有两种方式。

一种是利用存储介质传输。这里所说的存储介质包括磁盘和光盘等。传输前先把电子文档复制到存储介质上，利用人力送到目的地。这种方式只是利用了计算机的存储和读取技术，传送方式与纸质文档并没有本质的区别。

另一种方式是利用计算机网络技术进行传输。网络技术使得计算机的应用领域和作用有了质的飞跃，也使电子文档的传输具有纸质文档不可比拟的优点，如文档传输不再受地理和人力的限制，传输速度也是纸质文档不可想象的。根据传输区域的大小，网络传输方式又可以分为局域传输和远程传输。局域传输主要应用于单位内部，利用局域网技术实现，其特点是传输速度快，对于一些有实时要求的用户来说非常适合。远程传输是利用远程网络技术进行信息的传输，这种技术得到越来越广泛的应用，特别是互联网技术的发展使得文档的异地传输变得简单易行。

利用网络进行电子文档的传输得到了越来越广泛的应用，给人们的日常工作带来了越来越大的好处。但随着应用范围的扩大，也暴露出一些技术上的问题：一是文档传输中的安全问题，文档在传输过程中，数据很容易被他人窃取。对于一些高度机密的文档，这无疑是一个值得认真对待的问题。目前比较可行的方法是在文档传输前把数据加密，文档到达目的地后再进行解密，这样即使在传输中数据被窃取了，攻击者也无法直接使用。二是电子文档传输所使用的设备可能会携带病毒，对接收单位的计算机可能造成破坏。这个问题一直受到人们的密切关注，目前主要的解决方法是在计算机上安装防病毒软件，自动对来自网络上的文件进行病毒检测。三是电子文档的合法性问题。纸质文档上的单位盖章和领导签字，是有法律效力的，而电子文档的签名（即"数字签名"）目前并不完全被档案部门和其他法律部门认可。

4. 保证电子文档安全的技术措施

信息安全技术对于维护电子文档的原始性和真实性至关重要。目前这方面的技术主要有以下几种。

（1）签名技术

对电子文档进行签名的目的在于证实该份文件确实出自发送者，其内容没有被他人进行任何改动。电子文档的签名技术一般包括证书式数字签名和手写式数字签名。

证书式数字签名的原理是，发方利用自己的私钥对发出的文件进行加密处理，生成数字签名，与文件一起发出，同时还带有一个可使其生效的公开密钥。收方使用发方的公开密钥和特定的计算方法解密并检验数字签名，如计算结果有效，那么便有充足的理由相信这份文件确实来自发方，并且这份文件的内容没有被人改动过。手写式数字签名是将专门的软件模块嵌入文字处理软件中，作者使用光笔在计算机屏幕上签名，或使用一种压敏笔在手写输入板上签名，显示出来的"笔迹"如同纸质文件上的亲笔签名一样。然后由计算机数字转换器捕获手写签名，同时对电子文档的内容和结构等进行打包处理。

采用证书式数字签名前需要在专门的技术管理机构登记，这种机构通常称为"数字证书认证中心""数字证书授权机构"或"数字认证中心"等。它的职能是在其管辖的数字协议下对用户的有效身份进行认证，向用户发放有限期的密钥和数字证书等。

（2）加密技术

采用加密技术可以确保电子文档内容的非公开性。电子文件的加密方法有很多种，在当前的传输安全中通常采用双钥体制进行加密。网络中的每一个加密通信参与者拥有一对密钥：一个是可以公开的加密密钥，一个是严格保密的解密密钥。发方使用收方的公开密钥加密并发文，收方使用只有自己知道的解密密钥解密。这样任何人都可以利用公开密钥向收方发文，而只有收方才能解密这些加密的文件。由于加密和解密使用不同的密钥，因此第三者很难从截获的密文中解出原文来，这对于传输中的电子文档具有很好的保护效果。在存储过程中通常采用密文存储，通过加密算法转换、附加密码和加密模块等方法来实现。

（3）身份认证

为了防止无关人员进入系统对文件或数据进行访问，有些系统需要对用户进行身份认证，如银行系统使用用户密码进行认证，文件管理系统使用管理员账号进行认证等。最常用的方法是给每个合法用户一个由数字、字母或特定符号组成的"口令"（Password），代表该用户通行的身份。当用户要求进入系统访问时，首先输入自己的口令，计算机自动将这个口令与存储在机器中有关该用户的其他资料进行比较验证，如果验证其为合法用户，可接受其进入系统对相关的业务进行访问；如果验证不合格，该用户就会被拒绝进入系统。近年来，随着信息安全技术的发展，出现了诸如一次性口令、IC 卡识别、USB Key 以及生物特征识别等新的身份认证技术和手段。

（4）防火墙

防火墙在某个机构的内部网络和外界网络之间设置障碍，阻止对内部信息资源的非法访问，也可以阻止敏感信息、机密信息和专利信息等从该机构的内部网络上非法输出。防火墙是网络上的一道关卡，可以控制进、出两个方向的通信。防火墙的安全保障能力仅限于网络边界，它通过网络通信监控系统监测所有通过防火墙的数据流，凡符合事先制定的安全策略的信息就允许通过，不符合的就拒之墙外，使被保护的网络不受侵犯。

上述技术措施对于保证电子文档内容的真实、可靠，保证电子文档在存储和传输过程中的安全和保密，防范对于电子文档的非法访问和随意改动，都具有重要作用。随着这些技术的成熟、普及和新技术的出现，电子文档的原始性和真实性可以得到更加可靠的认定和更为有效的保障。

5. 保证电子文档安全的管理措施

在电子文档的形成、处理、收集、积累、整理、归档、保管和使用等各个环节，都存在信息篡改、丢失和被破坏的可能性，因此建立并执行一整套科学、合理和严密的管理制度，从每一个环节消除导致信息失真的隐患，对于维护电子文档的原始性和真实性是十分重要的。维护电子文档安全的管理措施涉及从电子文档形成、处理、收集、积累、整理和归档，到电子文档的保管和使用的全过程，可以称为"电子文档全过程管理"。电子文档的管理不仅注重每个阶段的结果，也重视每项工作的具体过程，并把这些过程一一记录下来，其中有关维护其信息安全方面的主要要求如下。

（1）电子文档的制作过程要责任分明

制作人员应对其制作的文件负有全责，在制作文件或大型设计项目时，应注意划清参与人员的责任范围。一般来说，非相关人员不能进入其他人的责任范围，需要时可以允许以只读形式调阅，以防由于误操作和有意删改等原因造成文档信息的改变。

（2）电子文档形成后应及时进行积累，以防发生信息损失和变动

业务活动中形成的公文性电子文档一经定稿就不得进行任何修改，电子文档的更改要经过必要的批准手续。收集积累过程中的一切变更都应记录在案。对收集积累起来的电子文档要有备份。

（3）建立和执行科学的归档制度

归档时应对电子文档进行全面、认真的检查，在内容方面检查归档的电子文档是否齐全、完整、真实可靠；相应的机读目录、伺服软件和其他说明是否一同归档；归档的电子文档是否是最终版本，电子文档是否反映产品定型技术状态的版本或本阶段产品技术状态的最终版本；电子文档与相应的纸质或其他载体文档的内容及相关说明是否一致，软件产品的源程序与文本是否一致等。在技术方面应检查归档电子文档载体的物理状态、有无病毒和读出信息的准确性等。

（4）建立和执行严格的保管制度

归档电子文档应使用光盘作为存储介质，对所有归档的电子文档应进行写保护处理，使之置于只读状态。在对电子文档进行整理或因软硬件平台发生改变而对电子文档实行格式转换时，要特别注意防止转换过程中的信息失真。对电子文档要定期进行安全性和有效性检查，发现载体或信息有损伤时，应及时采取维护措施，进行修复或备份。

（5）加强对电子文档使用活动的管理

电子文档入库载体不得外借，只能以备份的形式提供使用。对电子文档的使用者实行使用权限控制，防止无关人员对电子文档系统的非法访问，防止使用过程中泄密和损伤信息。

（6）建立电子文档管理的记录系统

电子文档形成后因载体转换和格式转换而不断改变自身的存在形式，如果没有相关信息

可以证实文档的内容没有发生任何变化，人们是无法确认它的真实性的。因此，应该为每一份电子文档建立必要的记录，记载文件的形成、管理和使用情况，用这些记录来证实电子文档内容的真实性。

国际档案理事会电子文档委员会制定的《电子文档管理指南》中指出，有两类相关信息应当记录和保存。一类是"元数据"，即关于电子文档的技术数据。元数据有助于说明电子文档的内容、结构和上下文关系。另一类是"背景信息"，即关于电子文档业务和行政背景方面的数据。背景信息有助于说明文档的真实性，并能帮助文档使用者理解文档的内容。记录系统应该具有实时记录的功能，随时将需要保留的信息记录下来。由于这种"跟踪记录"具有原始性，因此它可以成为证实电子文档真实可靠的有效依据。对于从收集积累阶段就在网络系统上运行的电子文档，可通过自动记录系统记录有关信息；对于以介质方式收集积累的电子文档，还要辅以必要的人工记录。

6. 系统文档的安全管理

系统文档可能包含了多种敏感信息和信息系统的关键信息，例如应用软件运行、程序、数据结构和授权程序等的描述信息。为了保护这些文档免受未授权访问的侵害，应采取以下的管理措施。

- 系统文档应当存放在安全的地方，并有专人管理。
- 系统文档的访问列表应当保持在相对小的范围内（例如采用最小特权策略）。
- 对于需要在网络上进行传输和处理的系统文档应当提供妥当的保护。

6.3.3 移动存储介质安全管理

移动存储介质包括磁带、磁盘、移动磁盘、可移动硬件驱动器、CD、DVD 和打印的介质。目前信息网络广泛采用 USB 磁盘、移动硬盘等移动存储介质进行数据交换，但却缺乏对移动存储介质的有效管理手段，这将给信息安全管理带来严重威胁和麻烦。基于移动存储介质的安全威胁传播快、危害大，而且有很强的隐蔽性和欺骗性，因此，应当对移动存储介质进行有效的安全管理。

对于移动存储介质的管理应当考虑以下策略。

- 对从组织取走的任何可重用的介质中的内容，如果不再需要，应使其不可重用。
- 如果需要并可行，对于从组织取走的所有介质应要求授权，所有这种移动的记录应加以保持，以保持审核踪迹。
- 要将所有介质存储在符合制造商说明的安全和保密的环境中。
- 如果存储在介质中的信息使用时间比介质生命周期长，则要进行信息备份存储，以避免由于介质老化而导致信息丢失。
- 应考虑对移动存储介质的登记和移动存储使用监控，以减少数据丢失的机会。
- 只应在有业务要求时，才使用移动存储介质。

6.3.4 信息存储与处理安全管理

信息的存储与处理应当规范化，以便保护这些信息免于未经授权的泄露或误用。信息存储与处理的规范应当与信息的分类相一致。对于信息的存储与处理应当考虑以下管理措施。

- 按照所显示的分类级别，处理和标识所有存储介质。

- 对未经授权的人员进行访问限制。
- 维护一份对获取授权的数据接收者的正式记录。
- 确保输入数据的完整性，并确认输入数据的有效性。
- 敏感数据应输出到具有相应安全级别的存储介质上。
- 存储介质应存放在符合制造商要求的环境中。
- 数据分发量及范围应尽可能小。
- 清晰地标识数据的所有备份，以引起授权接收者的关注。
- 定期复查信息发送表和得到授权的信息接受者的列表。

小　　结

1. 在信息系统安全中，环境安全是基础。环境安全就是要保证信息系统有一个安全的物理环境，充分考虑各种因素对信息系统造成的威胁并加以规避。

2. 为防止未经授权的访问，预防对信息系统的基础设施（设备）和业务信息的破坏与干扰，应对信息系统所处的环境进行区域划分，把关键的、敏感的业务信息处理设施放置在安全区域，以便使这些设施得到确定的安全保护。

3. 为了保证信息系统安全，应当从温度和湿度、空气含尘浓度、噪声、电磁干扰、振动、静电以及接地等方面来保证环境条件。

4. 机房安全就是对放置信息系统的空间进行细致周密的规划，对信息系统加以物理上的严密保护，以避免存在可能的不安全因素。

5. 电磁泄漏发射技术是信息保密技术领域的主要研究内容之一，国际上称之为 TEMPEST 技术。抑制信息系统设备中信息通过电磁泄漏的技术有两种：一是电子隐蔽技术，二是物理抑制技术。

6. 对设备的安全管理是保证信息系统安全的重要条件。设备安全管理包括设备的选型、检测、购置与安装、登记、使用、维修和储存管理等几个方面。

7. 媒介保护与管理的目的是保护存储在媒介上的信息不被非法窃取、篡改、破坏或非法使用。对媒介的安全保护主要包括物理上的防盗、防毁、防霉等，以及数字上的防止未授权访问。

8. 电子文档的特性不同于纸质档案，决定了其在保存与维护方面的复杂性。如何保存和维护电子文档，使之安全、可靠并永久处于可准确提供使用的状态，是文档管理者需要重视、解决的问题。

9. 基于移动存储介质的安全威胁传播快、危害大，而且有很强的隐蔽性和欺骗性，因此，应当对移动存储介质进行有效的安全管理。

10. 信息的存储与处理应当规范化，以便保护这些信息免于未经授权的泄露或误用。

习　　题

1. 什么是物理安全边界？信息系统安全界线的划分和执行应考虑哪些原则和管理措施？

2. 为了保证信息系统安全，应当从哪些方面来保证环境条件？

3．根据 GB 9361-1988 标准《计算机场地安全要求》，计算机机房的安全等级分为哪几个基本类型？分别具有怎样的安全要求？

4．信息系统在实际应用中采用的防泄露措施主要有哪些？

5．设备安全管理包括哪些方面？

6．媒介保护与管理的目的是什么？

7．信息系统的记录按其重要性和机密程度可分为哪几类？

8．保证电子文档安全的技术措施有哪些？

9．对于移动存储介质的管理应当考虑哪些策略？

10．对于信息的存储与处理应当考虑哪些管理措施？

第 7 章

系统开发安全管理

信息系统是以人为主导，利用计算机硬件、软件、网络通信设备、其他实体环境及实现技术，进行信息的采集、传输、存储、加工、更新与维护，以提高用户工作效益和效率为目的，支持用户管理决策、控制和运作的集成化的人机系统。

系统开发安全管理是指对信息系统获取的管理，主要包括系统选购与系统开发的安全管理。系统的获取过程直接影响到系统自身的质量和安全性，以及使用系统进行信息处理的安全性，因此，对系统的获取过程实施安全管理，是保证系统安全可靠的关键。

本章首先介绍系统的安全需求分析和安全规划，然后介绍系统选购安全管理，最后介绍系统开发安全管理，最后介绍基于 SSE-CMM 的信息系统开发管理。

本章重点：系统安全需求分析、系统安全规划、系统开发安全管理。

本章难点：系统开发安全管理。

7.1 系统安全需求分析

对系统进行安全需求分析，了解系统面临的安全问题和安全环境，是对系统的获取进行安全管理的前提。

7.1.1 系统分类

根据目标、系统类型以及系统服务对象的不同，信息系统主要分为以下几种类型。

（1）业务处理系统：业务处理系统是支持或替代工作人员完成某种具体工作业务所使用的系统，如 POS 业务终端、自动柜员机、单位（或部门）使用的报表数据处理系统，以及为单位部门主管服务的信息支持系统等。

（2）职能系统：职能系统是应用于完成部门职能工作所使用的系统，如市场系统、财务系统、生产系统和人事系统等。

（3）组织系统：组织系统是应用于行政管理部门或某一行业领域的信息管理系统，如政府机关系统和行业领域的企业系统等。

（4）决策支持系统：决策支持系统是一个含有知识型和职能化处理程序的系统，用于支持、辅助用户的决策管理，如专家系统、决策支持系统和人工智能支持系统等。

7.1.2 系统面临的安全问题

1. 影响系统可靠性的因素

系统的可靠性分为两类，即软件可靠性与硬件可靠件。软件可靠性是指软件满足用户功能需求的性能度和软件在规定环境下的故障率。硬件可靠性是指软件运行的计算机系统整体环境的支持度和性能度。硬件可靠性是软件可靠性实现的必要条件，是系统可靠性的基本保证。

在系统中，和设计相关的变化程度是影响系统可靠性及开发质量的一个主要因素，包括任务的变化程度、开发人员的变化程度以及可能影响到系统设计开发的根本性变化。尤其人员的变化可能会对系统安全开发过程和系统运行安全造成重大影响。因此，一个完善的系统开发过程必须具有对变化进行安全有效管理的能力。变化管理对系统可靠性至关重要。

另一个重要的因素是系统项目规划的质量。一个好的系统规划虽不能完全保证达到预期目标，但能够有效降低系统失败的风险。项目规划的影响因素主要包括目标错误、定义分析不明确、缺乏沟通、项目不具体、缺乏主管支持、用户参与不够、系统设计有缺陷、测试与实施不力和缺乏安全保密等。

软件中可能出现的错误主要是指软件差错，即软件开发各阶段存在的人为错误，如需求分析定义错误、设计错误、编码错误、测试错误和文档错误等。错误引入软件的方式可归纳为两种特性，即程序代码特性和开发过程特性。程序代码的一个最直观的特性是长度，另外还有算法和语句结构等，程序代码越长，结构越复杂，其可靠性也越难保证。开发过程特性包括采用的工程技术和使用的工具，也包括开发者个人的业务经验和水平等。此外，系统对非法输入的容错能力等也会影响可靠性。

通过以上分析，提高系统可靠性，保证系统安全就要加强变化管理、提高规划质量、减少软件错误和提高系统容错能力。

2. 系统面临的技术安全问题

我们所讲的系统，是处于网络开放环境的系统。对于网络环境下的安全问题，国际著名的网络安全研究公司 Hurwitz Group 得出以下结论：在考虑信息安全问题的过程中，应主要考虑以下 5 个方面的问题——网络是否安全，操作系统是否安全，用户是否安全，应用程序是否安全以及数据是否安全。目前，这个五层次的网络系统安全体系理论已得到了国际网络和信息安全界的广泛承认和支持，很多安全厂商均已将这一安全体系理论应用在其产品之中。

（1）网络安全性

网络是系统中连接服务器、客户端及其他设备的基础，是业务系统正常运行的首要保证。从管理的角度看，网络可以分为内部网（Intranet）与外部网（Extranet）。网络的安全涉及内部网的安全保证以及两者之间连接的安全保证。

目前，使用比较广泛的网络安全技术包括防火墙、网络管理和通信安全技术。

● 防火墙技术（Firewall）：是内部网与外部网之间的"门户"，对两者之间的交流进行全面管理，以保障内部和外部之间安全、通畅的信息交换。防火墙采用包过滤、电路网关、应用代理、网络地址转化、病毒防火墙及邮件过滤等技术，对进出内部网络的数据和访问进行控制，实现对内部网络的安全保护，同时能够对详细网络的访问。

● 网络管理技术（Network Management）：对内部网络进行全面监控，具有展示拓扑、管理流量和故障报警等功能。网络管理系统对整个网络状况进行智能化的检测，以提高网络的可用性和可靠性，从而在整体上提高网络运行的效率，降低管理成本。

● 通信安全技术（Communication Security）：为网络间的通信提供安全的保障，加强通信协议上的管理。在具体应用上，通信安全技术表现在对电子邮件的加密、建立安全性较高的电子商务站点、建设可靠性高的电子企业虚拟网（VPN）等。

（2）系统安全性

系统的安全管理围绕着系统硬件、系统软件及系统上运行的数据库和应用软件来采取相应的安全措施。系统的安全措施将首先为操作系统提供防范性好的安全保护伞，并为数据库和应用软件提供整体性的安全保护。在系统这一层，具体的安全技术包括病毒防范、风险评估、非法入侵的检测及整体性的安全审计。

● 病毒防范（Virus Detection and Prevention）：系统性的病毒防范不仅仅针对单个的计算机系统，也增加了对网络病毒的防范，即在文件服务器、应用服务器和网络防火墙上增加防范病毒的软件，把防毒的范围扩大到网络里的每个系统。

● 风险评估（Risk Assessment）：其主要功能是检查出系统的安全漏洞，同时对系统资源的使用状况进行分析，以找出系统最需要解决的问题。在系统配置和应用不断改变的情况下，系统管理员需要定期对系统、数据库和系统应用进行安全评估，以便及时采取必要的安全措施，对系统实施有效的安全防范。

● 入侵检测（Intrusion Detection）：一方面通过实时的监视和主动的漏洞检测，堵住"黑客"入侵的途径；另一方面设置伪装的安全陷阱，诱惑"黑客"来攻击，从而捕捉"黑客"对系统侵犯的证据。

● 安全审计（Centralized Auditing）：定期地对分布的系统安全措施实施情况进行检查，并对所产生的安全报告进行综合审计。

（3）用户安全性

用户账号无疑是系统和计算机网络里最大的安全弱点。获取合法的账号和密码是"黑客"攻击网络系统最常使用的方法。用户账号的涉及面很广，包括网络登录账号、系统登录账号、数据库登录账号、应用登录账号、电子邮件账号、电子签名和电子身份等。因此，用户账号的安全措施不仅包括技术层面上的安全支持，还需在企业信息管理的政策方面有相应的措施，只有双管齐下，才能真正有效地保障用户账号的保密性。管理方面，企业可以采取的措施包括划分不同的用户级别、制定密码政策（例如密码的长度、密码定期更换、密码的组成等）、对人员的流动采取必要的措施以及对人员进行安全教育和培训。安全技术方面，针对用户账号安全性的技术包括用户分组管理、唯一身份和用户认证。

● 用户分组管理（User/Group Administration）：为不同用户组的成员赋予不同的权限，设置相应的管理策略（Policy），使用户在网络和系统资源的使用上有不同的限制。用户分组管理是很多操作系统都支持的用户管理方法。

● 唯一身份（Single Sign-On）：保证用户在企业计算机网络里任何地方都使用同一个用户名和密码。无论是登录网络、系统、数据库还是应用，用户都只使用一个用户名。这样一来系统就能准确地确认用户并对用户的行为加以监控，在网络系统里对用户的信息访问进行统一管理。

● 用户认证（Authentication）：对用户登录方法进行限制。这就使检测用户唯一性的方法不仅局限于用户名和密码，还可以包括用户拨号连接的电话号码、用户使用的终端和用户使用的时间等。在用户认证时，通过使用多种密码，能够进一步加强用户唯一性的确认程度。固定密码、动态密码和人体生物特征（如指纹等）的综合使用能精确地确认用户。

（4）应用程序安全性

在这一层中我们需要回答的问题是：是否只有合法的用户才能够对特定的数据进行合法

的操作？

这涉及两个方面的问题：一是应用程序对数据的合法权限；二是用户对应用程序的合法权限。应用和数据上的安全措施是为了确保专门的应用只能被授权的用户使用，专用的数据只能被专人访问。不同级别的用户在使用应用和访问数据时得到的权限也不同。使用访问控制与授权是实现这个目的较常用的两项技术。

● 访问控制（Access Control）：是整个系统安全的核心机制。利用策略（Policy）和角色（Role）在用户（User）、职能（Function）、对象（Object）、应用条件（Condition）之间建立统一而完善的管理。实现"什么人，在什么条件下，对什么对象，有什么工作职能权限"的管理目标。

● 用户授权（Authorization）：使用访问控制列表（Access Control List）等机制，对用户的访问权限进行管理。用户授权常常与账号安全中的用户认证技术集成在一起，即在对用户作认证之后，根据授权策略为用户授权。认证和授权的紧密结合，为系统的用户访问安全提供了完善的安全保障。

（5）数据安全性

数据的安全性所要回答的问题是：机密数据是否处于机密状态？

在数据的保存过程中，机密的数据即使处于安全的空间，也要对其进行加密处理，以保证万一数据失窃，偷盗者（如网络黑客）也读不懂其中的内容。这是一种比较被动的安全手段，但往往能够收到最好的效果。

数据的保密是许多安全措施的基本保证。目前常见的加密技术有对称加密和不对称加密两种。对称加密算法包括美国数据加密标准 DES（后被高级加密标准 AES 所替代）、Triple-DES、变长度密钥的 RC4 和 RC5 以及瑞士人发明的 128 位密钥的 IDEA 等。非对称加密技术包括广泛使用的 RSA 加密算法，结合对称加密和非对称加密的 PGP 等。

3. 系统面临的社会安全问题

在实际应用中，系统设计不当，不正确操作或自然、人为破坏都会给系统造成负面影响，同时，还存在一些潜在的社会安全问题。

（1）系统的浪费和失误

系统的浪费和失误是造成系统安全问题的一个主要原因，也是系统安全管理的一个重要方面。系统浪费存在于各类用户中，会直接影响用户的投入产出效益比。导致浪费的主要原因是对系统和资源的管理不善。

失误主要是指由于人为因素造成的系统失败、错误和其他与安全有关的系统问题，这些问题会导致系统运行结果无效，给用户带来更大的风险。

（2）计算机犯罪

利用计算机犯罪比较独特且难以防范，计算机既是犯罪的工具又是犯罪的目标，具有双重性。作为工具，可以用于非法获取系统内有价值的信息、利用有害软件攻击其他用户的计算机系统以及编造虚假无效的结果报告等。作为目标，包括用户系统被非法访问使用、数据信息被破坏和修改、计算机设备被盗窃以及软件被非法复制等。

国家及管理部门应建立健全的计算机和信息安全领域的法律及管理条例，利用法律严惩罪犯。同时，用户自身加强安全管理及防范措施，积极主动配合安全部门防范、打击计算机犯罪。

另外，应当利用安全保密技术对系统进行额外的保护控制。如设计开发用于保护自身系统和数据信息安全的专用软件和专门设备，开发研究防范、抵御和侦测计算机犯罪的技术及方法等。

（3）道德问题

随着信息和网络技术的发展，道德、伦理和法律在信息社会起着越来越重要的作用。道德和伦理问题也得到越来越多的重视，道德是关于对或错的信念，是由一系列规则组成的历史习俗。伦理是信念、标准和理想的框架标准，它渗透到个人、群体和社会中。法律是一种概括、普遍、严谨的行为规范；而道德和伦理一般无确切的规定，因而有关这方面的教育具有重要的作用。

信息技术对社会影响所产生的道德问题主要涉及隐私问题、正确性问题和存取权限问题等。在所有这些方面，信息技术均有有利的一面和不利的一面。作为管理者或安全负责人，应当使负面影响降到最低，使受益尽量提高。

对于信息系统而言，隐私问题要建立一定的标准，应当确立关于个人或单位信息发布和存储的安全保障条件或条例。正确性问题应指定或确认负责保证信息权威性、可信性和正确性的机构或个人，监测错误并解决问题；所属权问题和存取权限问题应当健全用户权限管理制度，制定系统及信息的安全保障条件。

道德问题和法律问题不同，法律问题一方面要加强法律观念的教育，另一方面要严格按照法律条文执行；道德问题只能通过长期潜移默化的教育来实现，经过长期的发展形成一致观念后，再通过立法以法律形式固定下来。

7.2 系统安全规划

系统安全规划是系统获取的关键步骤。系统安全规划的主要任务是以系统安全需求分析的结果为依据，确定系统的选购与开发过程以及安全要求，为后续的系统获取过程提供指导。

7.2.1 系统安全规划原则

1. 保护最薄弱的环节

系统最薄弱部分往往就是最易受攻击影响的部分，所以系统的安全程度与最薄弱的环节密切相关，在进行系统规划时必须重点考虑可能存在的薄弱环节以及对薄弱环节的保护。

攻击者常常会设法找出最易攻击的环节，以减少攻击代价，这意味着他们将试图攻击系统中看起来最薄弱的部分，而不是比较安全的部分。例如，如果攻击者想访问在网络中传输的数据，那么他们可能将其中一个节点作为目标，试图找到诸如缓冲区溢出之类的漏洞，然后在数据加密之前或在数据解密之后查看数据。同样，攻击者通常并不攻击防火墙本身，除非防火墙上有众所周知的弱点。实际上，他们将试图突破通过防火墙可见的应用程序，因为这些应用程序通常是更容易入手的目标。

通过有效的风险分析，可以标识出系统最薄弱的组件。在系统规划和开发过程中应该首先消除最严重的风险，同时需要定义上限，将所有组件控制在可接受的风险阈值以内。

2. 纵深防御

纵深防御的思想是使用多重防御策略来管理风险，以便在一层防御不够时，另一层防御也能阻止信息的泄露。

"保护最薄弱环节"的原则适用于组件具有不重叠的安全功能的情况，但当涉及冗余的安全措施时，"纵深防御"所提供的整体保护通常比任意单个组件提供的保护要强得多。

例如，为了保护信息系统不同服务器组件间传递的数据，纵深防御会非常有用。大部分公司建立企业级的防火墙来阻止攻击者侵入，然后这些公司假定防火墙已经足够，并且让其应用程序服务器不受阻碍地同数据库交互。如果数据库中存储的数据非常重要，那么攻击者设法穿透防火墙将会带来严重后果。而如果在设置防火墙的同时，对数据也进行了加密，那么就能够在一定程度上保证在攻击者侵入的情况下也不会造成信息的泄露。

3. 故障控制

任何复杂的系统都会有故障发生，这是很难避免的，可以避免的是同故障有关的安全性问题。因此必须通过有效的故障管理，确保及时发现故障、分离故障，找出失效的原因，并在可能的情况下解决故障，避免因系统故障而导致系统安全问题的产生。

4. 最小特权

最小特权策略是指只授予主体执行操作所必需的最小访问权限，并且对于该访问权限只准许使用所需的最少时间。

最小特权策略的目的是防止权限滥用，是保护系统安全最简单和最有效的策略。

5. 风险分隔

分隔的基本思想是，如果将系统分成尽可能多的独立单元，那么就可以将对系统可能造成损害的量降到最低。

在大多数平台上，不能只保护系统的一部分而不管其他部分，如果一部分不安全，那么整个系统都不安全。有一些操作系统（如 Trusted Solaris）确实实现了一定的分隔。这些操作系统的功能被分解成一组角色，角色映射到系统中需要提供特殊功能的实体上，而角色与一组特权相关联。这种"可信的"操作系统并不是非常普遍，因为实现分隔具有一定的难度。分隔的使用必须适度，因为如果对每一个功能都进行分隔，那么系统将很难管理。

7.2.2 系统安全设计

系统设计阶段需要进行的安全性工作主要有两部分：一是验证新系统的安全模型的可行性和可信赖性，二是根据安全模型确定可行的安全实现方案。

安全模型的验证与安全模型本身的形式有关，如果形式化程度高，可以采用形式化验证技术。但大多数情况下，模型是非形式化的，在这种情况下，只能进行非形式化验证，验证的方法主要是"推敲"。不仅设计者自己需要反复推敲，而且需要请专家推敲和进行各种纸上攻击，寻找漏洞。对于案例性要求很高的信息系统（如军事信息系统和银行信息系统等），用户应该要求开发方按照安全计算机系统评价标准相应安全级别的要求建立形式化安全模型，要求设计者对模型进行严格验证。

当确认安全模型提供的安全功能是可信赖的时候，设计者应该设计出整个系统安全的实现方案，并把这些安全功能分配到相关的模块中。整个系统应该有一个安全核心模块，这个模块可以实现用户的登录、身份核查和访问控制等功能。关于案例方案及功能的分配问题应该注意以下几点。

（1）确定安全总体方案时，应合理划分哪些安全功能是由操作系统或数据库系统完成的，哪些安全功能是由信息系统自己完成的。由信息系统实现的安全功能应包括使用本系统的用户的身份核查，用户进入的功能模块、访问的内容和操作起止时间、输入输出等的审计以及对敏感模块的访问控制等。而对数据库或操作系统的访问，则可以由这些系统自身的安全机制负责。

（2）根据总体安全要求，选择相应安全级别的操作系统和数据库系统，而且两者的安全级别应该匹配，如果需要 C2 级安全，两者都应该是 C2 级的。

（3）在分配信息系统实现的安全功能时不能太分散，应该相对集中地分配到上面提到的那些敏感模块和访问控制模块中。

（4）对那些担负安全功能任务的模块的设计需要提出特别的要求，模块的封装性要好（信息隐蔽性好），任何对安全模块的调用必须通过参数传递的形式进行。在安全模块的入口处或在安全模块入口的外部设置安全过滤层，对所有对安全模块的访问加以监控。图 7.1 给出了对安全模块的访问控制示意图。

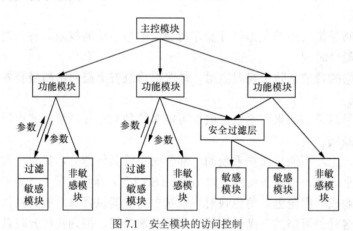

图 7.1　安全模块的访问控制

7.3　系统选购安全

7.3.1　系统选型与购置

1．系统选型应考虑的因素

在进行系统选型时，应考虑以下几个方面。

（1）系统的适用性。

（2）系统的开放性。

（3）系统的先进性。

（4）系统的商品化程度及使用的效果。

（5）系统的可靠性及可维护性。

（6）系统的性能价格比。

2．系统选型与购置的实施

从理论上来讲，需要一个标准的系统选型和购置过程，该过程应该包括下列步骤中的一部分或全部。

（1）系统选购过程

● 系统使用者从业务角度提出所需系统的采购请求。

● 系统使用者所在部门的主管从业务的角度正式批准采购请求。

● 组成系统选型购置小组进行采购。

（2）需要提供的文件

为了确保系统选购的科学和经济，应当提供以下文件以备审核和查询。

● 系统发展方针和方向：进行系统购置应当考虑的首要问题是系统的购置是否符合系统的发展方向，这个问题主要应由信息技术部门考虑。信息技术部门应该审查采购要求，以确保采购的系统符合本组织的需求。理想地说，购买的系统应该符合组织的系统发展方向的需要。

● 业务需求文件：很明显，任何组织都想购买对推进业务有帮助的系统，有些系统对本组织业务没有什么帮助，在进行采购审查时应摒弃这些系统。

● 预算文件：作为采购过程的一部分，系统选购小组必须制定充分合理的预算。

● 采购审核：当确定系统的需求后，系统使用者或使用者所在部门的主管必须审核该项采购，开列出一张可以订货的标准系统一览表，在这一系列采购项目中根据需要的程度和资金情况来安排采购顺序。

● 标准化要求：由于产品的类型不同，因此需要符合的标准也不同。

● 系统的兼容性：系统使用部门应以书面形式说明需要采购的系统是否与现有系统相匹配。需要采购的系统必须考虑与现有系统（如硬件配置、网络结构和操作系统类型等）的兼容性，以保护以往的投资。

● 选型购置小组的批准书：由选型购置小组根据系统使用部门的现有资源情况，并结合其他因素一起考虑，评估需要采购的系统的实用性和可行性，提出是否批准购买的意见，并以文件的形式提供给上级主管部门等待批准。

当这些文件都已具备，并得到有关负责人批准后，就可以开始进行系统的采购。

（3）系统供应商的选择

选择系统的供应商时应遵循以下原则。

● 在具有同样功能的条件下，寻找价格最便宜的供应商。

● 向信誉较好的系统供应商订货。

选择购置系统时，最好选择几种系统加以对比，比较之后，再对初步选择的两三种系统进行功能测试。功能测试主要是测试该系统是否能够满足用户的特殊需求。若满意程度不够，则可与系统供应商商讨提供新的解决方案。

在购置系统时，还要特别注意系统供应商对用户可提供的系统的支持程度，即系统供应商对系统升级的实际支持能力，需要对可支持的程度与系统解决方案进行综合评定，再从系统供应商选择一两种系统进行试用，把测试及试用情况报告本系统的技术负责人，由技术负责人来决定系统的选购。

（4）系统的送达

所有采购的系统应该送到单位内部负责集中采购的部门，以确保提出采购要求的部门可以得到所采购的系统，绝对不允许将系统直接送到使用者手中或送到本单位以外的其他地方。

系统送达过程应包括收到系统后立即通知采购部门，这样可以使采购部门对于没有收到的系统采取有效的措施。

（5）系统预安装

从系统送货的领域来说，应该立即送到所需部门进行预安装，建立系统档案，并将安装的情况记录、归档。由于信息系统的复杂程度日益增加，必须且只能由技术上合格的工作人员，即由技术负责人和系统供应商、系统编制人员或由他们指定的人员按照规定的步骤安装系统。

同时，还需要通过存储控制和配置管理来加强对系统安装工作的管理，以确保不会发生问题。安装人员应该对安装系统的行为负责，并且应该认真进行记录（记录系统的预安装及下载情况）和检验。

（6）系统登记

系统使用者在进行系统预安装或正式安装的同时，还应该负责更新系统登记数据库，记录预安装系统的情况。在该数据库中，应该记录以下数据。

- 系统的发布者、系统的名称、系统的版本和系统的序列号。
- 系统的许可证和系统介质存放的地方。
- 系统使用者的姓名、合同细节和存放位置。
- 安装系统的计算机编号。
- 装载系统的人员和装载系统的日期。
- 其他相关信息。

通过使用数据库来进行系统管理，当发生系统纠纷时，可以以该数据库中的数据作为依据进行调解和处理。所以，该数据库是系统管理的一个重要部分，必须得到妥善的保护。

（7）系统储藏

当订购的系统送到收货点以后，应该对送来的系统进行检查，以防止任何非订购的系统进入收货点，这对防止任何非订购系统及破坏性系统的进入是十分重要的。

已收到的但还没有打开的系统应当放在系统收货点的一个特殊位置内，而已经打开的等待领走的系统应该单独存放，进行较高级别的安全保护，防止被偷盗或损害。虽然系统不属于高危产品范围内，但某些特制的系统可能有很高的价值，另外一些系统可能有特殊的需求。因此，妥善地储藏系统以保证购买的系统不会受到像潮湿、磁场和静电等物理环境的损害是十分重要的。

7.3.2 系统选购安全控制

1. 系统选购的版本控制

版本控制是指对系统的选型、购买、使用、存取和更新升级等情况进行记录和存档，并定期对系统版本进行检查。版本控制的目的是保证所用的系统的合法性和安全性，保证系统在运行过程中不会发生故障和错误。

（1）版本控制规程

要进行系统版本控制，必须制定版本控制规程，版本控制规程一般包括以下内容。

- 版本的构成方法。
- 系统的标识方法。
- 系统的购置、存取、审批权限及其手续。

- 版本管理人员的职责。
- 版本升级和更新的审批权限及其手续，责任人及其职责。
- 定期审查版本的有效性和一致性。

（2）系统标识

为了对系统的版本进行控制，应对所有的系统进行标识。系统标识是指对各种系统成分，包括源代码、目标代码、可执行代码以及各种文档进行标识。所有被标识的成分都必须是唯一、清晰、明确的。

在日常工作中应经常审核系统版本的有效性、一致性和可跟踪性，也就是要审查系统是否满足需求，系统的实际状况是否和保存在文档中的文字描述相符合，是否可以对系统进行正向跟踪和反向跟踪。系统的状态报告应该包括系统成分的标识符、当前的版本号、系统的生成日期和生产者等。若系统已经更新，则应写明进行更新的日期、更新原因和进行更新的人员等。

（3）版本控制的实施

在开始进行版本控制时，必须收集本单位全部计算机所安装的全部系统、使用这些系统的所有特许协议原件以及与这些系统有关的证明文件。在以后定期检查系统版本时，应该完成以下工作。

- 查明计算机上加载的全部系统。
- 查明并清除计算机上加载的非法系统和不予支持的系统。
- 查明并清除计算机上加载的违反版权法和特许协议的系统。
- 查明并清除本系统不予支持的系统。

2. 系统安全检测与验收

（1）系统安全检查

一般来说，一旦系统安装到计算机上，有关人员就应该对该计算机所安装的系统定期进行检查，将检查的结果记录下来，并根据检查结果，更新组织的系统登记数据库。

系统的检查应该定期进行，以确保系统管理有效地进行，如发现违反系统特许、版权法或专利法的情况，应该进行跟踪，并根据政策规定通知有关工作人员。

如果组织可能受到恶意的攻击，则应该安装扫描设备，对购置的物品（如软件介质）进行检查和处理。

在任何情况下，应该对订单上所订购的系统与发货记录进行核对，以确保收到的所有订购系统均有正确无误的包装号。

（2）系统检测记录

在系统收货点进行检测的过程应该记录下来，该记录是对系统管理的第一次记录，以后将会有一系列更详细的记录。在这项记录中，应该包括下列内容。

- 系统的名称、版本号和序列号。
- 收到的产品的数量。
- 出版商的有关信息。
- 收到系统的日期。
- 有关购买合同的详细情况（如使用者、使用者所在部门和产品功能等）。

（3）系统安装工作规程

系统管理的关键部分是不让未授权人员进行系统的安装、移植或删除。这一点对于以计算机和网络为基础的环境特别重要，主要原因如下。

- 系统软件可能具有计算机病毒或其他恶意的代码。
- 系统软件的安装几乎都是在软件使用环境中进行的。
- 私自安装不良的软件或受限制的程序，可能对网络中的其他用户产生很大的影响。

目前，很多机构对计算机系统和网络服务的依赖性的增加，使它们比较容易受到安全的影响，因此更应该强调工作人员必须严格执行安全政策。

（4）系统安全检测的方法

一般在正式加载系统前，用户应该对系统进行检验或试验，以确定该系统和常见的应用以及其他常用的软件之间的相容性。这种方法既适用于新购置的系统，也适用于经过更新和升级的已有系统。在更新和升级之前，也应该进行安全性的检验。这种检验可以采用双份比较法来进行。

双份比较法是将系统在计算机中安装两份，正常状态下只运行一份，另一份留做备份。当正在运行的系统出现问题影响信息系统安全时，运行备份系统，将两者的结果进行比较。如果备份系统的运行同样影响信息系统的安全，就说明该系统确实存在导致信息系统故障的隐患；如果备份软件的运行不影响信息系统的安全，则将备份系统再复制一份，再进行同样的检测。

检测系统安全的另一种方法是使用安全设置支持系统检测是否存在安全隐患。安全设置支持系统能够对系统安全隐患自动进行测试，并找出系统中存在的潜在问题。一个能够有效地进行安全检测的安全设置支持系统应该具备以下功能。

- 自动生成测试数据。
- 能够以人机对话方式进行系统安全性能的测试。
- 能够提供相应的模拟程序。
- 能够提供多种方式自动查询和比较不同方案的实施结果。
- 确使进行的测试标准化和自动化，并能够对测试结果自动进行分析。

7.3.3 产品与服务安全审查

1. 审查范围

为提高网络产品和服务安全可控水平，防范供应链安全风险，维护国家安全和公共利益，对关于国家安全和公共利益的系统使用的重要技术产品和服务实施安全审查。重点审查网络产品和服务的安全性、可控性，主要包括以下内容。

（1）产品和服务被非法控制、干扰和中断运行的风险。

（2）产品及关键部件研发、交付、技术支持过程中的风险。

（3）产品和服务提供者利用提供产品和服务的便利条件非法收集、存储、处理、利用用户相关信息的风险。

（4）产品和服务提供者利用用户对产品和服务的依赖，实施不正当竞争或损害用户利益的风险。

（5）其他可能危害国家安全和公共利益的风险。

2. 审查目的与意义

国家关键网络基础设施已成为网络武器攻击的主要目标，并可能引发极为严重的灾难性后果，因此，推行网络安全审查制度对于保障国家安全具有重要意义。网络安全审查的主要目的是防止产品提供者非法控制、干扰、中断用户系统，非法收集、存储、处理和利用用户的有关信息。对网络产品和服务的提供商、运营商和服务商进行审查，还能促使企业规范行为标准，提高服务质量，进而推进信息产业更加健康有序地发展。因为网络安全审查保证了产品和服务的安全性，为公众网络信息安全提供了更深层次的保障，由此公民的个人信息和数据将不会再被泄露和恶意使用，公众也会从中受益。

7.4　系统开发安全

　　系统开发的目的是创建一个具有特定功能和性能的系统，用于完成或辅助组织的某项业务，支持组织业务目标的实现。为了保证整个组织的信息系统的安全，必须保证系统开发过程的安全，以及所开发系统的安全性。

7.4.1　系统开发原则

　　系统开发应遵循以下原则。

　　（1）主管参与：系统的开发是一项复杂和庞大的工程，它涉及日常工作的各个方面，包括开发过程中的安全管理，需要领导组织开发力量，协调各方面的关系和决策开发方案等。

　　（2）优化与创新：系统的开发必须根据实际情况分析研究先进的管理模式和处理过程，按科学管理的具体要求加以优化与创新。

　　（3）充分利用信息资源：应当减少系统的输入/输出操作，利用信息共享，深层次加工开发信息，充分发挥系统信息的作用。

　　（4）实用和时效：系统开发从方案设计到最终应用都应当是实用的、及时的和有效的。

　　（5）规范化：开发应当按照规范和标准，以工程化和结构化的技术与方法进行。

　　（6）有效安全控制：参与开发的人员应当提高安全意识，加强保密工作，防止关键技术和关键信息的泄露，及时纠正处理开发过程中存在的违法和违纪事件。

　　（7）适应发展变化：系统开发应充分考虑到未来可能发生的变化，使系统具有一定的适应性。

7.4.2　系统开发生命周期

　　系统的整个开发过程可以划分为 5 个阶段：规划、分析、设计、实现和运行。每个阶段都会有相应的期限，直至系统正式安装并实际应用。当一个系统需要进行超出维护概念的应用更改时，如因设备更新和新技术的产生，或者用户需求发生重大改变和调整而要求系统重置，这预示着原系统的生命周期趋于结束。系统开发过程的每一阶段都有一定的循环过程，在不满足用户需求或开发要求时，应返回到阶段的开始进行修改或重新设计。系统开发生命周期的各个阶段及主要工作如下。

　　1．系统规划阶段

　　根据用户的系统开发需求报告，进入用户工作的实体环境，进行初步调查，明确需求问题，确定系统实现目标和总体结构，合理划分各个阶段和实施进度，进行可行性研究，完成系统的概要设计报告。

2. 系统分析阶段

具体任务是分析用户的业务工作流程，分析用户数据信息与流程，分析系统组成功能及数据关系，提出系统的物理设计和逻辑设计，完成系统的实施方案和设计报告。

3. 系统设计阶段

最终完成系统总体结构设计、编码设计、数据结构设计、输入/输出设计、模块结构和功能设计，同时根据系统的总体设计要求，配置系统所需的硬件环境，完成系统的详细技术设计报告。

4. 系统实现阶段

由程序员进行编程工作，用户进行数据准备，培训用户系统管理人员和操作者，编制用户手册，完成系统测试报告，投入试运行。

5. 系统运行阶段

系统开发者完成系统运行最终报告，同时提供系统维护管理技术及方法，提供系统运行安全标准和要求，安装并启动系统。用户进行系统的日常运行管理、评价、监理和安全等工作，实时分析系统运行结果，对系统进行日常维护和局部调整。

7.4.3 系统开发安全控制

1. 可行性评估

可行性评估是指在当前实体环境下，评估系统开发工作必须具备的资源和条件，是否满足系统目标的实现。

系统开发可行性评估的内容一般包括目标和方案、实现技术、经济投入及社会影响 4 个方面。进行上述几方面的可行性研究，对于保证资源的合理使用、目标实现、系统安全以及避免一些不必要的失败，都是十分重要的。

可行性评估是对系统开发实施安全管理必须遵循的基本条件。

（1）目标和方案的可行性

目标和方案的可行性是指系统目标是否明确，是否符合实际，能否实现；实施方案是否切实可行，是否满足用户的实际及发展要求等。此项研究也就是评估系统的逻辑设计。这方面的评估分析是整个系统可行性分析研究的基础，其他可行性评估都是建立在这个基础上的，没有好的目标和方案评估分析，就不能完全实现其他方面的可行性研究。

（2）实现技术方面的可行性

实现技术方面的可行性就是根据目标和方案的评估分析，依据现有的技术条件，研究所提出的要求能否达到。一般来说，实现技术方面的可行性评估包括如下几个方面。

● 人员和技术力量：即现有人员及技术力量能否承担系统的开发工作，能否利用其他有实力的开发单位或技术人员。

● 组织管理：能否合理地组织人、财、物和技术进行实施，现有的管理制度和措施能否满足系统开发的要求。

● 计算机软件及硬件：计算机硬件设备及相关实体环境、性能指标和运行安全能否保障，能否充分发挥效益，各种软件是否安全可靠，开发及使用技术能否掌握等。

（3）社会及经济可行性

社会方面的可行性是指社会各方面的或者人的因素对系统的影响，比如法律条例、管理制度和安全保密等，也包括管理模式、工作方法及流程对系统运行所造成的影响。经济方面的可行性评价是指分析项目在财务上是否有意义，评价实现其所带来的经济效益。

（4）操作和进度可行性

操作可行性主要是通过逻辑和主观上的考虑，评价项目能否在客观现实中和现有条件下正常实施。进度可行性是评价项目完成所要求的合理时间期限。

2. 项目管理

项目管理是在项目实施过程中对其计划、组织、人员及相关数据进行管理和配置，进行项目实施状态的监视和完成计划的反馈。项目管理是建立在开发过程管理基础之上的一种管理。项目管理应建立科学的管理模型，利用模型反映和提供开发过程及开发活动的状态信息。

一般来说，项目是围绕某个具体目标进行的所有活动的总称，开发过程和活动是以项目为单位进行组织和管理的。提高开发过程运行效率的关键是按科学管理的要求，组建高效的开发小组，并对各小组的人员进行动态维护。

项目管理的方式是项目负责人向系统分析员授权并负责监督项目的执行情况，项目系统分析员具体执行设计任务，并在设计过程中，随时将项目执行情况向上级反馈。任务自顶向下传达，设计信息自底向上反馈，形成一个带反馈的闭环。同时项目负责人应允许项目参与者拥有一定超出范围的权责，尽量允许他们采用与项目各项指标要求一致的、自己感兴趣的有关开发方式或技术。

3. 代码审查

程序中存在各种错误与漏洞，有的是程序员无意产生的，有的则是程序员故意制造的。除了对程序员加强责任心和职业道德教育外，防止这些问题出现的最好办法是进行代码审查。假定设计阶段提供的概要设计文档和模块详细设计文档是正确的，程序员需要理解自己编程的那些模块的说明和接口要求，有可能出现程序的实现与设计文档不一致的地方。另外，也有程序员自己产生的逻辑错误。及时发现这些不一致和逻辑错误是很重要的。

软件工程的一个原则是：保证代码的正确是一组程序员的共同责任。因此，开发小组的各个成员要互相进行设计检查和代码检查（假设该小组既负责设计工作又负责编程实现）。当一个程序员完成某一部分的模块的代码编写后，应该邀请其他设计者和程序员对设计文档和代码进行检查。模块的开发者应出示所有文档资料，然后等待其他人的评论、提问和建议。

这种编程方式，称为"无私"编程。每个人都应该认识到软件产品属于整个集体，而不是某个程序员的。相互检查是为了保证最终产品的质量，不应该根据发现的错误而去责怪程序员。因为检查者本身也是设计者或程序员，他们懂得编程技术，所以他们有能力理解程序，发现其中的错误。他们知道什么代码在程序中值得怀疑，什么代码与程序不相容，什么代码有副作用。

对于安全性要求较高的系统，在整个程序开发期间，管理机构应该强调代码审查制度。严格的设计和代码审查制度能够找出系统程序的缺陷与恶意代码。虽然精明的程序员可以隐藏其中某些缺陷，但让有能力的程序员对代码进行检查，发现这种缺陷的可能性就增大了。

4. 程序测试

程序测试是使程序成为可用产品的至关重要的措施，也是发现和排除程序不安全因素最有用的手段之一。所以，测试的目的有两个，一个是确定程序的正确性，另一个是排除程序中的安全隐患。

为了发现程序错误，需要设计测试数据，每次使用的测试数据称为测试实例。如果发现了错误，说明测试实例是有效的。为了测试一个程序需要使用大量的测试实例，设计测试实例不仅需要很高的技术水平与经验，而且需要掌握一定的测试理论和测试方法，还需要了解程序的模块结构、模块的输入/输出参数以及程序的数据流和处理流（使用黑盒测试方法）。为了进行更严格的测试，甚至需要了解模块内部的代码逻辑结构（白盒测试法）。测试技术是软件工程的重要内容，此处不再赘述。

程序测试的类型通常包括以下 4 种。

（1）恢复测试

恢复测试主要检查系统的容错能力，即当系统出错时，能否在指定时间间隔内修正错误并重新启动系统。恢复测试首先要采用各种办法强迫系统失败，然后验证系统是否能尽快恢复。对于自动恢复需要验证重新初始化（Reinitialization）、检查点（Checkpointing）、数据恢复（Data Recovery）和重新启动（Restart）等机制的正确性；对于人工干预的恢复系统，还需要估测平均修复时间，确定其是否在可接受的范围内。

（2）渗透测试

渗透测试检查系统对非法侵入的防范能力。安全测试期间，测试人员模拟非法入侵者，采用各种办法试图突破防线。例如，①想方设法截取或破译口令；②专门定做软件破坏系统的保护机制；③故意导致系统失败，企图趁恢复之机非法进入；④试图通过浏览非保密数据，推导所需信息；等等。理论上讲，只要有足够的时间和资源，没有不可进入的系统。因此，系统安全设计的准则是，使非法侵入的代价超过被保护信息的价值（此时非法侵入者已无利可图）。

（3）强度测试

强度测试检查系统对异常情况的抵抗能力。强度测试总是迫使系统在异常的资源配置下运行。例如，①当中断的正常频率为每秒一至两个时，运行每秒产生 10 个中断的测试用例；②定量地提高数据输入率，检查输入子功能的反应能力；③运行需要最大存储空间（或其他资源）的测试用例；④运行可能导致缓冲区溢出、操作系统崩溃或磁盘数据剧烈抖动的测试用例；等等。

（4）性能测试

对于那些实时和嵌入式系统，软件部分即使满足功能要求，也未必能够满足性能要求。虽然从单元测试起，每一测试步骤都包含性能测试，但只有当系统真正集成之后，在真实环境中才能全面、可靠地测试运行性能，性能测试就是为了完成这一任务。性能测试有时与强度测试相结合，经常需要其他软硬件的配套支持。

测试是为了发现更多的程序错误，而不是为了证明程序是正确的，这也是设计测试实例的出发点。如果能发现更多的错误，说明测试是严格的；如果没有发现错误，也不能说程序是正确的，只能说明测试实例无效。根据测试理论，程序测试是有限的，不可能穷尽程序的所有运行状态。但测试实例应该覆盖程序中为实现其处理功能必须运行的状态和可能进入的各种状态。

可能由于思维的"惯性"，或者程序员与自己编译的程序关系太过密切，程序员很难有效地测试自己的程序，不太容易发现自己程序中的错误。有实力的组织可以建立独立的测试小组。当编程任务结束后，由程序员提供相应模块的文档资料（包括模块设计资料和代码），测试小组开始设计测试数据。如果采用黑盒测试技术，则不需要涉及源程序；如果采用白盒测试技术，则需要参照源代码。测试过程中，测试小组需要和程序员交流，对测试结果取得一致的解释。测试小组应该根据需求文档和设计文档的功能要求去测试系统，而不是根据程序员个人的说明和要求进行测试。如果没有专门的测试小组，只能由程序员互相之间进行测试，无论如何不能由程序员自己测试自己编写的代码。

从安全的角度来讲，由测试小组独立进行测试也是值得推荐的，因为程序员隐藏在系统中的某些影响安全性的因素有可能被独立测试发现。

5. 可靠性管理

信息系统作为一种特殊的商品，其开发和生产过程具有一定的特殊性。尤其是信息系统的研发过程相对复杂，而且要投入大量的人力、财力资源，但其生产和复制过程十分简单。因此，在研发及应用过程中必须加强安全监测和安全管理。加强系统开发过程中的安全管理是提高及保障系统整体可靠性的重要手段。

加强系统开发可靠性的主要方法就是在系统开发的各个环节，建立以可靠性为核心的质量标准。这个质量标准包括实现的功能、可靠性、可维护性、可移植性、安全性和吞吐率等。质量标准要求在项目规划和需求分析阶段建立。

信息系统的质量包括各类文档和编码的可读性、可靠性和正确性，以及用户需求的满足程度等。信息系统的质量，与开发过程中所采用的技术、开发人员的素质、开发组织的交流以及开发设备的利用率等因素有关。

根据检测系统的目标及结果，也可将质量标准分为动态和静态两种。静态质量通过审查开发过程的成果来确认，主要包括设计结构化程度、运行及操作简易程度和结果完整程度等内容。动态质量是通过检测运行状况来确认质量，主要包括平均故障间隔时间、故障修复时间、可用资源的利用率和系统运行安全保障率等。

根据系统开发所制定的质量标准，开发过程管理首先要明确划分各个开发阶段（需求分析、设计、测试、验收和试运行等），并通过实时质量检测来确保差错能及时排除，保证各阶段的开发质量；其次在开发过程中要实施严格的进度管理，并生成阶段质量评价报告，根据评价报告及实际反映出的情况进一步调整质量标准。

在建立质量标准之后，应设计质量报告及评价表，同时要求在整个开发过程中严格实施并及时做出质量评价，填写报告表。对负责管理、实现和验证工作的人员，以及影响质量的其他人员，应当规定其职责并进行监督。

另外，选择具有高可靠性的开发技术与方法，利用有效的项目管理工具。利用软件重用、完备测试、容错技术以及自动建立完整文档等，也对提高软件的可靠性，保证系统的开发质量，加强安全控制有很大作用。

6. 版本管理

系统开发版本管理是提高系统可靠性的重要措施，也是加强系统开发关键技术安全保密的主要措施之一。

（1）版本管理的内容

在系统生命周期内，从开始设计到最后投入使用，每个设计版本都会经历若干个阶段。因此，在设计工作过程管理中，每一个设计版本都会分别对应某一个工作状态，不同状态的版本具有不同的使用控制权限。

当系统开发者对于一个系统进行特定的性能提高或功能增加，在更新工作结束、确定保存其开发工作时，就建立和形成了系统的新版本。这个新版本作为其继续开发过程的起点，称为开发版本。开发版本是可以修改的，开发版本都保存在系统开发者自身的环境中。开发版本记录了开发人员对系统的每次修改，便于开发人员随时跟踪任何一次修改的状态。当开发过程完成时开发版本就不再变化，应当把开发版本冻结，以防修改。也可在冻结版本的基础上再开始开发过程，此时就必须在系统开发者自身环境中建立冻结版本的副本。版本管理就是要反映整个的设计过程、设计方案的比较和设计方案的多种选择等。

（2）系统开发的不同版本

系统的设计过程是系统由一个状态向另一个状态转变的过程，系统的版本以及版本的状态反映了设计过程的变迁。在具体的开发过程管理中，系统状态通常划分为四种，即工作状态、提交状态、发放状态和冻结状态，对应的版本称为工作版本、提交版本、发放版本和冻结版本。

① 工作版本：工作版本是正处于设计进行阶段的版本，是在设计者开发环境中正在进行设计开发的版本，是还不能实用的或者还没有配置好的版本。因此它是当前设计者私有的，其他用户不能被授权访问。工作版本常存在于一个专有的开发环境中，以避免它被其他人引用。

② 提交版本：提交版本是指设计已经完成，需要进行审批的版本。提交版本必须加强安全管理，不允许删除和更新，只供设计和审批人员访问。其他人员可以参阅提交版本，但不能引用。

③ 发放版本：提交版本通过所有的检测、测试和审核人员的审核和验收后，变为发放版本。发放版本又称为有用版本，有用版本也可能经过更新维护，形成新的有用版本。还要对正在设计中的版本和发放版本进行区别，版本一旦被发放，对它的修改就应被禁止。发放后的版本应归档存放，这时不仅其他设计人员，即使版本的设计者也只能查询，发放作为进一步设计的基础，不能修改。

④ 冻结版本：冻结版本是设计达到某种要求，在某一段时间内保持不变的版本。

7.4.4 系统安全验证

在系统的设计和实现过程中，以及上述过程完成以后，都需要对系统的安全性做出评价，以确定其是否可靠，是否达到了怎样的可信程度，是否适合在计算机系统环境和应用系统环境中运行使用，是否完全达到了用户的需求。所谓安全验证，就是对系统的安全性进行测试、验证，并评价其安全性所达到的程度的过程。系统安全验证的方法一般有两种，分别为系统鉴定和破坏性分析。

（1）系统鉴定

对系统进行鉴定的主要目标如下。

● 检测和发现任何形式的系统功能、逻辑或实现方面的错误。

● 通过评审验证系统的需求。

● 保证系统按预先定义的标准表示。

● 保证已获得的系统是以科学有效的方式开发的。

● 使系统更容易管理。

系统鉴定通常采用以下几种办法。

① 需求检验：通过对系统源码的检查和对运行状态的检查，证实系统确实达到了用户需求。

② 设计和编码检验：检验系统的设计和编码是否有错误或缺陷。

③ 单元和集成测试：由独立的测试人员对系统的正确性和安全性进行完全测试，测试数据应能检查每一条执行路径、每一个条件语句、每一种输入/输出状态及每个变量参数的变化。

系统测试是系统开发的一个重要环节，同时也是保证系统质量的一个重要环节。所谓测试就是用已知的输入在已知环境中动态地执行系统。测试一般包括单元测试、模块测试、集成测试和综合测试。如果测试结果与预期结果不一致，则可能是系统中存在错误。系统测试应当包括以下内容。

① 测试计划：确定测试范围、方法和需要的资源等；

② 测试过程：详细描述与测试方案有关的测试步骤和数据（包括测试数据及预期的结果）；

③ 测试结果：把每次测试运行的结果归入文档，如果运行出错，则应生成问题报告，并且必须调试解决所发现的问题。

（2）破坏性分析

破坏性分析是指组织一些在系统使用方面具有丰富经验的专家和一些富有设计经验的专家，对被测试的系统进行安全脆弱性分析，专门查找可能的弱点和缺点。一般情况下，系统最薄弱的部分是输入/输出处理、数据信息管理、误操作与系统掉电等。进行破坏性分析，往往会发现这些问题。

在实践中，常常要求系统具备以下安全特性。

● 安全方针：系统应有明确的、详细定义的安全方针和目标。

● 主体标识：每个主体必须有唯一的可信标识，以便主体在访问时进行合法性检查。

● 客体标识：每个客体都必须附有标记，指明该客体的安全级别，以便进行访问控制。

● 可查性：系统应保存有关安全的完整、可靠的记录。

● 可信性：必须有安全机制保证系统安全控制的实施，而且系统应具有能够对这些安全机制的有效性做出评价的功能。

● 持续性：实施安全的机制必须能持续工作，防止未经许可的更改。

7.4.5 系统安全维护

系统安全维护的目标是，通过各种必要的维护活动使系统持久地满足用户的需要。维护活动通常分为以下 4 类。

（1）改正性维护：诊断和改正在使用过程中发现的系统错误。

（2）适应性维护：修改系统以适应环境的变化。

（3）完善性维护：根据用户的要求改进或扩充系统使其更完善。

（4）预防性维护：修改系统为将来的维护活动做准备。

虽然没有把维护阶段进一步划分成更小的阶段，但是实际上每一项维护活动都应该经过提出维护要求（或报告问题）、分析维护要求、提出维护方案、审批维护方案、确定维护计划、修改软件设计、修改程序、测试程序和复查验收等一系列步骤。因此，维护实质上是经历了一次压缩和简化了的系统定义和开发的全过程。

1. 系统安全维护的目标

系统安全维护的目标如下。

- 在商业上提高产品的竞争力。
- 在技术上提高产品的质量。
- 对已有系统进行全部或部分改造。
- 保障和加强用户需求的实现。
- 提高系统的安全性。

2. 影响维护代价的因素

影响维护代价的因素分为技术因素和非技术因素两种。

（1）影响维护代价的技术因素

- 软件对运行环境的依赖性。由于硬件以及操作系统更新很快，因此对运行环境依赖性很强的系统也要不停地更新，维护代价就比较高。
- 编程语言。虽然低级语言比高级语言具有更好的运行速度，但是低级语言比高级语言难理解。用高级语言编写的程序比用低级语言编写的程序的维护代价要低得多（并且生产率高得多）。一般地，商业应用系统大多采用高级语言。
- 编程风格。良好的编程风格意味着良好的可理解性，可以降低维护的代价。
- 测试与改错工作。如果测试与改错工作做得好，后期的维护代价就能降低，反之维护代价就比较高。
- 文档的质量。清晰、正确和完备的文档能降低维护的代价，低质量的文档将增加维护的代价。

（2）影响维护代价的非技术因素

- 应用域的复杂性。如果应用域（系统的应用范围和边界界定）问题已被很好地理解，需求分析工作比较完善，那么维护代价就比较低，反之维护代价就比较高。
- 开发人员的稳定性。如果由开发人员对自己的程序进行维护，那么代价就比较低；如果原来的开发者已经离开，由其他人来维护程序，那么代价就比较高。
- 系统的生命周期。越是早期的程序越难维护。一般地，系统的生命周期越长，维护代价就越高；生命周期越短，维护代价就越低。
- 业务操作模式的变化对系统的影响。比如财务系统对财务制度的变化很敏感，一旦财务制度发生改变，财务系统就必须修改。一般地，业务操作模式变化越频繁，相应系统的维护代价就越高。

3. 系统安全维护注意事项

（1）维护和更改记录

在系统维护过程中，要注意对维护过程进行记录，如哪部分由谁编制、源代码或新代码等信息。

（2）更改的清除

如果维护人员接收到一个更改要求，而该更改导致程序难以理解和维护，就应要求该更改人再对其进行清理，否则不应纳入这些更改，或建议以其他方式发行，或找到其他人进行清理以保证程序的可维护性。只有当维护人员有时间、清理工作很容易且用户同意这种改进时，才能由维护人员负责清理工作。

（3）错误报告处理

一旦系统投入使用，维护人员就应开始接收错误报告。维护人员应及时修正错误，同时，维护人员应向用户提供及时的维护报告，以便用户掌握维护进度，审核批准维护方案。

（4）老版本的备份和清理

保存所有源文件的最近版本是极其重要的，应建立备份和清理档案。对那些已经过时的文件应及时删除。

4．系统安全维护的步骤

（1）报告错误

当发现模块中的错误时，可通过协同开发平台的错误跟踪工具发送错误报告。在错误报告中应包含足够多的信息供查错使用，这些信息包括发现错误的详细过程、输入/输出和运行环境（软件、硬件、版本及函数库）等。

（2）处理错误

改正在使用过程中发现的系统错误，并执行相关维护，确保系统满足用户的需求。

（3）处理错误报告

● 关闭错误报告。维护人员通过错误跟踪工具得知错误并修复错误后，应将错误报告关闭，并通知错误报告的提交人，维护人员也可在修复错误前先答复该错误报告。

● 重新打开、重新指派和处理错误。有可能将某个错误报告重新指派，或者重新打开有错误倾向且已关闭的错误报告，并在需要时修改与其相关的信息，如该错误报告从哪里来、错误级别和报告名称等。

7.5 基于 SSE-CMM 的信息系统开发管理

系统安全工程能力成熟度模型（System Security Engineering-Capability Maturity Model，SSE-CMM）的提出是为了改善安全系统、产品和服务的性能及可用性，从而满足用户对安全工程不断增长的需求。

7.5.1 SSE-CMM 概述

SSE-CMM 起源于 1993 年 4 月，美国国家安全局（NSA）对当时各类能力成熟度模型（CMM）工作状况进行研究，以判断是否需要一个专门应用于安全工程的 CMM。在这个构思阶段，NSA 确定了一个初步的安全工程 CMM 作为这个判断过程的基础。

1995 年 1 月，各界信息安全人士被邀请参加第一届安全工程 CMM 工作讨论会，来自 60 多个组织的代表肯定了对这种模型的需求。由于信息安全业界的兴趣，在会议中成立了项目工作组，这标志着安全工程 CMM 开发阶段的开始。项目工作组的首次会议在 1995 年 3 月举行。SSE-CMM 指导组织、创作组织和应用工作组织经过工作完成了模型和认定方法的工作，于 1996 年 10 月出版了 SSE-CMM 的第一个版本，于 1997 年 4 月出版了评定方法的第一个版本。1999 年 4 月 SSE-CMM 模型和相应评估方法 2.0 版发布了。2001 年，美国将 SSE-CMM 2.0

提交给 ISO JTC1 SC 27 年会，申请作为国际标准，即《ISO/IEC DIS 21827 信息技术-系统安全工程-能力成熟度模型》。2002 年，国际标准化组织正式公布了系统安全工程能力成熟度模型的标准，即 ISO/IEC 21827:2002。

1. SSE-CMM 的作用

信息安全的趋势是从保护政府保密数据转向更广泛的领域，如金融交易、契约合同和个人信息等。因此，用于维护和保护这些信息的产品、系统和服务开始迅速发展。这些安全产品和系统进入市场一般有两种途径，即通过周期长且费用昂贵的评定后进入市场和不加评价就进入市场。对于前者，安全产品无法及时进入市场来满足用户安全需求，而当进入市场后，对需要解决的威胁而言产品所具有的安全功能已经过时；对于后者，购买者和用户只能依赖于产品或系统开发者或操作者的安全说明，这会造成市场上的安全工程服务都将基于这种空洞的、无法律依据的基础。

上述情况要求组织以更成熟的方式来实施安全工程。一般来说，在安全系统、产品生产和操作过程中要求以下特性。

- 连续性：能够将以前获得的知识用于将来。
- 重复性：保证项目可成功重复实施的方法。
- 有效性：帮助开发者和评估者更有效工作的方法。
- 保证：落实安全需求的信心。

为了达到这些要求，需要有一个机制来指导组织机构去理解和改进其安全工程的实施。SSE-CMM 正是用于改进安全工程实施的现状，以达到提高安全系统、安全产品、安全工程服务的质量和可用性并降低成本的目的。

SSE-CMM 对各类组织的主要作用如下。

（1）工程组织

工程组织包括系统集成商、应用开发者、产品厂商和服务供应商。对于这些组织，SSE-CMM 的作用包括以下 3 项。

- 通过可重复和可预测的过程及实施来减少返工。
- 获得真正工程执行能力的认可，特别是在资源选择方面。
- 侧重于组织的资格（成熟度）度量和改进。

（2）获取组织

获取组织包括从内部/外部获取系统、产品和服务的组织以及最终用户。对于这些组织，SSE-CMM 的作用如下。

- 可重用的标准语言和评定方法（Request for Proposal，RFP）。
- 减少选择不合格投标者的风险（性能、成本和工期风险）。
- 进行基于工业标准的统一评估，减少争议。
- 在产品生产和提供服务过程中建立可预测和可重复级的可信度。

（3）评估机构

评估机构包括系统认证机构、系统授权机构和产品评估机构。对于这些机构，SSE-CMM 的作用如下。

- 可重用的过程评定结果，并与系统或产品变化无关。
- 在安全工程中以及安全工程与其他工程集成中的信任度。

● 基于能力的显见可信度，减少安全评估工作量。

2. SSE-CMM 的基本概念

（1）组织和项目

组织和项目这两个术语在 SSE-CMM 中使用的目的是区分组织结构的不同方面。其他结构的术语如"项目组"也存在于业务实体中，但缺乏在所有组织中可共同接受的术语。之所以选择这两个术语，是由于多数期望使用 SSE-CMM 的人们都在使用并能理解它们。

① 组织

就 SSE-CMM 而言，组织被定义为公司内部的单位、整个公司或其他实体（如政府机构或服务机构）。在组织中存在许多项目并作为一个整体加以管理。组织内的所有项目一般遵循上层管理的公共策略。一个组织机构可能由同一地方或地理上分布的项目与基础设施组成。

术语"组织"的使用意味着一个支持共同策略、业务和过程相关功能的基础设施。为了产品的生产、交付、支持及服务提供活动的有效性，必须存在一个基础设施并对其加以维护。

② 项目

项目是各种活动和资源的总和，这些活动和资源用于开发或维护一个特定的产品或提供一种服务。产品可能包括硬件、软件及其他部件。一个项目往往有自己的资金、成本账目和交付时间表。为了生产产品或提供服务，一个项目可以组成自己专门的组织，或是由组织建立项目组、特别工作组或其他实体。

在 SSE-CMM 中，过程区划分为工程、项目和组织 3 类。组织类与项目类的区分是基于典型的所有权。SSE-CMM 的项目是针对一个特定的产品，而组织结构则拥有一个或多个项目。

（2）系统

在 SSE-CMM 中，系统的内涵如下所示。

● 提供某种能力用以满足一种需要或目标的人员、产品、服务和过程的综合。

● 事物或部件的汇集形成了一个复杂或单一整体（即用来完成某个特定或一组功能的组件的集合）。

● 功能相关的元素相互组合。

一个系统可以是一个硬件产品、硬软件组合产品、软件产品或是一种服务。在整个 SSE-CMM 模型中，"系统"是指需要提交给客户或用户的产品的总和。当某个产品是一个系统时，意味着必须以规范化和系统化的方式对待产品的所有组成元素和接口，以便满足业务实体开发产品的成本、进度及性能（包括安全）的整体目标。

（3）工作产品

工作产品是指在工作过程中产生的所有文档、报告、文件和数据等。SSE-CMM 不为每一个过程区列出各自的工作产品，而是按特定的基本实施列出"典型的工作产品"，其目的在于对所需的基本实施范围作进一步定义。列举的工作产品只是说明性的，目的在于反映组织机构和产品的范围。这些典型的工作产品不是"强制"的产品。

（4）客户

客户是需要第三方为其提供产品开发或服务的个人或实体组织，客户也包括使用产品和服务的个人和实体组织。SSE-CMM 涉及的客户可以是经商议的或未经商议的。经商议是指依据合同来开发基于客户规格的一个或一组特定的产品；未经商议是指市场驱动的，即市场真正的或潜在的需求。如果一个客户代理面向市场或产品，那么这个客户代理也代表一种客户。

注意，在 SSE-CMM 环境中，使用产品或服务的个人或实体也属于客户的范畴。这是和经商议的客户相关的，因为获得产品和服务的个人和实体并不总是使用这些产品或服务的个人或实体。SSE-CMM 中"客户"的概念和使用是为了识别安全工程功能的职责，因此需要包括使用者这样的全面客户概念。

（5）过程

一个过程是指为了一个给定目的而执行的一系列活动，这些活动可以重复、递归和并发地执行。有的活动将输入工作产品转换为输出工作产品提供给其他活动。输入工作产品和资源的可用性以及管理控制制约着所允许活动的执行顺序。一个充分定义的过程包括活动定义、每个活动的输入输出定义以及控制活动执行的机制。

在 SSE-CMM 中涉及几种类型的过程，其中包括"定义"和"执行"过程。定义过程是为了组织或由组织为它的安全工程师使用而正式描述的过程，这个描述可以包含在文档或过程资料库中。定义过程是组织安全工程师计划要执行的过程；执行过程是安全工程师实际实施的过程。

（6）过程区

一个过程区（Process Area，PA）是一组相关安全工程过程的特征，当这些特征全部实施后，将能够达到过程区定义的目的。

一个过程区由基本实施（Base Practices，BP）组成。这些基本实施是安全工程过程中必须存在的特征，只有当所有这些特征全部实现后，才能满足过程区的要求。

（7）角色独立性

SSE-CMM 的过程区是由许多实施活动组成的，当把它们结合在一起时，会达到一个共同目的，但实施组合的概念并不意味着一个过程所有基本实施必须由一个个体或角色来完成。所有的基本实施均以动-宾格式构造而没有特定的主语，以便尽可能淡化一个特定的基本活动属于一个特定的角色的理解。这种描述方式可支持模型在整个组织环境中广泛应用。

（8）过程能力

过程能力是指遵循一个过程而达到的可量化范围。SSE-CMM 评定方法（SSAM）是基于统计过程控制的概念，这个概念定义了过程能力的应用。SSAM 可用于项目或组织内每个过程区能力级别的确定。SSE-CMM 的能力维为域维中安全工程能力的改进提供了指南。一个组织的过程能力可帮助预见项目目标的可能结果。

（9）制度化

制度化是建立方法、实施和步骤的基础设施和组织，即使最初定义的人已离开，制度仍会存在。SSE-CMM 的过程能力维通过实施活动、量化管理和持续改进的途径支持制度化。按照这种方式，SSE-CMM 组织明确地支持过程定义、管理和改进。制度化提供了通过完善的安全工程性质获得最大益处的途径。

（10）过程管理

过程管理是一系列用于预测、评估和控制过程执行的活动和基础设施。过程管理意味着过程已经定义好（因为无人能够预测或控制未加定义的事物），而项目或组织在计划、执行、评估、监控和校正活动中既要考虑产品相关因素，也要考虑过程相关因素。

（11）能力成熟度模型 CMM

当过程定义、实现和改进时，SSE-CMM 描述了过程进步的阶段。CMM 经过确定当前特定过程的能力和在一个特定域中识别出关键的质量和过程改进问题，来指导和选择过程改进策略。CMM 可以以参考模型的形式来指导开发和改进成熟的和已定义的过程。

CMM 也可用来评定已定义的过程的存在性和制度化，该过程执行了相关的实施。CMM 覆盖了所有用以执行特定域（如安全工程）任务的过程、也可用以覆盖确保有效的并发和人力资源使用的过程，以及将产品及工具引入适当的技术来加以生产的过程。

3. SSE-CMM 的应用

SSE-CMM 可应用于所有从事某种形式的安全工程的组织，这种应用与生命周期、范围、环境或专业无关。该模型适用于以下 3 种方式。

（1）评定：允许获取组织了解潜在项目参加者在组织层次上的安全工程过程能力。

（2）改进：使安全工程组织获得自身安全工程过程能力级别的认识，并不断改进其能力。

（3）保证：通过有根据地使用成熟过程来增加产品、系统和服务的可信度。

7.5.2 SSE-CMM 的过程

SSE-CMM 将安全工程划分为 3 个基本的过程区域，即风险、工程和保证，如图 7.2 所示。这 3 个部分共同实现了安全工程过程所要达到的安全目标，可以独立地考虑它们，但这决不意味它们之间有截然不同的区分。在最简单的级别上，风险过程识别出所开发的产品或系统的危险性，并对这些危险性进行优先级排序。针对危险性所面临的问题，安全工程过程要与其他工程过程共同确定和实施解决方案。最后，由安全保证过程来建立对最终实施的解决方案的信任并向客户转达这种安全信任。

图 7.2 安全工程过程的三个过程区域

1. 风险

安全工程的主要目标是降低风险。风险就是有害事件发生的可能性，风险评估的过程如图 7.3 所示。一个不确定因素发生的可能性依赖于具体情况，这就意味着这种可能性仅能在某种限制下预测。此外，对一种具体风险的影响的评估也要考虑各种不确定因素，就像有害事件并不一定会产生一样，因此大多数因素是不能被综合起来准确预报的。在很多情况下，不确定因素的影响是很大的，这会使对安全的计划和判断工作变得非常困难。

有害事件由 3 个部分组成，即威胁、脆弱性和影响。如果不存在脆弱性和威胁，则不存在有害事件，也就不存在风险。风险管理是调查和量化风险的过程，而且建立了组织对风险的承受级别，它是安全管理的一个重要部分。

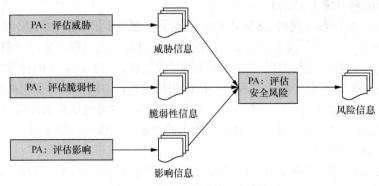

图 7.3　SSE-CMM 风险评估过程

安全措施的实施可以减轻风险。安全措施可以针对威胁、脆弱性、影响和风险自身，但并不能消除所有威胁或根除某个具体威胁，这主要是因为风险消除的代价和相关的不确定性，因此必须接受残留的风险。在存在很高的不确定性的情况下，风险不精确的本质使得接受残留的风险成为很大的难题。SSE-CMM 过程区包括实施组织对威胁、脆弱性、影响和相关风险进行分析的活动保证。

2．工程

安全工程与其他项目一样，是一个包括概念、设计、实现、测试、部署、运行、维护和退出的完整过程。工程过程如图 7.4 所示。

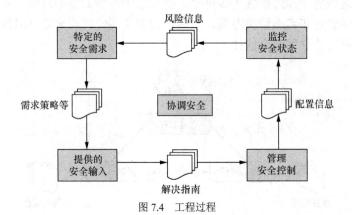

图 7.4　工程过程

在这个过程中，安全工程的实施必须紧密地与其他部分的系统工程组合作。SSE-CMM 强调安全工程师是一个大的项目队伍中的一部分，需要与其他项目工程师的活动相互协调。这会有助于保证安全成为一个大的项目过程中的一部分，而不是一个分开的独立活动。

安全工程师可以使用上述风险过程的信息和关于系统需求、相关法律和政策的其他信息，与客户一起提出安全需求。一旦需求被提出，安全工程师就可以识别和跟踪特定的安全需求。

对于安全问题，创建安全解决方案一般包括提出可能选择的方案，然后评估决定哪一种更能被接受等过程。将这个活动与后面的工程活动相结合的难点是解决方案不能只考虑安全问题，还要考虑其他因素，包括成本、性能、技术风险和是否容易使用等。这些分析也将成为安全保证结果的重要基础。

在此后生命周期的各个阶段，安全工程师根据监控到的风险来适当地配置系统，以确保新的风险不会使系统运行处于不安全状态。

3. 保证

保证是指安全需求得到满足的信任程度，它是安全工程非常重要的产品，得到保证的过程如图 7.5 所示。SSE-CMM 的信任程度来自于安全工程过程可重复性的结果质量，这种信任的基础是成熟组织比不成熟组织更可能产生重复结果的事实。

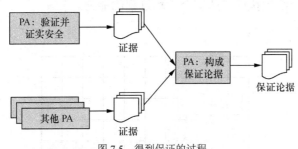

图 7.5　得到保证的过程

安全保证并不能添加任何额外的对安全相关风险的抗拒能力，但它能为安全风险控制的执行提供信心。

安全保证可以看作安全措施按照要求运行的信心，这种信心来自于正确性和有效性。正确性保证了安全措施按设计实现需求；有效性则保证了提供的安全措施可充分地满足客户的要求。安全机制的强度也会起作用，但会受到保护级别和安全保证程度的制约。

安全保证通常以安全论据的形式出现。安全论据包括一组系统性质的要求，这些要求都要有证据来支持。证据是在安全工程活动的正常过程期间获得的，一般记录在文档中。

SSE-CMM 活动本身涉及与安全相关的证据的产生。例如，过程文件能够表示开发遵循一个充分的定义、成熟的工程过程，这个过程需要进行持续改进。安全验证在建立一个可信产品或系统的过程中起主要的作用。

过程区中包括的许多典型工作产品都可作为证据或证据的一部分。现代统计过程控制表明，如果注重产品生产过程，就能够以较低的成本重复地生产出较高质量和安全保证的产品。组织实施活动的成熟能力将会对这个过程产生影响。

7.5.3　SSE-CMM 体系结构

SSE-CMM 体系结构的设计是可在整个安全工程范围内决定安全工程组织的成熟性。这个体系结构的目标是清晰地从管理和制度化特征中分离出安全工程的基本特征。为了保证这种分离，这个模型是二维的，分别为"域"（Domain）和"能力"（Capability）。

1. 基本模型

域维（Domain Dimension）或许是两个维中较容易理解的，它由所有定义安全工程的过程区构成。

能力维（Capability Dimension）代表组织能力，它由过程管理和制度化能力构成。这些实施活动被称为"公共特征"（Common Features），可在广泛的域中应用。能否执行某一个特定的公共特征是一个组织能力的标志。

通过设置这两个相互依赖的维，SSE-CMM 在各个能力级别上覆盖了整个安全活动范围。

例如，在图 7.6 中，"评估脆弱性"过程区显示在横坐标中。这个过程区代表了所有涉及安全脆弱性评估的实施活动，这些实施活动是安全风险过程的一部分。"跟踪执行"公共特征显示在纵坐标上，它代表了一组涉及测量的实施活动，这些测量相对于可用计划的过程实施活动。

因此，过程区和公共特征的交叉点表示组织跟踪执行脆弱性评估过程的能力。图 7.6 中的每一个方框表示一个组织执行某些安全工程过程的能力。

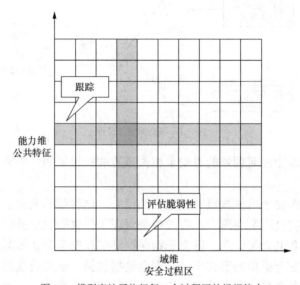

图 7.6　模型表达了执行每一个过程区的组织能力

通过这种方式收集安全组织的信息，可建立执行安全工程能力的能力轮廓。

2. 过程区

SSE-CMM 包括了 11 个安全工程过程区，这些过程区覆盖了安全工程的主要领域。安全过程区的设计是为了满足安全工程组织广泛的要求。

每一个过程区包括一组表示组织成功执行过程区的目标。每一个过程区也包括一组集成的"基本实施"（Base Practice，BP）。基本实施定义了取得过程区目标的必要步骤。

一个过程区具有以下特性。

（1）汇集一个域中的相关活动，便于使用。

（2）有关有价值的安全工程服务。

（3）可在整个组织生命周期中应用。

（4）能在多组织和多产品范围内实现。

（5）能作为一个独立过程被改进。

（6）能够由类似过程兴趣组进行改进。

（7）包括所有需要满足过程区目标的 BP。

由于一些本质相同的活动有不同的名字，因此识别安全工程的基本实施 BP 变得复杂。某些活动出现在生命周期的后期，以不同抽象层次呈现或由不同角色的个人来执行。SSE-CMM 忽略这些差别，仅仅识别基本的、好的安全工程所需要的实施集。因此，如果一个组织机构仅仅在设计阶段或在单一抽象级别上工作，则不"执行"基本实施。

一个基本实施具有以下特性。

（1）应用于整个企业生命周期。

（2）和其他 BP 不互相覆盖。

（3）代表安全业界"最佳实施"。

（4）不简单地反映当前技术。

（5）可在业务环境下以多种方法使用。

（6）不指定特定的方法或工具。

SSE-CMM 包括的过程区列举如下。注意，为了避免按生命周期或按区域方式排列各个过程区，下面的过程区是按字母顺序排列的。

（1）PA01 管理安全控制。

（2）PA02 评估影响。

（3）PA03 评估安全风险性。

（4）PA04 评估威胁。

（5）PA05 评估脆弱性。

（6）PA06 建立安全论据。

（7）PA07 协调安全性。

（8）PA08 监视安全态势。

（9）PA09 提供安全输入。

（10）PA10 确定安全要求。

（11）PA11 确认与证实安全。

3. 公共特征

通用实施按照称为"公共特征"的逻辑域组成，公共特征分为五个级别，依次表示增加的组织能力。与域维基本实施不同的是，能力维的通用实施按成熟度排序，因此表示高级别的通用实施位于能力维的高端。

公共特征设计的目的在于描述组织机构执行工作过程（即安全工程范畴）的主要特点。每一个公共特征包括一个或多个通用实施。通用实施可应用到每一个过程区（SSE-CMM 应用范畴），但第一个公共特征"执行基本实施"是个例外。其余的公共特征中的通用实施可帮助确定项目管理好坏的程度，并可将每一个过程区作为一个整体加以改进。通用实施按执行安全工程的组织特征方式分组，以突出重点。

下面的公共特征为取得每一个级别需满足的成熟安全工程属性。

● 执行基本实施。

● 规划执行。

● 规范化执行。

● 确认执行。

● 跟踪执行。

● 定义标准过程。

● 执行定义的过程。

● 协调过程。

- 建立可测量的质量目标。
- 客观地管理执行。
- 改进组织范围能力。
- 改进过程有效性。

4. 能力级别

将实施活动划分为公共特征，并将公共特征划分为能力级别的方法有很多。当一个组织希望改进某个特定的过程能力时，组织可为改进组织机构提供"能力改进路线图"。SSE-CMM 的实施按照公共特征进行组织，并按级别进行排序。

每一个过程区的能力级别的确定均需执行一次评估过程，这意味着不同的过程区能够或可能存在于不同的能力级别上。组织可利用这个面向过程的评估结果作为侧重于这些过程改进的手段。

组织机构改进过程活动的顺序和优先级应在业务目标里加以考虑，业务目标是使用 SSE-CMM 的主要驱动力。对典型的改进活动，也存在着基本活动次序和基本的原则。这个活动次序在 SSE-CMM 结构中通过公共特征和能力级别进行定义。

SSE-CMM 包含了 6 个级别，如图 7.7 所示。

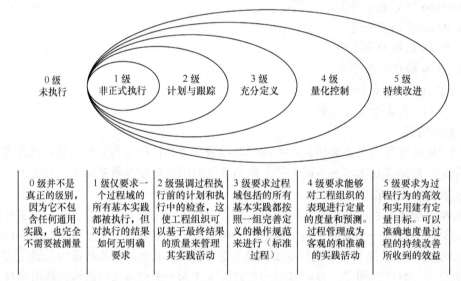

图 7.7　SSE-CMM 系统安全工程能力等级

7.5.4　SSE-CMM 的应用

1. SSE-CMM 框架

风险是发生不愿发生的事件的不确定性的客观体现。对于信息安全来说，足以成为风险的事件有 3 个组成部分：威胁、系统脆弱性和事件造成的影响。一般而言，这 3 个方面的因素必须全部存在才足以构成风险。安全机制在系统中存在的根本目的是将风险控制在可接受的程度内，因此 SSE-CMM 模型定义了 4 种风险过程，即威胁评估过程（PA04）、脆弱性评估过程（PA05）、事件影响评估过程（PA02）和安全风险评估过程（PA03）。

安全工程不是一个独立的实体，而是整个信息系统工程的组成部分，SSE-CMM 模型强调系统安全工程与其他工程的合作和协调，并定义了专门的安全协调过程（PA07）。针对工程实施管理，模型定义了安全需求过程（PA10）、安全输入过程（PA09）、安全机制过程（PA01）和系统安全态势过程（PA08）。

SSE-CMM 模型在信任度问题上强调对安全过程质量结果可重复性的信任程度。它通过现有系统安全机制正确性和有效性的测试（PA11）构造系统安全信任度论据（PA06）。

同时，SSE-CMM 模型定义了 6 个能力级别。当工程实施队伍不能执行一个过程域中的基本实践时，该过程域的过程能力是 0 级。显然，0 级不需要被测评。其他五级分别如下。

（1）1 级：非正式执行的过程。仅仅要求一个过程域的所有基本实践都被执行，而对执行的结果并无明确要求。

（2）2 级：计划并跟踪的过程。这一级强调过程执行前的计划和执行中的检查，这使得工程管理可以基于最终结果的质量来控制其实践活动。

（3）3 级：完善定义的过程。过程域的所有基本实践均应依照一组完善定义的操作规范来进行。这组规范是实施队伍根据以往的经验制订出来的，其合理性是经过验证的。

（4）4 级：定量控制的过程。能够对实施队伍的表现进行定量的度量和预测，过程管理成为客观的和准确的实践活动。

（5）5 级：持续改善的过程。为过起行为的高效和实用建立定量的目标，可以准确地度量过程的持续改善所收到的效益。

2. 应用 SSE-CMM

SSE-CMM 本身并不是安全技术模型，但它给出了信息系统安全工程需考虑的关键过程域，可指导安全工程从单一的安全设备设置转向系统地解决整个工程的风险评估、安全策略形成、安全方案提出、实施和生命周期控制等问题。

在一个安全工程实施之前，应当先使用 SSE-CMM 模型评估实施队伍在一个或若干项目中的表现。模型为每个能力级别定义了一个或多个基于过程域的共同特性。只有某一级别的所有共同特性都得到满足时，该过程的实施能力才达到对应的能力级别。如果过程域满足了 n 级的全部共同特性，但只满足 $n+1$ 级和 $n+2$ 级的部分共同特性，那么其过程能力应当为 n 级。

在执行具体项目时，实施队伍可以根据工程项目的实际需求有选择地执行某些过程域而不是全部。同样，实施队伍也可能需要执行 11 个过程域之外的关键过程。可以考虑使用取自系统工程能力成熟度模型（SE-CMM）的 11 个过程域。这 11 个过程域用于信息系统和实施队伍本身的管理，可以和 SSE-CMM 过程域配合使用。

在一个项目的初始阶段，首先根据风险过程进行风险分析和评估。实施队伍必须根据风险分析的结果和有关的系统要求，同客户一起定义系统的保护框架（Protection Profile，PP）和安全目标（Security Target，ST），此即 PA10 过程。一般由用户来定义系统的保护框架，详细说明其系统的保护需求。工程队伍依据 PP 文件制订系统的安全目标，阐述系统安全功能及信任度，并与用户的保护框架相对比，以证明该系统满足用户的需求。安全目标 ST 必须用具体语言和有力的论据来说明保护框架中的抽象描述怎样逐条地在所评估的系统中得到满足。综合考虑包括成本、性能以及使用难易程度等各种因素和替代方案之后，就可以创建出问题的解决方案（PA09 过程），同时产生一个可用于过程管理的安全基线，并尽量提高其精确度。安全基线是一个系统至少需要满足的安全目标，安全基线的实施是 SSE-CMM 模型的

PA01 过程的工程化途径。此外，还必须通过此基线状况对系统进行不间断的监控，以保证新风险不至于增大到不能接受的程度（PA08 过程）。最后对实施结果进行评定（PA11 过程），并确认其安全信任度（PA06 过程）。

总之，通过 SSE-CMM 可以将复杂的信息系统安全工程管理成为严格的工程学和可依赖的体系。SSE-CMM 是一个评估标准，它定义了实现最终安全目标所需要的一系列过程，并对组织执行这些过程的能力进行等级划分。SSE-CMM 非常适合作为评估工程实施组织能力与资质的标准，对用户组织来说，则是选择服务提供商的一个参照。

小　　结

1．根据目标、系统类型以及系统服务对象的不同，信息系统主要分为业务处理系统、职能系统、组织系统和决策支持系统等。

2．系统的整个开发过程可以划分为系统规划、系统分析、系统设计、系统实现和系统运行五个阶段。

3．系统的可靠性分为两类，即软件可靠性与硬件可靠件。

4．系统面临的技术安全问题包括网络安全、操作系统安全、用户安全、应用程序安全以及数据安全五个方面。

5．系统安全原则主要包括保护最薄弱的环节、纵深防御、保护故障、最小特权以及分隔等。

6．系统设计阶段需要进行的安全性工作主要包括两部分：一是验证新系统的安全模型的可行性和可信赖性，二是根据安全模型确定可行的安全实现方案。

7．系统选购通过版本控制、安全检测与验收等，保证所选购系统的安全性。

8．系统开发应遵循主管参与、优化与创新、充分利用信息资源、实用和时效、规范化、有效安全控制和适应发展变化等原则。

9．系统开发安全管理通过可行性评估、项目管理、代码审查、程序测试、可靠性管理及版本管理等，保证系统开发的安全。

10．系统安全验证就是对系统的安全性进行测试验证，并评价其安全性所达到的程度的过程。系统安全验证的方法一般有两种，分别为系统鉴定和破坏性分析。

11．系统安全维护的目标是，通过各种必要的维护活动使系统持久地满足用户的需要。

习　　题

1．根据目标、系统类型以及系统服务对象的不同，信息系统主要分为_____、_____、_____和_____等。

2．系统的整个开发过程可以划分为_____、_____、_____、_____和_____五个阶段。

3．系统面临的技术安全问题包括_____、_____、_____、_____和_____五个方面。

4．系统安全验证的方法一般有两种，分别为_____和_____。

5．系统安全原则包括哪些？请分别简述。

6．系统开发应遵循哪些原则？

7．系统开发生命周期包括哪些阶段，各个阶段的主要任务分别是什么？

8．系统开发可行性评估的内容一般包括哪些方面？请分别简述。

9．程序测试的目的是什么？程序测试的类型通常包括哪些？

10．系统开发过程中包括哪些不同的系统版本，分别是什么含义？

11．什么是系统安全性验证？什么是系统鉴定？什么是破坏性分析？

12．系统维护活动分为哪几种类型？请分别简述。

第 8 章

系 统 运 行 与 操 作 管 理

在当今快速发展的信息社会中，由于信息技术支持的业务活动在技术、环境和管理等方面的脆弱性不断增加，组织业务信息的安全性与业务持续性面临着各种各样的威胁。如何保障业务信息系统可靠、安全地运行，是信息安全管理要重点解决的问题。

本章首先对信息系统运行管理进行介绍，主要包括系统运行管理的目标、评价、检查、变更，以及运行管理制度构建等内容；其次介绍系统操作管理，主要涉及操作权限管理、规范管理、责任管理和监控管理等内容。

本章重点：系统运行管理、系统操作管理。

本章难点：系统运行管理、系统操作管理。

8.1 系统运行管理

要保证系统的可靠性、安全性和有效性，必须加强对系统运行的安全管理。系统运行安全管理包括系统评价、系统运行安全检查和系统变更管理等。系统运行安全管理还应建立系统运行文档和管理制度。

8.1.1 系统运行安全管理的目标

系统运行安全管理的目标是确保系统运行过程中的安全性，主要包括可靠性、可用性、保密性、完整性、不可抵赖性和可控性等几个方面。

1. 可靠性

可靠性是系统能够在设定条件内完成规定功能的基本特性，是系统运行安全的基础。可靠性表示了系统功能所能满足任务性能要求的程度，也是系统有效性的体现。可靠性是系统安全审查的最基本的目标之一。

前面章节已经指出，系统的可靠性分为两类：软件可靠性与硬件可靠性。软件可靠性是指软件满足用户功能需求的性能度和软件在规定环境下的故障率。硬件可靠性是指软件运行的系统整体环境的支持度和性能度。提高系统可靠性，从原理上保证系统安全就是要加强变化管理、提高规划质量、减少软件错误和提高系统容错能力。

2. 可用性

可用性是系统可被授权实体访问并按任务需求使用的特性。可用性是系统面向用户的安全管理特性，是系统向用户提供服务的基本功能。

系统的可用性具体是指系统无故障、不受外界影响、能够稳定可靠地运行，能够随时满足授权实体或用户的需要，它包含了实体环境的稳定性、可靠性、抗毁性和抗干扰性等。系统的可用性必须保证系统的可恢复性，以保证系统遭受各种破坏后能恢复系统运行环境，保持运行功能或在一定条件下允许系统降低运行功能。

系统的可用性还应包括识别确认身份、访问控制、信息量控制和审计跟踪等要求。

3. 保密性

保密性是系统信息不被泄露给未授权的用户、实体或任务进程，或供其利用的特性。

在系统中，应确保只有授权用户才能访问系统信息，必须防止信息的非法和非正常泄露。一般情况下，系统的保密性要对信息进行加密或隐藏保护，同时还要做到防入侵、防泄露、防篡改和防窃取。

4. 完整性

完整性是系统信息在未经授权的情况下不能被改变的特性，是一种对系统可信性及一致性的度量。

完整性是一种面向信息的安全性，它要求保持信息的原始性，即信息的正确生成、存储和传输。完整性的目的是要求信息不能受到各种原因的破坏。

系统完整性服务可以防范抵制主动攻击，使系统在信息传输、存储和交换过程中保证接收者收到的信息与发送者发送的信息完全一致，也就是要确保信息的真实性。

5. 不可抵赖性

不可抵赖性也称为不可否认性，是指在系统的信息交换中确认参与者的真实同一性，即所有参与者都不可能否认或抵赖曾经完成的操作和任务。利用信息源监控证据可以防止访问用户对信息访问或操作行为进行否认。

6. 可控性

系统可控性概括地说就是通过计算机系统、密码技术和安全技术及完善的管理措施，保证系统安全与保密核心在传输、交换和存储过程中完全实现安全审查目标。

可控性是对系统的运行及有关内容具有控制能力的特性。可控性包括对系统信息访问主体的权限划分和更换，以及对信息交换双方已发生的操作进行确认。另外，系统的可控性必须具有可审查性，即对系统内所发生的与安全有关的事件均要有运行记录。

8.1.2 系统评价

系统评价是对一个系统进行以下方面的质量检测分析：系统对用户和业务需求的相对满意程度，系统开发过程是否规范，系统功能的先进性、可靠性、完备性和发展性，系统的性能、成本、效益综合比，系统运行结果的有效性、可行性和完整性，系统对计算机系统和信息资源的利用率，提供信息的精确程度和响应速度，系统的实用性和可操作性，系统运行安全性及系统内数据信息的安全性等。

系统在投入运行后，要不断地对其运行状况进行分析评估，并将评估结果作为系统维护、更新以及进一步开发的依据。系统评价指标如下。

1. 预定的系统开发目标完成情况

- 对照系统目标和用户目标检查系统建成后的实际情况。
- 系统是否满足科学管理和安全管理的要求。
- 用户的投入是否限制在规定范围内。
- 开发过程是否规范，各阶段文档是否齐备。
- 系统的维护性、扩展性和移植性如何。
- 系统内部各类资源的使用情况。

- 实现功能与投入成本比是否在用户规定的指标范围内。

2．系统运行实用性评价

- 系统运行的稳定性和可靠性。
- 系统的安全保密性能。
- 用户对系统操作、管理和运行状况的满意程度。
- 系统对误操作的保护和故障恢复的性能。
- 系统功能的实用性和有效性。
- 系统运行结果对用户实际工作的支持程度。
- 系统运行结果的科学性和实用性分析。

3．系统对设备的影响

- 设备的运行效率。
- 数据传送、输入、输出与设备处理的速度匹配情况。
- 各类设备的负荷情况及利用率。

8.1.3 系统运行安全检查

系统运行安全检查的目的主要是保证系统正常运行，使系统始终处于稳定高效的运行状态，获得最高的使用率和安全性。

1．计算机硬件系统及实体环境安全检查

计算机硬件系统及实体环境是一切系统运行的基础，没有这个基础，就没有系统的应用，也就谈不上运行安全管理。计算机硬件系统及实体环境安全检查的主要任务如下。

- 检查计算机主机设置及所用的备份设置是否正常。
- 检查工作人员进行批处理和系统日常维护的终端设备。
- 检查网络设备及网络状态。
- 检查进入机房的人员及系统操作员，并严格区分有关人员可进入的区域。
- 检查机房环境，保证机房的温度和湿度。
- 检查电源系统的可靠性，检查防火、防水报警系统的可靠性。
- 记录计算机硬件系统及实体环境状态检查的情况，并形成日志报告。

2．系统运行安全测试

- 操作系统测试：确保系统安装运行所要求的指标以及设置参数正常有效。
- 系统安装测试：检查系统是否安装成功并达到运行指标要求。
- 系统单元测试：利用正常数据或非正常数据，测试系统每个程序的输入、输出是否成功、有效。
- 系统测试：对所有程序同时进行测试，以确保程序之间相互关系的正常有效。
- 容量测试：保证在系统所要求的常规条件下，能够处理系统设计所达到的最大任务数量。
- 综合测试：确保程序能与其他应用进行交互，并确保数据流正确有效，不会造成其他应用出现问题。
- 目标测试：根据系统或应用制定的执行目标及其他目标，检查系统是否完全满足用户的需求。

8.1.4 系统变更管理

信息系统和其他的复杂系统一样，始终处于一种不断变化的状态。无论变化是由内部因素还是外部因素导致的，系统管理员都要花费大量的时间去调查、推断和排除对系统的影响。如何迅速解决由于信息系统不断变化而产生的问题，是变更管理涉及的内容。

1. 运行同步跟踪

管理者持有信息系统各个方面的准确、及时的档案，将有助于排除故障，更有效地管理信息系统。为了维护信息系统的安全运行，需要跟踪所有变化和升级，记录系统变化前后的状态。

（1）标定基准

正确维护信息系统的第一步是标记它当前的状态。只有分析了系统当前和过去的性能，才能预测系统将来的状态。测量和记录系统当前状态的操作称为标定基准线。基准线参数包括主干网的利用率、每日每小时登录的用户数、系统上运行的协议数、错误的统计数以及系统设备被使用的频率等。

每个信息系统都要求标定它的基准线走势，测量的单元依赖于哪个功能对系统和用户的要求最苛刻。基准线参数允许将信息系统变化引起的性能变化和过去的系统状态进行比较，标定基准线是判定系统升级和改变是否对系统有损害的唯一方法。如果预先绘制了信息系统区段利用率的趋势图，就可以帮助预测重大系统变化所产生的效果。例如，系统需要升级时，它可以提供良好的分析和预测手段。

（2）资产管理

评估过程中另一个关键部分是检验和跟踪信息系统中的软硬件，这一过程被称为资产管理。资产管理的第一步是为信息系统中的每一个节点列出清单。系统软件和硬件的变化情况应该及时在资产管理数据库中进行自动或手动定期更新。另外，资产管理还应提供关于某些类型硬件或软件的花费和利益的信息。关于资产管理的详细内容可以参见 3.2 节。

（3）变化管理

对于信息系统管理和升级过程中的问题必须用管理系统进行追踪。就像资产管理系统一样，变化管理系统只有保持实时才有用处，另外还必须提供变化的时间、变化的原因和对变化的具体描述。

2. 软件修订

信息系统中软件的改变包括：补充、升级和修订。尽管对每种类型的软件的改变不同，但是通常采用如下步骤。

（1）考虑改变（不论是补充、升级还是修订）是否必要。

（2）研究改变的目的和对系统可能产生的影响。

（3）考虑改变是适合于一部分用户还是所有用户，应该集中执行还是逐个执行。

（4）如果打算实施改变，应告诉管理人员和用户，制定在非工作时间的改变进度。

（5）在做任何改变之前都要备份当前的文件系统或软件。

（6）防止用户登录正在被改动的系统或部分系统（如可以限制登录）。

（7）在安装、补充和修订时保持升级指导并按此进行。

（8）实施改变。

（9）在改变之后测试整个系统。

（10）如果修改成功，就进行系统登录，如果没成功，就恢复旧版本。

（11）修改成功后告诉管理人员和用户，如果必须恢复老版本，需告之恢复的原因。

（12）在变化管理系统中记录修改。

3. 硬件和物理设备的变更

硬件和物理设备的改变是实现系统升级的一种重要手段。为信息系统增加功能，最简单、最重要的硬件改变形式是添加更多的设备，如在主干网上增加交换机或网络打印机等。在考虑对硬件实施升级时，下面的步骤可以作为指导。

（1）考虑变化是否是必需的。

（2）研究变化对其他设备、功能和用户的潜在影响。

（3）如果计划进行改变，就通知系统管理人员和用户，并把改变安排在关机时间进行。

（4）备份当前的硬件配置。

（5）阻止用户访问正在改变的系统。

（6）阅读硬件安装指导或帮助文档。

（7）实施改变。

（8）改变完成后需要测试硬件。

（9）如果改变成功，则打开系统进行登录；如果未成功，则需要隔离该设备或重新插入旧设备。

（10）改变成功时通知系统管理人员和用户，如果不成功则需要解释原因。

（11）在管理系统中更新变更记录。

8.1.5　建立系统运行文档和管理制度

1. 建立系统设置参数文件及运行日志

系统设置参数文件是记录备案系统运行时所设定的运行参数的文件，包括系统启动文件、参数设置文件、检查记录、审计文件和口令文件等。系统设置参数文件记录备案是将系统初始状态、当前状态和各类程序运行参数设置进行安全备份，用于今后的系统运行维护、系统恢复和系统移植，也可用于对系统运行过程进行安全审查。

系统日志记录了系统运行时产生的特定事件。运行日志是确认和追踪与系统的数据处理、任务进程及资源利用有关的事件的基础，它提供系统权限检查中的问题、系统故障的发生与恢复以及系统监测等信息，同时也用于检查系统的使用情况。运行日志的设置将减少系统运行错误和非法访问、窃取信息的机会。运行日志应记录哪些项目以及记录的程度，要从系统的安全控制和用户需求这两方面来考虑。运行日志记录功能应该在系统设计时确定，一般情况下，需要记录系统运行以及与系统相关的信息。从系统运行安全考虑，记录的信息类型包括事件信息和相关要素。

● 事件信息：包括数据的输入和输出、系统文件的更新和删除、系统的启动和关闭、系统故障的发生与排除以及用户的非正常操作等。

● 相关要素：如使用系统的人、设备、软件和数据等。

运行日志记录的信息是系统管理员对访问系统的人进行安全管理控制的重要根据，从安全管理角度考虑，此类信息在设计上必须要有法律依据，同时要求设计安全完善，不能因偶发事件或有意行为而破坏运行日志。

2. 建立科学的系统运行管理制度

为了保证系统运行安全，应建立科学的管理制度。管理制度包括各种岗位制度（如系统分析员的安全职责、系统管理员的安全职责及数据信息管理员的安全职责等），操作规范制度（如系统启动和关闭的操作步骤及要求、注册及登录的操作步骤及要求等），系统维护及数据信息维护制度（如软件升级、病毒防治和数据备份制度等），此外，还包括其他一些与系统安全运行相关的制度，如机房卫生、安全、保卫制度，设备维护保养制度等。

8.2 系统操作管理

在前面章节中提到，人始终是影响信息系统安全的最大因素，人员管理必然是安全管理的关键。而人员对信息系统的操作更是会对信息系统的安全产生直接的影响。因此，对人员的操作权限进行划分和管理，确定操作责任，并对操作过程和行为进行有效监控，是保障信息系统业务持续性的重要方面。

8.2.1 操作权限管理

操作权限管理是计算机及信息系统安全的重要环节，合理规划和设定信息系统管理和操作权限在很大程度上能够决定整个信息系统的安全系数。

1. 操作权限管理方式

操作权限管理可以采用集中式和分布式两种管理方式。

所谓集中式管理就是在整个信息系统中，由统一的认证中心和专门的管理人员对信息系统资源和系统使用权限进行计划和分配。集中式管理比较容易被破解，但是集中式管理的优点也很明显。例如，用户可能有支票账户、储蓄账户、活期存款账户和线上下单的账户，也可能用他人的名义开了一个联名户头，认证中心可以很简单地将这些资料收集到一起进行集中管理。

分布式管理就是将信息系统的资源按照不同的类别进行划分，然后根据资源类型的不同，由负责此类资源管理的部门或人员为不同的用户划分不同的操作权限。使用分布式管理肯定存在一定的风险，同一个用户面对不同的信息系统资源使用的权限不同，权限显得比较分散。它的优点是可以大大减轻集中式管理给管理人员带来的巨大压力，使管理人员能够投入更大的精力去进行信息系统的其他管理工作。

2. 操作权限的划分

如何在实际工作中确保信息系统的安全可靠是信息系统建设的十分重要的课题。整个信息系统的安全规划和信息系统资源使用权限的分配具有同等重要的地位，在进行信息系统资源操作权限划分时应当遵照一定的策略和步骤，这些策略和步骤包括信息资产分类、设定安全时限、划分安全等级、确定服务方式与对象以及敏感程度等。具体的安全目标定位应根据保护对象的价值和可能遭受的威胁来决策。

3. 操作权限管理相关技术

建立完善的安全策略和执行严格的安全制度是防御内部威胁的主要着力点，同时采用多种可以针对内部威胁的安全技术能够对信息系统的安全管理提供辅助作用。

（1）防火墙技术

为中心业务处理主机、网络服务器及数据库服务器等关键设施配置防火墙，能够有效防范外部入侵与攻击威胁，保护内部网络和信息系统的安全。同时，通过防火墙的双向控制，也能够尽可能缩小内部人员的操作权限。

（2）入侵检测技术

入侵检测不仅能检测来自外部的攻击，也能有效防止内部网络出现的威胁。

（3）账号管理和访问授权技术

账号管理和访问授权技术能够集访问控制、审计、分析、评估及策略报告于一体，建立安全的账号管理体系，对各种用户的操作权限进行有效监控和管理。

（4）"三权分立"管理机制

目前的信息系统大多只为整个系统设置超级用户进行管理，这种管理方式虽然便于系统配置和维护，但也存在许多安全方面的隐患。超级用户的行为在系统中不受任何制约，其操作权限在系统中没有任何限制，可以对系统中的任何数据进行任意操作。当出现超级用户操作失误、口令丢失或黑客获得超级用户权限的情况时，系统将完全暴露在攻击者面前。"三权分立"机制以最小特权和权值分离为原则，对超级用户特权进行划分，要求由系统管理员、安全管理员和审计管理员取代系统中的超级用户共同管理系统。其中，系统管理员主要负责用户管理和系统日常运作相关的维护工作；安全管理员负责安全策略的配置和系统资源安全属性的设定；审计管理员则对系统审计信息进行管理。"三权分立"的管理机制实现了超级用户对系统正常运行的维护，可有效防止由于超级管理员权限过大而引起的安全威胁。

8.2.2　操作规范管理

整个信息系统的运行应当符合和遵循相应的规则和条例。在互联网的使用和管理方面，国家有关部门制定了《中华人民共和国计算机信息系统安全保护条例》《计算机信息网络国际联网安全保护管理办法》和《计算机信息系统国际联网保密管理规定》等一系列法律法规。

为了保障信息系统的顺利运行，除具备一定的技术条件和手段外，管理规定和技术规范也是必不可少的。企业应建立如下计算机及信息系统的管理规定：互联网使用管理规定、内部信息系统使用管理规定、计算机及信息系统病毒防范管理规定、计算机机房管理规定、操作人员使用计算机及信息系统守则、信息系统安全保密规定以及内部电子信息使用规定等。

8.2.3　操作责任管理

操作责任是指在信息系统的应用过程中，信息系统操作和使用人员在规定的权限范围内所做工作的结果和该系统运行情况对外界产生的影响的综合。

信息系统用户的责任是保护信息系统和信息的安全。在通常情况下，用户与信息系统服务提供方之间应当有严格的协议，协议内容包括双方的义务、权利和责任等。在服务方尽职尽责的情况下，如发生信息安全事件，用户就应当责任自负。例如，用户将自己的私有信息泄露，用户无意的桌面信息丢失，以及用户安全防范意识淡薄，不安装防病毒系统等。

既然保护信息安全是用户自己的责任，信息系统管理者就应当确保信息系统底层环境的畅通无阻，确保信息系统应用性能优异，确保所有信息资源的安全，为用户提供快捷、全面和优质的技术服务，还应当健全完善信息系统内部的运行机制和制度。

1. 操作责任的实施

操作责任要靠制度的约束，同时也要靠信息系统内部人员的自我约束。在信息系统管理规章制度齐备的情况下，提高人员自身素质就成为实施信息系统操作责任的关键所在。

2. 操作责任的承担

违反了信息系统管理规章制度，相关人员就应担负相应的责任。如果违反了法律法规，相关人员还会受到相应法律的制裁。

《关于维护网络安全和信息安全的决定（草案）》列出了利用互联网犯罪的 15 种行为，"草案"规定，有下列行为之一则构成犯罪，依照刑法有关规定追究其刑事责任。

（1）违反国家规定，侵入国家事务、国防建设、尖端科学技术领域的计算机信息系统。

（2）制作、传播计算机病毒，设置破坏性程序，攻击计算机系统及通信网络，致使计算机系统及通信网络遭受损害。

（3）违反国家规定，擅自中断计算机网络或者通信服务，造成计算机网络或者通信系统不能正常运行。

（4）利用互联网造谣、诽谤或者发表、传播其他信息，煽动颠覆国家政权、推翻社会主义制度，或者煽动分裂国家、破坏国家统一。

（5）利用互联网窃取或泄露国家秘密、情报或者军事秘密。

（6）利用互联网煽动民族仇恨、民族歧视，破坏民族团结。

（7）利用互联网组织邪教组织、联络邪教组织成员，破坏国家法律、行政法规实施。

（8）利用互联网进行诈骗、盗窃。

（9）利用互联网销售伪劣产品或者对商品、服务做虚假宣传。

（10）利用互联网编造并传播影响证券和期货交易的虚假信息。

（11）在互联网上建立淫秽网站、网页，链接淫秽站点，提供淫秽站点链接服务，或者传播淫秽书刊、影片、音像和图片。

（12）利用互联网侮辱他人或者捏造事实诽谤他人。

（13）非法截获、篡改和删除他人电子邮件或者其他数据资料，侵犯公民通信自由和通信秘密。

（14）利用互联网侵犯他人知识产权。

（15）利用互联网损害他人商业信誉和商品信誉。

8.2.4 操作监控管理

1. 操作监控管理的目的与支撑技术

操作监控就是通过某种方式对信息系统状态进行监控和调整，使信息系统能正常、高效地运行。操作监控的目的很明确，就是使信息系统中的各种资源得到更加高效的利用，当信息系统出现故障时，能及时做出报告和处理，并协调和保持信息系统的高效运行。

为有效实施系统操作监控，需要相应的支撑技术与监控机制。主要支撑技术包括系统运行监测与审计技术、态势感知与预警技术、内容管控与舆情监测技术、安全检查技术等。

2. 操作监控管理的内容

从实际应用的角度出发，操作监控管理的主要内容如下。

（1）拓扑管理：自动发现信息系统内的所有设备，能够正确地产生拓扑结构图并自动更新。

（2）故障管理：将所有信息系统设备的故障相互联系起来，对故障进行隔离并采取恢复措施。

（3）配置管理：提供跟踪变化的能力，为信息系统上的所有设备配置、安装和分配软件。

（4）性能管理：提供连续的、可监视信息系统性能和资源的能力。

（5）服务级别管理：在用户与服务提供者之间定义服务级别协议，并检查用户所要求的服务是否被满足。

（6）帮助中心：设立呼叫受理中心，接受来自用户的故障报告以及自动发现信息系统的故障，并利用特定的程序解决故障。

3. 性能测量

目前的信息系统多是网络环境下的信息系统，信息安全也多是指网络环境下的信息安全，因此这里的性能测量主要是指网络性能测量。

网络性能测量是对网络行为进行特征化、对各项性能指标进行量化并充分理解和正确认识互联网的最基本的手段，它可以把互联网从技术层面上升到科学层面，并且能够更好地指导应用。可以说，网络测量是理解网络行为的最有效的途径，是对互联网进行控制的基础和前奏。

（1）研究概况

互联网的快速发展以及新应用的不断出现，使得国内外很多研究机构开始致力于互联网监测和测量的技术，特别是网络性能测量技术的研究。1995 年，美国自然科学基金会（National Science Foundation，NSF）开始着手对互联网进行系统的测量。1996 年初美国国家应用网络研究实验室（National Laboratory of Applied Network Research，NLANR）在 NSF 的支持下召开了互联网统计与指标分析研讨会，这标志着大规模、系统化网络性能测量的开始。目前，国际上许多科研组织和大学都成立了与网络测量相关的组织，建立了多个网络测量体系，借助其广泛分布的测量站点，在全球范围内对 Internet 的性能状况进行监测和分析。

同样，国内科研院所也都开展了相应的网络测量研究。哈尔滨工业大学的张宏莉和北京邮电大学的林宇分别对 Internet 测量与分析研究及 IP 网络端到端性能测量技术进行了研究。在带宽测量方面，湖南大学的研究人员对变包测量技术进行了改进，提出和实现了任意链路带宽测量方法 PTVS（Packet Train with Variable Size），消除了逐跳测量造成的误差累计和背景流量影响。中科院的研究人员利用 IPv6 报文头部标签字段和业务类别字段，提出了一种IPv6网络中的端到端可用带宽测量方法。西安交大的研究人员在分析带宽测量算法的基础上，设计了一种新的包对带宽测量算法，并在理论上证明了算法的合理性。在网络延迟方面，中科院的研究人员对延迟瓶颈进行了研究，提出了延迟瓶颈的计算方法和两个必要的修正算法。电子科大的研究人员研究了 Internet 单向延迟的测量方法及动力学特征，提出了一种基于非线性规划的方法估计收发时钟的频差和相对偏差。在流量测量方面，清华大学的研究人员针对大规模细粒度网络流量测量的困难，引入一种非平稳型流量队列模型 NTT，直接对粗粒度的流量采样进行建模，证实了 NTT 模型可用于各种粒度的流量测量网络行为研究。

（2）测量方法

网络测量作为分析网络行为、了解网络状态和定位网络故障的有效手段，需要服务于各种不同目的的测量需求，由此引出了各种不同的测量方式和手段。根据获取数据的方式和技术特征的不同，目前测量方式可以分为 3 类：主动测量、被动测量和控制信息监视。

① 主动测量

主动测量是由测量用户主动发起的测量，它通过测量获取数据并对其进行分析以得到网络性能和网络行为参数。例如，Ping 可以获得网络连通状况，得到丢包率和往返延迟等参数。

主动测量可以获知用户感兴趣的端到端的网络状况和网络行为，具有灵活方便的优点。如果用户关心某些网络性能参数的状况，则只需要用户使用相应的测量工具即可进行测量，通常不需要多个节点之间的相互协作，也不需要对中间节点具备一定的控制权限。因此，对于一般用户而言，主动测量方式具有更高的可行性。同时，由于主动测量方式通过测量自身发送的探测数据包来获得相应的参数，不会捕获网络中已经存在的流量，因此不会对网络用户信息的隐私和安全形成威胁。在研究者进行大规模网络测量的初期以及满足网络用户日常的测量需求时，主动测量是一种快速有效的方式。

但是主动测量本身会产生新的测量流量，这必然会给网络带来一定的负担。尤其是对于路由、吞吐量和带宽等参数而言，完成单次测量需要注入的流量较大，带来的影响也比较大。如果测量没有经过精心设计，没有充分考虑减少测量流量的方法，主动测量甚至可能引发 Heisenberg 效应，即测量流量会干扰网络并使结果产生偏差。主动测量带来的影响主要体现在两个方面。

● 对于测量本身准确度的影响：由于测量注入的流量过大，测量本身又无法区分网络正常用户流量和测量流量，因此可能会让测量结果产生偏差，导致测量不准确。

● 对于用户业务的影响：如果测量本身流量过大，则会产生测量流量和用户流量争夺网络资源，从而干扰用户正常业务的情况。

② 被动测量

被动测量通过在网络中一个或多个网段上借助包捕获器捕获数据的方式记录网络流量，并对流量进行分析，被动地获知网络行为状况。这种测量方式不必主动发送测量包，也不会占用网络流量。

被动测量的优点显而易见，由于被动测量无须主动发送测量包，它不会引入额外的测量流量，因此不会产生 Heisenberg 效应，可以获得更为准确的测量结果。同时由于采用捕获链路上所有数据包的方式，被动测量可以非常详尽地刻画该测量点或该链路的网络行为。

但是被动测量需要在网络中布置大量的包捕获器才能够获知整个网络甚至是一条通路的信息，因此实现的复杂度较高。不仅如此，对于某些性能参数（如吞吐量）而言，即使存在多个包捕获器互相进行协作，依然难以通过被动测量的方式了解端到端的性能。另一方面的局限性在于被动测量结果的准确度严重依赖于包捕获器的性能，对于高速网络而言，由于包捕获器性能的限制，容易出现数据包捕获不完整，从而出现测量结果不准确的现象。

③ 控制信息监视

这种方式主要用于获取各种网络控制信息，主要包括与数据传输有关的控制信息，如路由更新消息、网络管理信息和链路利用率等。这种方式的特殊之处在于无须主动发送测量包，但是又会产生一定的流量，与主动测量和被动测量都存在一定的差异。

控制信息监视获取正常的网络操作中用于描述网络行为的数据，通过对这些数据的分析获知网络性能，无须引入额外的测量流量，但是在获取控制信息的时候也会占用部分网络带宽以传递控制信息。在实际应用中，这种方式需要接入权限和设备的支持，因此使用这一方式进行大规模测量存在一定的难度，目前使用这种方式进行 Internet 测量的大多是骨干网络设备的拥有者。

（3）测量指标

在一个运行的网络中，人们希望定义一系列的定量参数用以描述网元、链路、端到端路径以及路径和网络设备的集合性能及可靠性，使得用户和网络运营商对网络性能和可靠性具有精确全面的理解。这些经过严格定义的定量参数称为测量指标。

计算机网络往往分为通信子网和资源子网，根据这种划分可以将性能指标分为面向端系统的指标和面向网络的指标。

- 面向端系统的指标：端到端延迟（End-to-End Delay）、延迟抖动（Jitter）、丢包率（Packer Loss Rate）和吞吐量（Throughput）等，这些参数会直接影响终端用户应用性能的参数。

- 面向网络的指标：利用率（Utilization Rate）、带宽容量（Capacity）、可达性（Reach Ability）、局部性（Locality）、突发性（Burstiness）、负载（Payload）、流量特征（Traffic Cross-Section）、单个流指标（Individual Flow Metrics）以及累计流相关指标（Aggregate Flow Metrics）等，这些参数能对通信网管理、运营和规划设计提供指导。

在上述的性能指标中，有两个性能指标是非常基础和重要的，即流量和带宽。对网络运营者而言，测量网络中流量的时间和网段分布，可以更科学地实施流量工程，增加瓶颈链路带宽。而带宽，特别是可用带宽，是网络应用所需要的最基本的网络资源。其他的性能指标，如延迟、延迟抖动和丢包率等，是在确定带宽的网络中某种流量负载下的性能表现形式，可以用作流量分配性能需求和网络规划效果的衡量标准。

4. 故障管理

故障管理是对信息系统和信息网络中的问题或故障进行定位的过程，它包含以下3个部分：一是发现问题；二是分离问题，找出失效的原因；三是解决问题（如有可能）。使用故障管理技术，管理人员可以更快地定位问题和解决问题。

（1）故障诊断

排除信息系统故障的第一步应该是辨别问题的具体症状，以便进一步查找问题的原因。在信息系统中，单一故障的表现可能是用户不能访问信息系统主机、不能使用网络、无法发送 E-mail，或者不能使用指定的打印机等。引起故障的原因有很多，包括服务器故障、不正确的客户端软件配置、网络接口卡故障、网线故障、路由器故障或者用户操作错误等。此外，也可能会遇到电源故障、打印机故障、Internet 连接故障、E-mail 服务器故障或者其他问题。弄清下面的问题将有助于用户对故障的诊断。

- 系统和网络访问是否受到了影响。
- 系统和网络性能是否受到了影响。
- 数据或程序是否受到了影响，或者两者都受到了影响。
- 是否仅是某些设备（如打印机）受到了影响。
- 若程序受影响，应确定这个问题是发生在本地设备上，还是发生在连网设备或者多个连网的设备上。
- 用户报告了什么样的错误消息。
- 是一个用户还是多个用户受到了影响。
- 问题是否经常自发出现。

解决技术问题的一个误区是没有对症状进行详细诊断就得出了结论。因此，一定要留意用户的操作、系统和网络的状况，以及各种出错信息，这样就可以避免忽略一些问题，或者出现更多的问题。

确定问题的范围是判断故障是否仅出现在特定的工作组内，或某一地区的机构内，或某一时间段内。例如，如果故障只影响某一网段内的用户，就可以推断出问题出在该网段的网线、配置、路由器端口或网关等方面。如果故障只限于一个用户，那么只需要关注单一的工作站（硬件或软件）配置、网线或用户个人就可以了。弄清下面的问题将有助于确定系统故障和问题的范围。

- 有多少用户或工作组受到了影响。
  - ✓ 一个用户或工作站
  - ✓ 一个工作组
  - ✓ 一个部门
  - ✓ 一个组织
  - ✓ 整个组织
- 出现故障的时间。
  - ✓ 网络、服务器或者工作站是否曾经正常工作过
  - ✓ 是前一小时还是前一天出现的症状
  - ✓ 这些症状是否在很长一段时间内间歇出现
  - ✓ 这些症状是否仅在一天、一周或一月中的特定时刻出现

（2）故障重现

故障重现（或症状重现）可以从故障中获得更多信息。例如，可以通过使用发生错误的用户 ID 号或特权账号（如管理员账号）登录来重现所述的错误症状，如果此时以管理员口令登录就不再出现症状，说明存在用户权限的问题。

弄清楚下列问题有助于分析一个故障症状能否被重现，或能够重现的程度。

- 是否每次都能使症状重现。
- 是否只能偶尔重现症状。
- 是否只有在特定环境下症状才能出现（例如，以不同的 ID 登录或从其他机器上进行相同的操作，症状是否还会出现）。
- 当重复操作时，症状是否重复出现。

（3）故障排除

找到故障所在后，就可以着手实施故障排除了。当然，故障排除可能是一个比较简单的过程，也可能是一个复杂而耗时的工作。但在任何情况下，都应该保留故障排除处理记录。下面的步骤将有助于实现一个安全、可行的故障排除解决方案。

- 收集从调查中总结出的有关症状的所有文档，以方便解决问题。
- 如果要在设备上重新安装软件，需要对该设备现有软件进行备份。
- 如果要更换设备的某个硬件，应把被更换的硬件保留下来，以便方案无效时重新使用。
- 如果要改变程序的配置，应当对程序或设备的现有配置进行记录。
- 执行认为可以解决问题的各种改变、替换、移动和增加操作，并仔细记录。
- 检验方案的结果。
- 如果方案解决了故障，就要把收集的症状、故障和解决方案的细节记录备案。

● 如果方案解决的是一个影响多数用户的问题，那么应在一至两天后再次查看问题是否存在，并且检查有没有引起其他问题。

小　结

系统运行安全管理的目标是确保系统运行过程中的安全性，主要包括可靠性、可用性、机密性、完整性、不可抵赖性和可控性等几个方面。系统运行安全管理包括系统评价、系统运行安全检查、变更管理、建立系统设置参数文件和运行日志以及建立科学的管理制度等。

操作管理是信息安全管理的重要方面，主要内容包括操作权限管理、操作规范管理、操作责任管理和操作监控管理。

习　题

1. 系统运行安全管理的目标是确保系统运行过程中的安全性，主要包括哪些方面？
2. 网络运行监控的基本目标是什么？
3. 系统评价的主要内容是什么？
4. 什么是操作权限管理？操作权限管理有哪些方式？
5. 操作监控管理的目的是什么？操作监控管理的主要内容有哪些？

第 9 章

安 全 监 测 与 舆 情 分 析

系统安全监控与审计是指对系统的运行状况和系统中用户的行为进行监视、控制和记录。入侵检测系统通过收集操作系统、系统程序、应用程序、网络包等信息，可以发现系统中违背安全策略或危及系统安全的行为。通过系统安全监控与审计，并利用入侵检测系统，安全管理人员可以有效地监视、控制和评估信息系统的安全运行状况，并针对异常行为实施防御，为提高系统安全性提供参考依据和技术手段。

本章重点：系统安全监测、系统安全审计、入侵检测、运行态势感知与预警、内容管控与舆情监测。

本章难点：运行态势感知与预警、内容管控与舆情监测。

9.1 安全监测

安全监测是系统操作监控管理的支撑技术之一，其通过实时监控网络或主机活动，监视分析用户和系统的行为，审计系统配置和漏洞，评估敏感系统和数据的完整性，识别攻击行为，对异常行为进行统计和跟踪，识别违反安全法规的行为，使用诱骗服务器记录黑客行为等功能，使管理员有效地监视、控制和评估网络或主机系统。

9.1.1 安全监控的分类

安全监控分为网络安全监控和主机安全监控两大类。

1. 网络安全监控

网络安全监控的主要功能包括以下 4 个方面。

（1）全面的网络安全控制：除了简单的访问控制外，还应有入侵检测等功能。

（2）细粒度的控制：除了根据数据报头为依据外，还应该对应用层协议和数据包内容进行过滤。

（3）网络审计：对所有的网络活动进行跟踪，对应用层协议（HTTP、FTP、SMTP、POP3 和 Telnet 等）会话过程进行实时与历史的重现。

（4）其他：日志、报警、报告和拦截功能。

2. 主机安全监控

主机安全监控的主要功能包括以下几个方面。

● 访问控制：加强用户访问系统资源及服务时的安全控制，防止非法用户的入侵及合法用户的非法访问。

● 系统监控：实时监控系统的运行状态，包括运行进程、系统设备、系统资源和网络服务等，判断在线用户的行为，禁止其非法操作。

● 系统审计：对用户的行为及系统事件进行记录审计。

● 系统漏洞检测：检测主机系统的安全漏洞，防止因主机设置不当而带来的安全隐患。

9.1.2 安全监控的内容

主机系统监视：通过系统状态监视可以实现对主机当前用户信息、系统信息、设备信息、系统进程、系统服务、系统事件、系统窗口、安装程序以及实时屏幕等信息的监视和记录。

网络状态监视：查看受控主机当前活动的网络连接、开放的系统服务以及端口，从而全面了解主机的网络状态。

用户操作监视：对用户的系统配置和操作、应用程序操作和文件操作等进行监视及记录。

主机应用监控：对主机中的进程、服务和应用程序窗口进行控制。

主机外设监控：对受控主机的 USB 端口、串行端口、并行端口等外设接口，以及 USB盘、软驱、光驱等外接设备实施存取控制。

网络连接监控：网络连接监控实现对非法主机接入的隔离和对合法主机网络行为的管控。一方面对非法接入的主机进行识别、报警和隔离；另一方面实现对合法主机网络访问行为的监控，包括网络地址端口控制、网络 URL 控制、邮件控制、拨号连接控制、网络共享控制以及网络邻居控制等。

9.1.3 安全监控的实现方式

1. 普通监控

普通监控是指根据 TCP/IP 和基于其基础的应用层协议，连接被监控主机，从而获得主机的状态和性能等信息。普通监控一般用于对公共服务进行监控，而系统保留的服务端口及其他公共服务端口都是共知的，因此指定一个 IP 及其上的服务端口号，就可以根据 TCP/UDP协议进行连接，观察该项服务的状态和性能。

普通监控的结构如图 9.1 所示。

2. 基于插件的监控

普通监控是在尽量避免影响受控主机的基础上实现的，其优点是一切操作都在监控方完成，受控主机不需要做任何工作。但这种监控方式有它自身的缺陷性。首先它的服务范围很有限，监控系统中监控引擎所做的操作和普

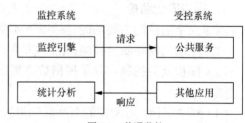

图 9.1 普通监控

通用户进行的操作没有什么实质上的区别；其次，监测性能比较低下，每一个监控数据的获得都是远端组织策划的，它的性能对网络性能的依赖性很大。

在受控主机上安装插件是更为有效的监控方式。由于插件是安装在本地机器上，它可以高效充分地获取本地主机的性能参数。在接收到监控系统的指令后，插件首先分析出监控指令，然后实施监控操作，将获得的结果数据经过组织处理再回送给监控系统。

插件在入侵检测和网络流量分析控制方面有很大作用，它甚至可以作为监听部件服务于整个局域网。由于插件工作在客户端，因此对它的性能和自身的安全性有比较高的要求。首先插件在运行时不能影响客户的正常工作，它必须保证占有极少的系统资源；其次，插件的

安装不能给客户来其他的安全漏洞，它必须有超强的容错能力和灵敏的端口服务识别能力，以防其他非法用户模拟监控引擎进行恶意连接。

基于插件的监控的结构如图 9.2 所示。

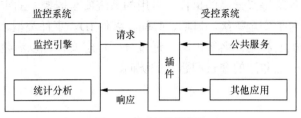

图 9.2　基于插件的监控

3. 基于代理的分布式监控

基于代理的分布式监控是由监控代理实现的，监控代理分布于不同的地理位置，分别对不同受控主机独立进行实时监测。基于代理的分布式监控结构如图 9.3 所示。

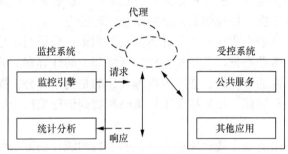

图 9.3　基于代理的分布式监控

基于代理的分布式监控分为静态监控代理和动态监控代理。

● 静态监控代理：各个监控代理的监控任务相对比较固定，监控管理员预先分析监控任务，并将它们静态分布到各监控代理。

● 动态监控代理：监控系统中的任务管理模块实时分析监控任务，并根据任务的特殊性和客户需求将任务动态分布到各监控代理。监控代理接收到任务之后，独立执行监控过程，然后将监控结果反馈给监控中心进行综合处理。

9.1.4　监控数据的分析与处理

1. 网络数据的分析与处理

通过对网络数据的分析和处理不仅可以找出明显的网络攻击，还可以实现应用层的会话还原，有利于以后的取证工作。

2. 系统数据的分析与处理

通过系统数据的分析不仅可以了解服务器运行状况，还可以及时发现服务器出现的异常。对系统数据的分析主要是基于统计的方法，例如，通过对服务器中进程的个数变化和端口通信的频繁程度来判断系统的异常。系统对进程信息和端口进程关联信息的收集是每隔一个设定的时间进行一次采样。而对文件和注册表的信息收集是以另一种方式进行的，即在服务器中只要出现对重要文件的访问和注册表的修改，它就会把这种信息记录下来。

3. 日志数据的分析与处理

Windows 安全日志记录系统中发生的与安全相关的事件。安全事件可以分为三个安全级别，审计报告只输出危险等级最高的事件。专用的系统安全监控中的审计报告则更为详细，审计报告的每一项都包括安全等级、日期、时间、事件 ID、事件类型、事件分类、事件的描述、事件来源、计算机名和用户名等内容。通过分析日志文件可以清楚地了解用户对服务器的访问情况，并发现一些非法的登录和恶意的访问。

9.2 安全审计

9.2.1 安全审计的内涵

安全审计是系统操作监控的支撑技术之一，主要指对安全活动进行识别、记录、存储和分析，以查证是否发生安全事件的一种信息安全技术，它能够为管理人员提供有关追踪安全事件和入侵行为的有效证据，提高信息系统的安全管理能力。

从实现技术上来看，安全审计分为审计数据收集和审计分析两部分。审计数据收集有不同方式，包括从网络上截获数据，获取与系统、网络和中间件等有关的日志统计数据，以及利用应用系统和安全系统的审计接口获取数据等，目的是为审计分析提供基础数据。审计分析首先对收集的数据进行过滤，然后按照审计策略和规则进行数据分析处理，从而判定系统是否存在安全风险。

审计分析的基本方法有基于规则库的方法、基于数理统计的方法和基于模式匹配的方法等。基于规则库的方法是将已知的攻击行为特征与收集到的数据进行比较和匹配操作，从而发现可能的攻击行为；基于数理统计的方法是为审计对象创建一个统计量的描述，将正常情况下的特征量数值同实际数据相比较，通过偏差发现异常；基于模式匹配的方法是通过数据挖掘或自动学习的途径提取行为模式，利用模式匹配发掘数据中的异常信息。

9.2.2 安全审计的作用与地位

作为一种能够及时发现并报告系统是否存在非授权使用或异常现象的技术，安全审计在维护网络和信息系统的安全方面起到了非常重要的作用，安全审计的效果好坏将直接影响到能否及时和准确地发现入侵或异常。具体来说安全审计具有以下主要作用。

- 对潜在的攻击者起到震慑或警告作用。
- 为已经发生的系统破坏行为提供有效的追究证据。
- 提供有价值的系统使用日志，帮助管理人员及时发现系统入侵行为或潜在的系统漏洞。
- 提供系统运行的统计日志，使管理人员能够发现系统性能上的不足或需要改进与加强的地方。

在 TCSEC 和 CC 等安全认证体系中，安全审计的功能处于非常重要的地位，是评判一个系统是否真正安全的重要尺码。因此，在安全系统中，安全审计功能是必不可少的一部分。

9.2.3　安全审计的原理

典型的网络安全审计系统结构如图 9.4 所示，主要由审计服务器、审计代理和数据库组成。其中，审计代理实现对被审计主机的数据采集和过滤处理，将最终数据提交给本审计域内的审计服务器，数据存储于后台数据库。每个审计域内的服务器对各个代理进行统一管理。审计服务器通过协调各审计代理实现协同工作，实现网络安全审计功能。

典型的主机安全审计系统结构如图 9.5 所示。其中，事件是需要记录的数据的统称，它可以是网络中的数据包，也可以是从主机系统日志等其他途径得到的信息等。事件采集模块负责获得事件数据，并向系统的其他组件提供数据。审计代理负责事件采集，并对数据进行简单处理，如过滤非安全事件等。数据处理部分的作用是实时地分析采集到的数据，根据相应的策略处理事件，并产生分析结果，该功能主要由审计服务器、数据分析模块及数据库共同实现，其中数据库是存放各种数据的统称，通常是复杂的数据库，与审计服务器部署在一起。系统响应模块则是对分析结果做出反应的功能单元，根据事件的严重程度，它可以做出切断连接、改变文件属性等强烈反应，也可以只是简单的报警。

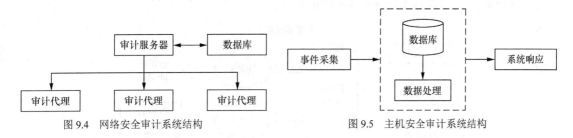

图 9.4　网络安全审计系统结构　　　　图 9.5　主机安全审计系统结构

9.2.4　面向大数据环境的安全审计

随着信息化程度的不断提高，信息系统需要安全审计的对象和审计的内容变得多而复杂，致使单位时间内需要审计的信息量迅速增长。重要行业中，需要审计的重要节点常常会超过数千个，包括服务器、网络设备、安全设备、数据库、应用系统等不同节点类型，每天的访问、操作日志可达到数亿甚至几百亿条。这对于传统的安全审计系统的数据采集和分析能力都构成了极大挑战。而大数据相关技术以及分析处理平台的出现，为安全审计技术带来了曙光。基于大数据分析的安全审计系统应运而生。本节简要介绍基于现有 Hadoop、Spark 等主要系统与工具的大数据安全审计系统参考框架，如图 9.6 所示，该参考架构中的关键步骤说明如下。

（1）源数据生成与存储

主要完成大数据环境下的数据采集与存储。对于审计数据的采集，主要使用 Flume 和 Kafka 两种技术。其中，Kafka 是一种中间件系统，可以理解为一个 Cache 系统，它使用硬盘 Append 方式，数据存取效率较高。不同系统之间融合时往往存在数据生产/消费速率不同的情况，这时可以在这些系统之间加上 Kafka。因为对于大量实时数据，数据生产快且具有突发性，如果直接写入 HDFS（Hadoop Distributed File System，Hadoop 分布式文件系统）或者 HBase（Hadoop Database，Hadoop 数据库），则可能致使高峰时间数据读失败。因此，对于快速实时数据，先把数据写入 Kafka，然后从 Kafka 导入大数据存储系统中。对于对实时性要求不高的离线计算处理，可以使用 Flume 直接收集系统日志导入大数据存储系统。

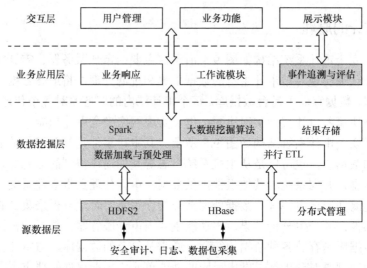

图 9.6 基于 Hadoop 和 Spark 的大数据审计系统参考架构

上述两种方式的日志采集如图 9.7 所示。

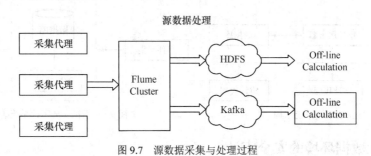

图 9.7 源数据采集与处理过程

通过 Flume 的 Agent 代理收集日志，然后汇总到 Flume 集群 Cluster，再由 Flume 的 Sink 组件将日志输送到 Kafka 集群（供实时计算处理）或 HDFS（离线计算处理），从而完成审计数据的采集流程。

系统中可以使用 HDFS 和 HBase 来存储文件和数据。HDFS 具有很高的数据吞吐量，且很好地实现了容错机制，即便出现硬件故障，也可以通过容错策略来保证数据的高可用性。使用 HDFS 可以为原始的大数据提供存储空间，将数据存放于各个数据节点上，为数据预处理、数据挖掘过程提供输入数据，且输出数据也保存在 HDFS 中。利用 HBase 技术可以在廉价 PC Server 上搭建可伸缩的分布式存储集群。HBase 提供了增读查改删 CRUD（Create、Retrieve、Update、Delete）操作，可以很方便地处理 HBase 中存储的数据。在 HBase 之上还可以使用 Spark 的计算模型，以 RDD（Resillient Distributed Dataset，弹性分布式数值集）形式来并行处理大规模数据，可将数据存储与并行计算完美结合在一起。

（2）数据预处理

数据预处理是将数据挖掘技术应用到大数据环境不同数据结构中的重要步骤和技术。随着网络技术的不断发展，半结构化数据、Web 数据、来自云的数据等各种数据形式层出不穷。由于原始大量数据不可避免存在噪声或者不一致的数据，因此为了提高数据挖掘质量，必须进行数据预处理。

　　数据预处理的方法有很多，如数据清理、数据集成、数据归约、数据变换等。运用这些数据处理技术，可大大提高数据挖掘模式的质量，使数据挖掘算法发挥最佳效果，降低实际对大数据进行挖掘所需要的时间。数据预处理阶段根据收集到的审计日志的特点，可利用 weka 等数据预处理工具或结合审计日志的特点，自行编写程序完成。

　　（3）运用 Spark 进行大数据挖掘

　　根据挖掘任务的不同，数据挖掘阶段可以使用不同的技术和处理方法。常见的数据挖掘任务包括特征化、区分、关联分析、分类、聚类等。在大数据环境中，主要运用 Spark 运行数据挖掘算法。Spark 的核心设计是 RDD。RDD 是一种精心设计的数据结构，它是只读的分区记录的集合。利用 RDD 可以设计出能够在 Spark 下高效执行的数据挖掘程序，可以利用其他分区的 RDD 数据计算出指定分区的 RDD 相关信息，可以用于有向无环图（Directed Acyclic Graph，DAG）数据流的应用，可通过联合分区的控制减少机器之间的数据混合。Spark 程序运行流程图如图 9.8 所示。

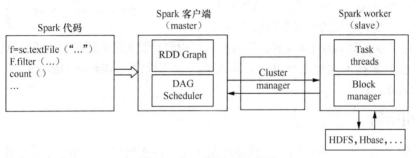

图 9.8　Spark 程序运行流程图

　　在图 9.8 中，Spark 作业由客户端启动，包括两个阶段。第一阶段记录变换算子序列、增量构建 DAG 图；第二阶段由行动算子 Action 触发，这类算子会触发 Spark 上下文处理引擎提交 Job 作业，DAG 调度引擎把 DAG 图转化为作业及其任务集。Spark 支持本地单节点运行（开发调试有用）或集群运行。对于后者，客户端运行于 master 节点上，通过 Cluster 管理器把划分分区的任务集发送到集群的 worker/slave 节点上执行，执行结果存到 HFDS 或 HBase 等分布式存储系统中。

　　借助上述基于 Hadoop、Spark 等相关大数据分析平台的安全审计系统框架，通过对审计日志的采集与存储，利用大数据挖掘算法，能够从海量日志行为记录数据中抽象出有利于进行判断和比较的特征模型，从而对当前系统中的操作做出较合理的推理与判断，实现对安全审计系统的管理，满足大数据环境下的数据量大、效率高的安全审计需求。

9.3　入侵检测

　　入侵检测（Intrusion Detect）是实施应急响应的基础，因为只有发现对网络和系统的攻击或入侵才能触发应急响应的动作。入侵检测可以由系统自动完成，即入侵检测系统（Intrusion Detect System，IDS）。

　　入侵检测是继"数据加密""防火墙"等安全防护技术之后人们提出的又一种安全技术。它通过对信息系统中各种状态和行为的归纳分析，一方面检测来自外部的入侵行为，另一方面还能够监督内部用户的未授权活动。

通用的入侵检测模型（Common Intrusion Detection Framework，CIDF）由事件产生器、事件分析器、响应单元和事件数据库组成，如图 9.9 所示。

其中，事件是指入侵检测系统需要分析的数据，可以是网络中的数据包，也可以是从系统日志等其他途径得到的信息；事件产生器是从整个计算环境中获得事件，并向系统的其他部分提供事件，通常由监测或审计模块完成；事件分析器分析所得到的数据，并产生分析结果；响应单元基于动态更新的规则集对分析结果做出反应，如切断网络连接、改变文件属性、简单报警等应急响应；事件数据库存放各种中间和最终数据，数据存放的形式既可以是复杂

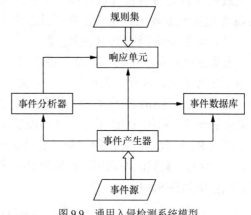

图 9.9　通用入侵检测系统模型

的数据库，也可以是简单的文本文件。现有的入侵检测系统大部分都基于该通用模型进行扩展。

目前入侵检测技术大体上可以分为两大类：误用检测（Misuse Detection）和异常检测（Anomaly Detection）。

9.3.1　误用检测

误用检测也称为基于知识的入侵检测或基于签名的入侵检测。该技术首先建立各种已知攻击的特征模式库，然后将用户的当前行为依次与库中的各种攻击特征模式进行比较，如果匹配则确定为攻击行为，否则就不是攻击行为。例如，Internet 蠕虫攻击就是使用了 finger 和 sendmail 的错误，对于攻击就可以通过按照预先定义好的入侵特征模式以及观察到的入侵发生情况进行模式匹配来检测。入侵模式说明了那些导致安全突破或其他误用事件的特征、条件、排列和关系。目前已提出的误用检测方法有很多，如基于状态迁移分析的误用检测方法 STAT 和 USTAT、基于专家系统和模型误用推理的误用检测方法等。

9.3.2　异常检测

异常检测也称基于行为的入侵检测。该技术首先为用户、进程或网络流量等处于正常状态时的行为特征建立参考模式，然后将系统当前行为特征与已建立的正常行为模式进行比较，若存在较大偏差就认为发生异常，否则就认为没有。异常检测的一个重要前提条件是将入侵行为作为异常行为的子集，理想状况是异常行为集合与入侵行为集合等同，这样若能够检测所有的异常行为，则就可检测到所有的入侵行为。然而入侵行为并不总是与异常行为相符合，它们之间存在以下 4 种关系：入侵而非异常、非入侵而异常、入侵且异常以及非入侵且非异常。异常检测依赖于异常检测模型的建立，不同的异常检测模型构成不同的异常检测技术，目前提出的异常检测技术有基于模式预测的异常检测方法和基于统计的异常检测方法等。

目前有关这两种入侵检测技术的评价各有利弊：异常检测的优点是其能够检测出未知攻击，然而存在误检测率较高的不足；误用检测虽然检测准确率较高，但其只能对已知攻击行为进行检测。

9.4 态势感知与预警

随着网络与信息技术的飞速发展，安全问题日益突出，虽然已经采取了各种安全防护措施，但是单一的安全防护措施没有综合考虑各种防护措施之间的关联性，无法满足从宏观角度评估信息系统安全性的需求。系统运行态势感知的研究就是在这种背景下产生的。它在融合各种系统安全要素的基础上从宏观的角度实时评估系统运行态势，并在一定条件下对系统运行态势的发展趋势进行预测。

系统运行态势感知研究是近几年发展起来的一个热门研究领域。它融合所有可获取的信息实时评估系统的运行态势，为管理员的决策分析提供依据，将不安全因素带来的风险和损失降到最低。系统运行态势感知在提高信息系统的监控能力、应急响应能力和预测系统的发展趋势等方面都具有重要的意义。

9.4.1 态势感知起源与发展

态势（Situation）的概念起源于军事战场领域，通常应用于具有动态变化、大范围、影响因素复杂、内部结构复杂等特征的系统或领域，用于刻画对象的总体状态和发展趋势。《现代汉语词典》为"态势"给出的定义是：态势是一种状态，是一种趋势。态势从全局的视角考虑问题，是对目标系统所有状态进行综合评价的结果，是一个全局的概念。Lambert 等人认为，"态势是由特定时空条件下的一组目标及其关系组成，其要素构成涵盖环境、实体、事件、组和行动等 5 个方面"。"感知"（Awareness）是指借助于各种感觉器官，客观现实在大脑中的直接反映。简言之，主体不仅能够对现实世界中的对象进行观察，而且还能够对观察的结果进行评价，并做出决策。由此可见，"态势"和"感知"这两个概念紧密相关，互为依赖，感知是对态势相关要素进行综合、理解的过程，由一系列方法和过程组成，感知的结果即为态势。

目前，态势感知被广泛应用于人因工程、军事、网络等领域。由于应用背景不同，其内涵在不同的应用领域被赋予了特定的含义。在将态势感知应用于网络领域方面，学者们由于自身关注角度的不同，也对其给出了不同的定义。2000 年，Endsley 从认知的角度来定义态势，认为态势感知是决策者对目标环境的理解，是对目标环境中各种对象及其关系的综合处理过程。2004 年，Henricksen 和 Loke 等人认为态势感知是网络环境中各种上下文信息逻辑约束的组合。2006 年，美国国家科学技术委员会（NSTC）将态势感知定义为，"网络态势感知通过对计算机网络状态和防御状况的可视化，从而提高安全管理人员对网络安全状态、关键安全组件的认知与决策能力"，该定义主要关注安全要素。2010 年，龚正虎等人认为，"网络态势是指由各种网络设备运行状况、网络行为以及用户行为等因素所构成的整个网络当前状态和变化趋势"。龚正虎的定义主要关注网络运行状况。同年，卓莹在网络态势的基础上，将态势感知引入信息传输领域，将传输态势定义为，"网络传输态势感知是指基于链路流量、网络拓扑结构等态势信息评估当前状态，预测未来发展趋势，并以可视化的方式进行展示"。

9.4.2 态势感知模型

态势感知模型是研究态势感知的基础。自从态势感知进入人们的研究视野以来，研究者们始终将态势感知模型作为态势感知的研究重点，以支撑不同的感知目标。针对不同领域的态势感知问题，国内外的相关学者提出了 30 多种模型。其中，国外最为著名的有 JDL 模型、Endsley 模型和 Tim Bass 模型等；国内较为著名的有韦勇的基于数据融合的态势感知模型、陈秀真的层次化态势感知模型、贾焰的基于关联分析的态势感知模型等。

1. JDL 模型

JDL 模型是诸多模型中引用最为广泛的模型，也是最为经典的态势感知模型。该模型由美国国防部的实验室理事联合会（Joint Directors of Laboratories，JDL）提出。JDL 模型是一个融合结构，在目标跟踪、图像融合等军事领域中被广泛应用。目前，一些研究者已经将其引入到网络安全领域，用以指导网络安全态势感知中的态势要素获取、态势评估等过程。

JDL 模型由信息源、信息预处理、对象精炼、态势评估、威胁评估、过程精炼等功能部件构成。其中，信息源包括各种传感器和能够提供数据信息功能的部件。人机接口是管理员与系统的交互接口，输入相应命令，对信息进行推理评价，并借助一系列媒体介质对评估结果进行输出。信息预处理指根据传感器收集信息的位置、状态、时间、属性等相关参数，对原始数据进行筛选、简化和归并。对象精炼主要实现数据校准、对象的识别、关联与分类。态势评估指依据目标与相关事件之间的动态关系对精炼的对象进行验证与聚合。威胁评估指依据目前收集到的信息对未来进行预测，根据收集到的敌方的各种信息来判断敌人的意图。过程精炼指动态监测融合过程，优化传感器选择，同时借助反馈机制进一步改进融合过程，提升融合效果。数据库管理系统主要提供数据存储、数据归档等功能。JDL 模型的组成结构如图 9.10 所示。

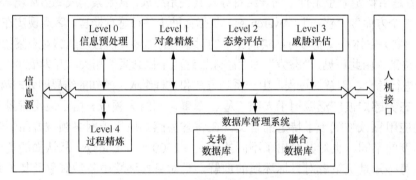

图 9.10　JDL 模型

JDL 模型的最大贡献在于将融合多源数据的思想引入态势感知领域，但该模型仅对体系结构中的一些组成元素进行了简要描述，并未涉及任何软件或系统部署方面的内容，融合流程十分简单且融合层次较低。其所采用的低层融合方法的输入数据量过大，不利于实时在线态势分析。

2. Endsley 模型

Endsley 从人的认知角度出发，提出了一个通用的态势理论模型，该模型在诸多态势感知领域得到了广泛应用。Endsley 模型主要包括态势要素获取、态势理解、态势预测、态势决策以及行动等部分。其中，态势要素获取模块负责提取环境中与系统状态关系密切的特征信息。态势理解模块负责对提取的信息进行融合并研究信息与目标事件之间的联系。态势预测模块负责预测未来的态势演化趋势以及可能发生的安全事件。Endsley 模型的组成结构如图 9.11 所示。

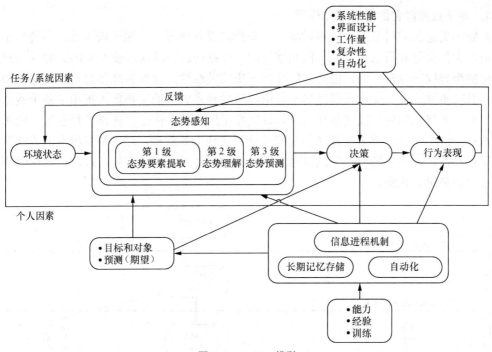

图 9.11　Endsley 模型

Endsley 模型是面向传统领域的态势感知模型，其底层检测对象不同于网络安全领域，从而导致传统领域中态势感知方法与网络环境中的态势感知有所不同。传统的态势感知主要通过对电磁、红外、热源等物理特征的监测，感知目标对象的来源、速率、方位以及其所针对的目标。而在网络环境中，传感器采集的信息以数据包和报警等信息为主，主要关注攻击行为发生的频度及其威胁大小等方面的内容。

3. Tim Bass 模型

1999 年，Tim Bass 第一次将态势感知引入到网络安全领域。为了感知网络中的入侵行为，Tim Bass 提出了一种基于多传感器数据融合的网络态势感知模型。Tim Bass 模型共分为数据提取、攻击对象识别、态势评估、威胁评估和资源管理等部分，是一个由数据、信息到知识的逐层递进过程。数据提取层主要负责从各个传感器中提取有价值的数据信息；对象识别层将提取的安全事件进行验证、精炼、关联，以识别攻击场景；态势评估对攻击场景进行分析，获得当前的网络安全态势；威胁评估的目的是评估安全事件的频度和对网络的威胁大小；资源管理的作用是协调与其他安全设备的运作，跟踪整个态势感知系统的运行状态。Tim Bass 模型的组成结构如图 9.12 所示。

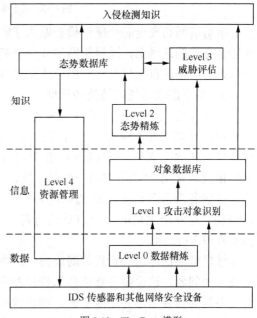

图 9.12　Tim Bass 模型

4. 基于数据融合的态势感知模型

网络由大量的主机节点、网络设备、安全检测设备逐级、分域连接而成，各种安全检测部件所产生的报警和日志信息从不同角度反映了网络的运行状况和安全状态。异构的日志和报警可能源自同一攻击行为，彼此之间存在一定的关联性，这些关联信息对于网络威胁定位与评估具有重要意义。受这一思路启发，中国科学技术大学的韦勇等人提出了基于数据融合的网络安全态势感知模型及其量化方法。该模型采用"自下而上、先部分后整体"的思想，如图9.13所示。首先，将多个相关检测设备的日志作为数据源，通过数据融合的方法获得攻击信息；然后，利用主机节点漏洞信息和服务信息计算网络安全态势；最后，利用时间序列分析法对态势进行预测。

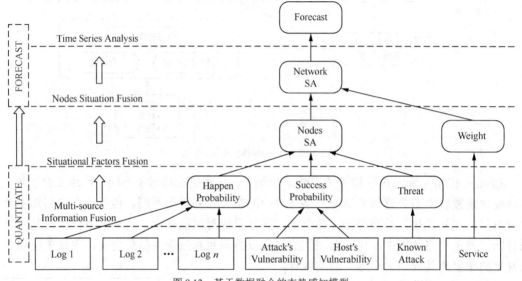

图9.13 基于数据融合的态势感知模型

韦勇的网络安全态势感知模型融入了网络节点、服务等网络结构信息，在态势要素组成和融合方法的选择上，适用于网络安全态势应用，在实践中具有一定的可操作性。但是，其对原始态势信息直接进行融合的方法太过复杂，不适用于复杂网络环境中的态势分析。

5. 基于层次化的态势感知模型

西安交通大学的陈秀真等人采用"自下而上、先局部后整体"的评估策略，以报警信息和网络性能指标为基础，综合考虑网络系统的组织结构，提出了层次化的安全威胁态势量化评估模型。首先，该模型利用IDS报警、漏洞和网络资源占用率等信息，发现各个主机所提供服务的威胁情况；然后，统计分析攻击严重程度、发生次数以及网络带宽占用率，评估各项服务的安全威胁状况，从而得到网络中各个主机的安全状况；最后，依据网络结构，对各个主机的安全态势进行综合，进而得到整个网络的安全威胁态势。其模型结构如图9.14所示。

该模型层次化的分析思路对国内的网络安全态势感知研究产生了较大的推动作用，但仍存在一些问题。该模型主要依赖入侵检测系统的原始报警信息，并未涉及多源融合等研究内容，单源的报警信息并不能全面、准确地反映一次完整的攻击过程。层次化的分析过程依赖于对攻击和服务危害的准确评价，攻击行为和态势要素的变化对态势评估模型的适用性影响较大。因此，此模型仅适用于对局域网等小规模的网络系统进行态势感知，在其他网络类型中的可用性仍需验证。

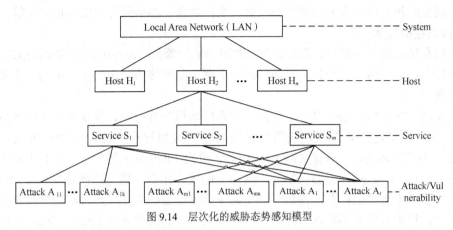

图 9.14 层次化的威胁态势感知模型

6. 基于关联分析的态势感知模型

在大规模网络环境下，各种传感器所提供的数据数量庞大，粒度和模式各异。针对这些具有海量、多模式、多粒度等特性的数据，国防科技大学的贾焰等人提出了基于关联分析的网络安全态势感知模型（YHSSAS 模型）。该模型主要分为数据源、数据集成、关联分析、指标体系及量化态势展示和态势预测 5 个部分。其中，关联分析是该方法的核心，通过对事件和脆弱性、资产及事件本身进行关联分析，能够有效降低安全报警中的重报率和误报率。该模型如图 9.15 所示。

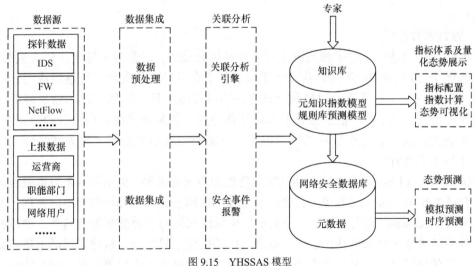

图 9.15 YHSSAS 模型

YHSSAS 模型具有自反馈、自适应、易集成、扩展性好等优点。该模型采用多维关联的方法降低了安全事件的误报率，能够准确地发现威胁。YHSSAS 模型采用层次化的指标体系和态势展示方法，提高了网络安全态势的可理解性，在提高网络的应急响应和主动防御能力方面有着重要的作用。

9.4.3　态势感知的关键技术

态势感知的相关技术主要包括数据挖掘、数据融合、态势预测、数据可视化等。

1. 数据挖掘技术

现代信息技术的不断发展，造成如今互联网信息的繁杂。如何在繁杂的数据信息中迅速、准确地找到有用的信息，并挖掘信息间的内在关联，是网络安全态势模型中的一个难点，也是我们研究的重点。

数据挖掘（Data Mining）是对海量的、冗余的数据进行分析，发现其内在隐含规律和潜在关联关系，并将其服务于特定应用场景的过程。数据挖掘所提取的知识可表示为概念（Concept）、规则（Rules）、规律（Regularities）、模式（Pattern）等形式，是数据库中的知识发现（Knowledge Discovery in Database，KDD）的核心环节。数据挖掘技术在第十一届国际联合人工智能学术会议上被首次提出，就引起了众多学者的关注，并逐步成为研究的热点。随着数据挖掘技术研究的不断深入发展，该技术被引入到网络安全领域。Wenke Lee 等人将数据挖掘应用到入侵检测领域，建立了基于数据挖掘的入侵检测模型。在此基础上，林东岱等人对该模型进行进一步发展，设计实现了基于数据挖掘的入侵检测原型系统。Lakkaraju 等人将数据挖掘作为网络态势感知领域的关键技术之一。

目前，在态势感知领域的数据挖掘技术主要有：关联分析和聚类分析。关联分析是指通过对大量的、繁杂的数据进行分析，分析数据之间的依赖关系和关联程度，发现数据之间的关联信息。衡量数据之间关联性的指标主要有最小支持度和最小可信度。常用的关联分析算法有 Apriori 和 FP-growth 等。聚类分析是指依据数据的不同特性将数据聚集为不同的簇，每个簇在数据特征上具有一定的相似性。聚类分析方法不要求对数据进行事先分类，其应用场景较为广泛。

2. 数据融合技术

数据融合技术是一种对多源数据进行分析和综合处理，以服务于特定任务决策的技术。该技术起源于 20 世纪 80 年代，从一开始就引起了众多学者的关注，并逐步成为信息处理领域的研究热点之一。目前，数据融合技术在网络安全的目标识别、跟踪以及态势感知方面得到了广泛的应用。基于信息融合的态势评估通过采集来自多源异构设备的数据源信息，利用数据挖掘、人工智能等领域的技术手段，对态势要素信息进行集中关联融合，得到的融合结果用于态势评估。

2000 年，Tim Bass 等人借鉴其他领域态势感知的研究成果，提出了基于数据融合的网络安全态势感知模型。Jason Shifflet 将数据融合技术应用于网络入侵检测模型，实现了网络态势感知系统。AliJabar 等人设计了一个新的融合算法来提高态势感知的准确性，通过威胁检测和识别系统来处理复杂事件，运用数据融合中的信任积累理论，从更高层面上进行数据融合。实验评估结果显示，与传统方法相比，该算法明显减少了误报警数量，同时降低了检测系统的响应时间。Galina 等人引入了一个自适应的人机交互融合系统来识别威胁，该系统基于可转移信任模型，用来处理复杂的不可靠和不确定的多源数据流，从而提高威胁识别的准确性。同时，Galina 基于环境中存在冲突的理念设计了未知威胁检测方法，有效解决了多传感器自动目标识别系统和态势评估中经常遇到的未知威胁识别的问题。

证据理论是一种广泛被用于处理互补信息和不确定信息的数据融合理论，最初由

Dempster 于 20 世纪 60 年代提出，其学生 Shafer 在此基础上作了进一步发展，形成了一套完整的不确定性推理理论。证据理论是广义的概率论，使用非精确的概率来描述不确定性。在概率论中，若某个命题的概率为 p，则其否定命题的概率为 $1-p$，然而，在证据理论中，在无否定命题的情况下，将概率 $1-p$ 分配给命题的全集。因此证据理论能够很好地描述不确定性问题，且能够通过合成规则对表达不确定性的多个证据进行合成，以获得更为精确的结论。证据理论在不确定性处理和信息融合中具有以下特点：消除了训练的数据依赖；不要求信息的同类性，支持不确定性描述，非常适合嘈杂的数据和不确定推理的环境；证据可以分配给一个或多个命题，这种分配方法更接近于人类的推理。相对于其他信息融合方法，证据理论在处理异构、同步或异步信息方面具有明显优势。因此，证据理论在目标识别、故障诊断、推理决策和态势感知等领域得到了广泛应用。

3. 态势预测技术

态势预测是指对研究对象的未来状态或未知状态进行预计和推测。它根据研究对象过去和现在的发展变化规律，通过一定的科学理论及手段，对研究对象未来的发展趋势及状况进行推测、估计和分析，做出定性或定量的描述，寻求事物发展规律，形成科学的假设和判断，为今后制定规划、决策和管理服务提供依据。

预测过程一般分为以下 3 个步骤。

Step 1：分析历史数据和信息，发现或识别数据模式及规律。

Step 2：通过一定的数学模型来描述这种模式及规律。

Step 3：将建立的数学模型在时间域上扩展完成预测。

（1）预测方法分类

由于预测的对象、目标、内容和期限的不同，已形成了多种多样的预测方法，但到目前为止，还没有一个统一的、普遍适用的分类体系。预测方法从预测的性质上可分为以下两类。

① 数量分析

此方法利用统计资料，借助数学工具分析因果关系，从而进行预测。数量分析预测的具体方法有很多，如趋向外推法和回归分析法等。

趋向外推法即时间序列分析法，它是根据历史和现有的资料推测发展趋势，从而分析出事物未来的发展情况。它把在一定条件下出现的事件按时间顺序加以排列，通过趋势外推的数学模型预测未来。时间序列就是把统计资料按发生的时间先后进行排列所得到的一连串数字。时序分析是研究预测目标与时间过程之间的演变关系。因此它是一种定时的预测技术。回归分析是从事物变化的因果关系出发来进行预测。回归分析也称相关分析，是研究引起未来变化的各种客观因素的相互作用、指出各种客观因素与未来状态之间统计关系的方法。

② 定性判断

在没有较充分的数据可利用时，只能凭借直观材料，依靠个人经验和分析能力，进行逻辑判断，对未来做出预测，即为定性判断预测技术。定性预测进一步可以划分为：判断分析法、专家评估法（Delphi 法）、市场调查法、类推法等。

当然，这些划分不是绝对的。一个实际预测常常是各种预测形式的组合。常用的预测方法有很多种，要做好某项活动的预测，关键在于针对该问题选择适当的数学模型并结合定性分析的手段。由于各种方法都有其缺陷或限制，所以，常常是同时采用多种预测方法，以便互相检验和印证，并强调要以定性分析为根据、定量分析为手段，实现定性预测和定量预测相结合。

（2）常用态势预测方法

网络安全态势感知指在大规模网络环境中，对能够引起网络安全态势发生变化的安全要素进行提取、理解、显示并预测未来发展趋势。其中，预测未来发展趋势是网络安全态势感知的一个重要组成部分。目前，最常见的用来预测网络安全态势的方法包括以下几种。

① 回归分析法

有相关关系的变量之间虽然具有某种不确定性，但是，通过对现象的不断观察可以探索出他们之间的统计规律，这类统计规律称为回归关系。有关回归关系的理论、计算和分析称为回归分析。

把两个或两个以上定距或定比例的数量关系用函数形式表示出来，就是回归分析要解决的问题，其作用主要表现在以下几个方面：判别自变量是否能解释因变量的显著变化；判别自变量能够在多大程度上解释因变量；判别关系的结构或形式——反映因变量和自变量之间相关的数学表达式；预测自变量的值；当评价一个特殊变量或一组变量对因变量的贡献时，对其自变量进行控制。

② 时间序列预测技术

时间序列分析方法起源于 1927 年。为了预测市场变化的规律，数学家耶尔（Yule）提出建立自回归（AR）模型。数学家瓦尔格提出了移动平均（MA）模型和自回归。目前，自回归移动平均（ARMA）模型成为时间序列分析方法的基础，主要应用于经济分析和市场预测等领域，其中 Box-Jenkins 方法是目前最通用的时间序列预测方法。

时间序列预测法是将预测目标的历史数据按时间的顺序排列成为时间序列，然后分析它随时间的变化趋势，外推预测目标的未来值。也就是说，时间序列预测法将影响预测目标的一切因素都由"时间"综合来描述。因此时间序列预测法主要用于分析影响事物的主要因素比较困难或相关变量资料难以得到的情况。时间序列预测法可分为确定性时间序列预测法和随机时间序列预测法。

时间序列典型的本质特征就是相邻观测值的依赖性，而时间序列观测值之间的这种依赖特征具有很大的实际意义，时间序列分析所论及的就是对这种依赖性进行分析的技巧。这就要求对时间序列数据生成随机动态模型，并将这种模型用于重要的应用领域。信号处理技术的发展使得时间序列分析方法不仅在理论上更趋完善，在参数估计算法、定阶方法、建模过程等方面也都得到了许多改进，逐渐走向实用化。

现实中的时间序列的变化受许多因素的影响，有些起着长期的、决定性的作用，使时间序列的变化呈现出某种趋势和一定的规律性，有些则起着短期的、非决定性的作用，使时间序列的变化呈现出某种不规则性。时间序列分析具有以下 3 种变化分解式。

● 趋势变动：是指现象随时间变化朝着一定方向呈现出持续稳定地上升、下降或平稳的趋势。

● 周期变动：是指现象受季节影响，按某固定周期呈现出的时间规律波动变化。

● 随机变动：是指现象受偶然因素的影响而呈现出的不规则波动。

③ 人工神经网络预测技术

神经网络是模拟人脑神经网络的结构与功能特征的一种技术系统。它用大量的非线性并行处理器来模拟众多的人脑神经元，用处理器间错综灵活的连接关系来模拟人脑神经元间的突触行为，是一种大规模并行的非线性动态系统。与传统预测方法相比，它具有高度的非线性运算和映像能力、自学习和自组织能力、高速运算能力、能以任意精度逼近函数关系、高度灵活可变的拓扑结构及很强的适应能力等优点，一般适用于中、短期预测，预测精度较高。人工神经网络现在已经广泛应用于各个领域，并且取得了很好的效果。

人工神经网络模型主要考虑网络连接的拓扑结构、神经元的特征、学习规则等。目前，已有近 40 种神经网络模型，其中有反传网络、感知器、自组织映射、Hopfield 网络、波耳兹曼机、适应谐振理论等。根据连接的拓扑结构，神经网络模型可以分为以下几种。

a. 前向网络：网络中各个神经元接受前一级的输入，并输出到下一级，网络中没有反馈，可以用一个有向无环路图表示。这种网络实现信号从输入空间到输出空间的变换，它的信息处理能力来自于简单非线性函数的多次复合，网络结构简单，易于实现。反传网络是一种典型的前向网络。

b. 反馈网络：网络内神经元间有反馈，可以用一个无向的完全图表示。这种神经网络的信息处理是状态的变换，可以用动力学系统理论处理。系统的稳定性与联想记忆功能有密切关系。Hopfield 网络、波耳兹曼机均属于这种类型。

④ 灰色预测技术

灰色系统理论是一种研究系统内既含有已知信息又含有未知或未确定信息的系统理论和方法。它从杂乱无章的、有限的、离散的数据中找出数据的规律，然后建立相应的灰色模型进行预测。灰色理论的实质就是对原始随机数列采用生成信息的处理方法来弱化其随机性，使原始数据序列转化为易于建模的新序列。灰色预测的基本原理就是确定一条通过系统的原始序列累加生成的点群的最佳模拟曲线。

近年来，灰色理论的应用已扩大到环境、气候、卫生、医疗、人口等多种科研领域，在网络流量预测方面也有不少研究成果。该理论通过系统的原始序列累加生成的点群来确定一条最佳拟合曲线，能有效处理不确定性特征，而且数据样本稀少的系统，从杂乱无章的、有限的、离散的数据中找出数据的规律，然后建立相应的灰色预测模型。灰色理论的这些特点使得它对有些现象的预测优于传统方法，但基本的灰色预测算法却存在缺陷。例如，对于光滑离散函数建模，在数据序列预测随机性较大时，其预测结果有一定的误差。

灰色预测的特点是所需的样本数较少，计算简单，因此，比传统的预测方法有优越性。但是，基本的灰色算法也存在很多缺陷，如对于光滑离散函数建模，在数据序列随机性较大时预测结果误差较大。灰色预测方法可以用较少的数据建立微分方程模型，特别适于宏观预测。

⑤ 组合预测方法

所谓组合预测，就是综合考虑各单项预测方法的特点，设法把不同的单项预测模型组合起来，赋予不同的权重，从而综合利用各种预测方法所提供的信息，得出组合预测模型，优势互补，最大程度地利用现有信息。也就是说即使一个预测误差较大的预测方法，如果它包含系统独立的信息，并与一个预测误差较小的预测方法组合后，完全有可能增加系统的预测性能。

组合预测法就是先利用两种及两种以上不同的单个模型对预测对象进行预测，然后利用某种准则对各个单一模型进行综合，形成组合模型，再利用组合模型来进行预测的方法。

4．数据可视化技术

数据可视化技术是指通过图像处理技术将数据信息通过图形图像的形式表现出来的技术。该技术是一项综合处理技术，涉及图像处理、视觉处理等多个领域。其主要思想是通过对复杂、抽象数据的图形化处理，将人们不易理解和接受的数字化数据转换为易于理解的图形，从而提高人们对海量信息的理解。近年来，数据可视化技术迅猛发展，其应用领域不断拓延，在交通运输、航空航天等领域广泛应用。

近年来，随着网络安全态势评估技术的研究与发展，数据可视化技术被作为网络安全态势评估系统中的一项关键技术，得到了国内外学者的重视，并取得了长足发展和应用。R.Bacher 基于 Hummer IDS 采集的日志实现了 Erbacher's Hummer IDS 可视化系统。Yin 等人开发了基于 Netflow 的网络流量感知系统，利用网络流量分析工具，通过分析网络中的网络连接关系和流量特征，以可视化的方式对分析结果进行展示。卡内基梅隆大学的研究团队开发了 SILK 工具集，可实现对网络事件、网络连接、流量特征等进行分析与可视化展示。态势评估可从海量繁杂的网络数据信息中抽取出有意义的、可辅助于决策的结果，而数据可视化技术则可以将评估结果转换为图形和图像，以更为直观的方式提供给用户，方便用户对态势评估结果的理解和掌握，提高用户进行运维管理和态势决策的效率和效果。

5．数据简约技术

数据简约是指对数据进行化简，去除其中冗余信息的过程。数据约简技术可以降低数据处理、网络传输等环节的数据量，提高后续处理的效率和效果。数据约简主要包括：属性简约、值约简、属性值约简。

除以上关键技术外，在态势感知领域，还要解决如下问题。

① 信息格式的统一化

目前，信息系统所使用的各种网络安全设备来自于不同的厂家，审计日志、网络报警等数据信息采用不同格式，这就给数据的约简和挖掘处理带来较大困难。因此，需要建立各个设备厂商之间的协调机制，协调各个安全设备之间的处理接口，制定统一的数据格式标准，方便态势感知处理。

② 事件关联处理

当前，网络结构日益复杂，针对网络的攻击技术日新月异，网络攻击行为呈现出分布式、多阶段、隐性化等特征，态势感知系统应能够对分布于不同地域的多源异构系统信息进行采集，进行关联分析，发现隐匿的可疑事件，并提供给安全管理人员。

③ 响应时间

态势感知过程是对复杂信息进行综合处理的过程。但网络攻击行为的发生具有突然性、瞬时性等特征，给予网络管理人员的决策时间较为有限。因此，态势感知系统应尽可能降低响应时间，提高管理决策的时效性。

④ 系统负荷

由于态势感知要具有一定的实时性，其所处理的数据量一般比较大，这就给网络传输和数据处理带来较大负荷，可能影响信息系统的正常运转。因此，在态势感知系统设计中应尽可能降低网络中传递的数据量，并提高信息处理的效率。

9.4.4 态势感知的作用与意义

态势感知过程主要是通过提取态势指标体系，建立基于复杂行为模型与模拟的网络态势分析与预测体系，进而得出量化的或定性的态势评估结果；并通过对历史态势的分析、建模，对未来短期的态势演化进行预测，以便安全管理人员对网络内的态势要素、安全设备、信息系统进行合理的调整、升级，快速及时地应对网络态势的变化。

态势感知技术区别于业界普遍采用的"辅助工具+人工"的管理方式，弥补了传统方式时间长、维护烦琐等不足，能够实时监测网络状态，快速准确地做出状态评判，并能利用网络行为属性的历史记录，以多角度、多尺度的可视化方式，为网络管理员提供一个准确直观的网络安全走向图，从而大大增强网络管理手段的有效性和实时性。

安全态势感知技术可以提供有效的安全分析模型和管理工具来融合多源、异构海量监测数据，可准确、高效地感知整个网络的安全状态以及发展趋势，对网络的资源进行合理的安全加固。该技术可以及时地发现外部的攻击与危害行为并进行应急响应，对新型、未知攻击行为进行检测预警，从而有效地实现信息系统安全加固和主力防御，确保信息系统安全。

9.5 内容管控与舆情监控

舆情指的是作为社会主体的民众，在一定范围的社会空间内，围绕各种类型社会事件或问题的发生、发展与变化对于社会管理者所产生和持有的情感及态度。近年来，随着新的交流平台的出现，互联网舆情分析也在不断地扩充与完善，网页已成为反映社会舆情的主要载体之一，基于互联网的舆情分析已被广泛应用。但又由于互联网网页呈指数级方式的增长，网络舆情已逐渐成为政府与企业重点关注的强大舆论平台。抓住网络舆情的导向可以及时了解民众对于某条政策或某个事件的倾向性态度，及时根据需求做出改进。

9.5.1 网络舆情概述

根据 2016 年中国互联网络信息中心（CNNIC）发布的统计数据显示：截至 2016 年 6 月，互联网的普及率已经达到了 51.7%，其中网民的规模达到了 7.10 亿。这表示在国内互联网已经覆盖了超过半数的民众。这也说明移动互联网如今塑造了一个全新的社会生活形态，使得网络对于社会的影响进入了一个新的阶段。

1. 网络舆情的形成

网络舆情是指通过互联网表达和传播的各种情绪、态度、意见、意愿交叉的总和，网络舆情信息的主要来源有新闻、论坛、博客、聚合新闻（RSS）等。

2. 网络舆情的特点

显然网民的舆论力量在现实社会中已不容小觑，网络舆情的特点如图 9.16 所示。互联网聚集的人气、展开的场景与揭示的真相，推动新闻事件的发展、形成网络舆论，甚至直接影响社会主流舆论，已经成为推进社会变革的一股强大力量。

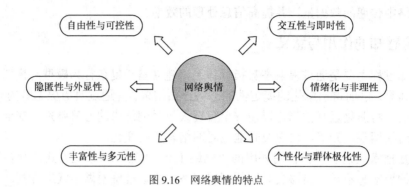

图 9.16　网络舆情的特点

3. 舆情监测的意义

舆情工作生命周期如图 9.17 所示，对相关政府部门来说，如何加强对网络舆情的及时监测、有效引导，如何对网络舆论危机的积极化解，已成为网络舆情管理的一大难点。网络舆情的监管对维护社会稳定、促进国家发展具有重要的现实意义，也是创建和谐社会的应有内涵。网络舆情的持续性研究也将是一个长期的课题。各界管理机构对网络舆情也给予了越来越多的重视。

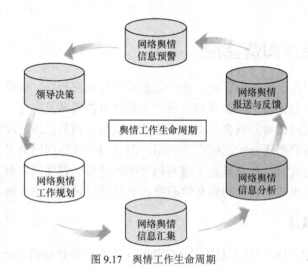

图 9.17　舆情工作生命周期

舆情监测系统针对互联网舆情信息进行自动采集、自动分类和自动去重等智能处理，从海量信息中即时、准确地筛选关键情报信息，经过可定义的处理流程，将舆情信息和舆情分析报告送达国内外企业、政府机构、事业单位、大专院校和科研机构各级领导层，为领导决策层、研发人员、营销人员实施战略管理、辅助决策参考、参与市场竞争、获取竞争优势提供保障。

9.5.2　舆情监测系统的功能框架

网络舆情监测分析系统是指整合互联网搜索技术及信息智能处理技术和知识管理方法，通过对互联网海量信息的自动抓取、自动分类聚类、主题检测、专题聚焦，实现用户的网络舆情监测和新闻专题追踪等信息需求，形成简报、报告、图表等分析结果，为客户全面掌握群众思想动态，做出正确舆论引导，提供分析依据。

监测系统模型包含三大功能模块：互联网舆情信息采集和存储、舆情智能分析、舆情服务管理。模型框架如图 9.18 所示。

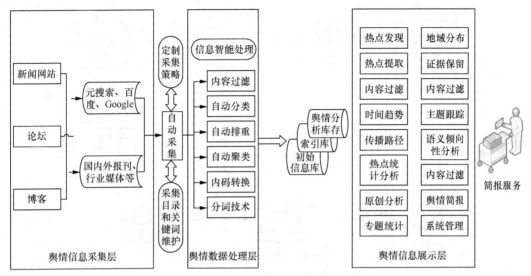

图 9.18　网络舆情监测分析系统模型框架

1. 舆情信息采集层

整合多种信息源，包括互联网通用信息的收集、互联网验证信息的收集、互联网论坛信息的收集、互联网博客信息的收集、搜索引擎检索后的数据收集、录入信息的收集，并通过舆情搜索引擎对海量的舆情数据进行实时索引。信息收集过程中利用自然语言等技术初步筛选、查重去重、自动摘要、自动分类进行处理、去掉大多数系统不关注的信息。

网络采集主要包括两部分：一是采集论坛、博客、网页的采集模块；二是采集百度、Google 生成页面的搜索引擎采集模块。采集与存储过程包括以下几个部分。

（1）论坛、博客、网页的采集

多线程实时监测和采集目标网站的内容，对采集到的信息进行过滤和自动分类处理，最终将最新内容及时发布出来，实现统一的信息导航功能。或者将采集到的信息送入内容管理平台供监测人员使用，实现实时信息采集，信息的自动分类、去重、标引、入库和发布。

采集内容除新闻内容主体外，还需要采集对新闻的评论、跟帖等，同时将新闻主体和相关的评论、跟帖建立联系，分别储存。

（2）搜索引擎采集

采用元搜索技术，类似于人工通过搜索引擎输入检索词并获取结果的方式，从多个境内、境外的搜索引擎上获得搜索结果，并对这些结果结合固定信息源采集结果进行比对、查重，将频繁出现的敏感内容的地址进行统计汇总，提示相关管理人员是否加入固定采集列表，从而形成良性循环，建立逐步完善的全网监测采集机制。

利用搜索引擎采集实现全网搜索的服务模式，如图 9.19 所示。

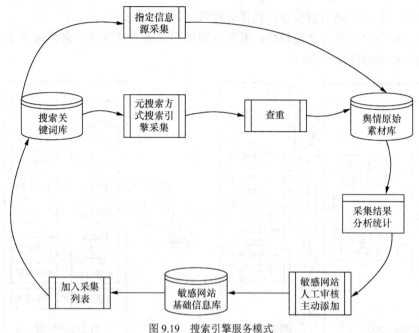

图 9.19 搜索引擎服务模式

（3）采集策略

既可以灵活设置采集网站、采集频道/栏目、采集页面、采集深度等。又可以方便地设置信息监测的时间周期，灵活设置两次资源更新之间的时间间隔。

提供精确采集处理策略，如引入日期变量、页码变量与数字变量，使用户可精确定位带有日期、翻页或一定数字规则信息的栏目及频道。

提供先进高效的信息更新处理机制，只采集实时更新过的网页资源，保证对采集过的信息不会重复采集。

采用多线程并发搜索技术，支持设置多类别、多站点同时并发采集。

提供对多语种网页资源的采集支持功能，可对中、英、日等各种语言站点进行采集；支持对中文繁体网页资源的采集。

可采集网页元数据和多媒体内容。可完整地识别并记录每个网页的详细元数据信息，包括网页名称、大小、日期、标题、文字内容等，网页中的图片和表格信息可同时被采集。支持多媒体数据信息的采集，包括 Office 文档、PDF、音频/视频等各种格式文件和多媒体信息的下载。

（4）搜索整合功能

● 统一检索：可同时选择百度、Google 作为采集资源，利用预先定义的语料搜索词库从同一个检索入口对多个资源提交检索请求。请求多线程并发递交给各个资源的检索引擎，有效提高检索速度，节约用户时间。对于一个检索请求，首先给出检索报告，报告各个引擎的检索结果数，为使用者提供有指导意义的检索结果概貌。

● 统一结果展示：等待各个资源的检索引擎返回结果，并对这些结果进行分析和提取，以统一的方式返回给用户。如果用户要进一步浏览这些检索结果，则可以单击相应的链接，进入各个资源的网页查看详细信息。

● 语料库定义和维护：在元搜索模式下提供词典管理和配置，可以通过编辑进行灵活设置和扩充。

（5）敏感资源的完善和补充

对于通过搜索引擎发现的属于敏感信息的来源地址，需经过管理人员审核后，将其迁入网页采集源，生成新的采集配置，也可扩展到整个网站，以便进行有效信息的跟踪。

（6）内容过渡

采用自动过滤技术和网页结构分析技术，自动分析有用的网页，提取元数据，过滤掉不需要采集的网页和媒体文件，有效避免垃圾信息的下载以及对带宽的浪费，自动识别网页真正的标题，同时保存网页中与正文相关的表格和图片。

（7）自动分类

可以按主题、关键词、来源等内容进行分类管理，也可以按统计或规则进行分类，创建专有的分类模型，分类采用树状结构，可进行管理和维护，级数没有限制。主题、关键词、来源的自动分类可以借助规则分类技术实现。

自动分类功能支持基于语义规则的自动分类（机检分类）和基于统计原理的自动分类两种方法。

① 基于语义规则的自动分类（机检分类）

基于语义规则的自动分类具备以下特点。

● 用户可以自由维护分类词表，人工添加或修改规则，词表大小没有限制。

● 分类方法可以随意更新，类别个数和结构都没有限制。

● 支持多级分类。

● 用户可以对规则分配不同的置信度，在多条规则发生冲突的情况下，选择置信度较高的规则进行匹配，提高准确率。

② 基于统计原理的自动分类

基于统计原理的自动分类系统采用机器自动学习的方式，其特点如下。

● 可对文本/网页进行基于内容的自动分类，不需要人工干预。

● 自动分类准确率达 85%以上，可以满足大多数应用的实用要求。

● 支持复分，一篇文章能分入多个符合条件的分类。

● 支持多级分类，每级可支持 100 个子类。

● 提供分类训练工具，允许用户根据自己的分类需求和数据特点设定分类结构，自动生成特征模板，也可以为用户定制和优化分类模板，提供个性化选择。

● 对采集信息的内容自动过滤、自动分类、自动排重、自动聚类、内码转换等功能无缝集成在系统内部，实现了自动处理的高集成度。

（8）自动重排

能够根据 URL 直接去重，同时还能够根据内容比较去重。利用相似性检索技术，对标题或内容有重复性的信息自动归类，并可设置是否存储重复信息，对于标题不同而内容近似的内容同样可以识别。利用内容的相似性进行排重判断，准确性高，它不会因为标题或内容的少许变化而产生漏判，即使将标题改头换面，系统也能正确判定。

（9）数据存储

采集下来的信息存入舆情初始信息库，并建立索引以提供全文检索。另外，对初始信息进行分析。例如，过滤出本行业的内容，可以根据过滤的情况确定各种舆情分析库的结构和存储，生成各种应用方向的舆情分析库，如转载库、聚类主题库等，历史信息存入舆情历史资料库。

2. 舆情数据处理层

舆情工作人员通过工作平台系统的 Web 界面，进行信息筛选、清洗、智能分析、编辑以及加工整理，将处理后的信息从原始信息库加入到舆情信息库；通过发布操作将舆情信息库中的信息发布到系统服务平台上。

通过对检索到的文档进行关联操作以生成舆情报告，也可以直接检索文档以生成报告，报告在发布之后存储在舆情信息库中，可以经过进一步加工，发布到舆情服务门户中去。另外，也可以根据实际需要实现舆情热点、频点、传播趋势分析。

（1）文本分类

支持基于内容和基于规则的自动分类，提供分类训练器，以分类语料文本作为输入，生成基于内容的自动分类模板。支持基于规则的自动分类，规则的书写满足与、或、非、异或等逻辑运算。

（2）相似性文档关联

为了实现对网络信息的相关性发现和关联，需要实现基于文本内容的相似性自动处理。基于文本内容的相似度计算方法，可自由设置文档相似度的阈值和检索结果集的大小。支持跨语言相似性检索，输入中文文档，可以在库中检索相似的英文文档。同时支持中英文文本的单语自动查重、双语言自动查重，并可根据用户需求扩展到其他语种。

（3）自动聚类和热点信息分析

提供自动聚类功能，方便用户发现各个时期的热点及热点随时间的演变。

要求基于先进的自动分词系统和相似性算法，对每一个得到的类别，给出类别主题词。需要内置主题词典、分类词典等丰富的语言学资源。要求支持中英文混合聚类，并能够根据用户需求扩展到其他语种。

提供敏感词典，并且能够对敏感词提供维护和扩展功能。

提供热点类、最新类、热点词、热词排行、每日热点、报警类等舆情信息的聚类分析。

（4）信息自动抽取

用户可以对非结构化的文本数据内容进行定向抽取，以获取关键信息，作为进一步的分析统计的基础。

利用机器学习和统计的方法，将抽取的命名实体内容依据用户需求扩展。

抽取的实体可用于关联关系挖掘，以发现和分析实体之间关联性，以用于舆情信息的分析研究。

（5）热点发现和排序

利用聚类和相似性检索技术，通过转载、点击、评论、回复和报道率等数值，发现新闻热点、关键词热点、专题热点等，提供上述因素的自动排名，可以自由定义时间段进行统计分析。用户也可以点击统计，查看按时间描点的统计图。

（6）舆情信息关联搜索

在查找到具体的信息时，可以看到与舆情相关的新闻信息、博客信息、论坛信息，显示相关信息作为扩展查询的方式。

（7）证据保留

对于散发负面信息的非法内容可以取证，将该页面原样打印成图片格式保存在本地，同时还要保留网页快照。

3. 舆情信息展示层

以各种适当的方式包装舆情情报产品，及时传送给相关决策领导，并为以决策层为主的员工提供快捷友好的多途径检索、舆情推送定制、邮件订阅等分层次舆情情报服务。

（1）预警管理和通知

预警管理包括 3 个层次的应用：一是重大突发事件及时通知监测人员，可以通过邮件和手机短信的方式；二是建设预警策略，实现分级预警；三是实现预警处理的全过程管理。

① 重大突发事件及时报警

当出现突发的舆情信息时，需要在第一时间通知不在现场的人员。在热点信息突发时，系统会自动启动短信发送任务，将该热点信息发送到指定用户/用户组的手机上。

需要预先定义策略，即出现什么样的情况时发送报警短信。例如新闻半小时内转载超过多少，论坛某个主题的发帖增量，可设定多个值，从而实现特大突发事件的持续报警。

② 分级预警管理

系统可对监测的信息类别提供预警功能。预警等级可根据用户需求分为高级、中级、低级等安全级别。用户可查看预警的各类信息，如在预警总分布图中查看每类信息的预警文章条数及百分比。还可以查看每类预警信息某一时间段的传播趋势、传播站点统计、信息类别统计、新闻帖子统计等。

③ 预警过程管理

可以对预警处理的全过程进行管理，通过各种通知方式通知监测人员，使得监测人员快速获得疑似预警信息，以便进一步判断和取证，生成案件取证报告和监测报告。

（2）简报报告和服务

按需要提供及时报和日、周、月等不同周期的报告，不同报告说明如下。

- 时报：当有重大突发事件时及时对事件主题进行报道，展示发展趋势、分布、传播链。
- 日报：当日热点信息描述。
- 周报：本周热点信息描述及统计图表。
- 月报：本月热点信息描述及统计图表。

采用可视化编辑器作为文档内容的编辑器，当用户采集的文档类型为 HTML 内容时，用户可以直接编辑 HTML 页面，实现所见即所得的可视化文档内容编辑效果。用户可随意指定文档内容的字体、字号、字体颜色、背景颜色、段落对齐方式、项目符号、段落缩进等属性，并且可以插入超级链接、分页符、表格、图片、Flash、音频、视频、模板、特殊字符，可以任意调整图片的位置、大小等，充分实现混排功能，插入的图片、Flash 等文件会自动上传到适当的目录，对用户透明。

9.5.3 舆情监测的关键技术

1. 网络信息采集技术

随着互联网上信息的暴增，以及网络信息的复杂和非结构化等特点，网络信息的获取以及基于网络信息搜集的分析与研究工作变得越来越困难。目前已有的舆情监测系统主要采用元搜索技术和网络爬虫的方法采集舆情信息。

（1）元搜索技术

目前，人们从互联网获取信息的主要方式是通过搜索引擎，然而搜索引擎也不能保证能够收录 100%的互联网信息，并且搜索引擎提供的检索结果数通常只有几百个。一种获取全面信息的方法是采用元搜索技术。元搜索通过将多个单一搜索引擎集成在一起，将用户的检索提问同时提交给多个独立的搜索引擎，同时检索多个索引库，并将多个搜索引擎的检索结果进行二次加工，如对检索结果去重、排序、过滤等。其搜索到的结果将比用单一搜索引擎搜索到的结果，数量更多，信息更全。同时采用元搜索技术无须自己收录整个互联网中的信息就可以获得查询结果，其复杂性较低。

元搜索技术主要由 3 个部分组成：搜索请求分发、搜索接口调用、搜索结果显示。"搜索请求分发"负责实现对用户"个性化"的搜索设置条件，包括调用具体的搜索引擎、搜索时间范围的设定、结果数量的设定等。"搜索接口调用"负责调用搜索引擎的调用接口，取得搜索结果。"搜索结果显示"负责所有成员搜索引擎检索结果的去重、合并、输出处理等。

元搜索过程包括 3 个部分，提交查询机制，多引擎接口机制和结果处理整合机制。各个部分机制的功能如下。

① 提交查询机制

提交查询机制的作用是将用户的查询要求按照某种方法整合，通过一定的选择方式提交给各个搜索引擎，其中包括选择要提交的引擎，提交的时间及数量，以及需要的结果限制等均在提交查询机制中完成。

② 多引擎接口机制

多引擎接口机制与提交查询机制相连，提交的查询要求，按要求分类分派给不同的单个引擎，查询后的结果再通过多引擎接口进行分类返回给用户，多引擎接口机制是提交查询机制与结果处理整合机制的中间转换环节。保证查询请求保持语义不丢失，查询结果分派不丢失。

③ 结果处理整合机制

当各个单个的搜索引擎查询完成后，需要对结果进行排序、分类、去重等操作，这些操作需要在结果处理整合机制中完成，排序完成后将结果返回给多引擎接口机制，用得比较多的排序依据有以下几种：搜索时间、搜索量、搜索相关度。元搜索在处理不同的查询提交请求时，将请求提交给多引擎的接口的过程是不同的，根据处理方式的不同，可以划分为 3 类：串行方式、并行方式以及串并行相结合的方式。串行方式是将提交的查询请求一次一个地传递给引擎接口，并行方式是将这些查询请求同时传给多个搜索引擎。串并行相结合，则会根据不同的情况同时存在串行和并行的提交方式。

常见的元搜索引擎包括：线索复合元搜索引擎、归并统一元搜索引擎。

① 线索复合元搜索引擎

线索复合元搜索引擎是基于多线索的一种元搜索方式，是目前较为普遍的元搜索引擎，可以直接通过浏览器进行访问，因此比较简单实用、易学易懂。除此之外这类元搜索引擎具有以下普遍特点。

● 检索界面单一。这类引擎没有复杂的搜索界面，搜索界面比较传统，提供不同的搜索引擎信息，针对不同的用户可以通过选择不同的搜索引擎进行元搜索。所有引擎在逻辑上是统一的，通过一个界面达到在外部进行全局控制的效果。

● 对于不同的查询指令可以进行统一的转换。通过外部控制全局的机制，提供某个指令可使所有的查询请求自动翻译成标准语言，用户可以使用不同的语言对不同的搜索引擎进行搜索请求。

● 查询结果统一输出。除了统一的界面、统一的语言，线索复合元搜索引擎还提供了统一的结果显示机制，通过对各个引擎的检索结果进行整合处理，最后将查询结果返回给用户。目前，线索复合元搜索引擎在国外已经有着广泛的应用，如 Dogpile、Mamma 等，我国的万维搜索也采用这种方式。

② 归并统一元搜索引擎

归并统一元搜索引擎没有统一的界面及结果处理方式，它是把多个搜索引擎的结果直接返回给用户，不作任何处理。该引擎具有以下特点。

● 检索界面相对简单，功能不够强大。

● 一次只能检索一个搜索引擎，且检索结果不完整。

● 检索结果格式不一，格式完全取决于所选的搜索引擎，不对结果进行优化和整合。

（2）网络爬虫技术

网络爬虫（Web Crawler），又称为网络蜘蛛（Web Spider）或 Web 信息采集器，是一个自动下载网页的计算机程序或自动化脚本，是搜索引擎的重要组成部分。网络爬虫通常从一个称为种子集的 URL 集合开始运行，它首先将这些 URL 全部放入一个有序的待爬行队列里，按照一定的顺序从中取出 URL 并下载所指向的页面，分析页面内容，提取新的 URL 并存入待爬行 URL 队列中，如此重复上面的过程，直到 URL 队列为空或满足某个爬行终止条件，从而遍历 Web。

① 网络爬虫的基本原理

万维网是一个网状结构的信息空间，可以用一个有向图 G=(N,E) 来表示。将网页中的内容看作节点，由 URL 作为唯一标示。叶子节点可以是网页文件，也可以是图形、音频等媒体文件。所有的非叶子节点都是网页文件。因此，爬虫在抓取网页的时候，可以使用有向图遍历算法对其进行遍历。

网络爬虫的基本工作流程如下。

Step1 首先选取一部分精心挑选的种子 URL。

Step2 将这些种子 URL 放入待抓取 URL 队列。

Step3 从待抓取 URL 队列中取出待抓取的 URL，解析 DNS，并且得到主机的 IP，并将 URL 对应的网页下载下来，存储到已下载的网页库中。此外，将这些 URL 放进已抓取 URL 队列。

Step4 分析已抓取 URL 队列中的 URL，分析其中的其他 URL，并且将 URL 放入待抓取 URL 队列，从而进入下一个循环。

② 网络爬虫的分类

网络爬虫按照系统结构和实现技术，大致可以分为以下几种类型：通用网络爬虫（General Purpose Web Crawler）、聚焦网络爬虫（Focused Web Crawler）、增量式网络爬虫（Incremental Web Crawler）、深层网络爬虫（Deep Web Crawler）。实际的网络爬虫系统通常都是几种爬虫技术相结合实现的。

● 通用网络爬虫

通用网络爬虫又称全网爬虫（Scalable Web Crawler），爬行对象从一些种子 URL 扩充到整个 Web，主要为门户站点搜索引擎和大型 Web 服务提供商采集数据。由于商业原因，它们的技术细节很少公布出来。这类网络爬虫的爬行范围和数量巨大，对于爬行速度和存储空间要求较高，对于爬行页面的顺序要求相对较低，同时由于待刷新的页面太多，通常采用并行工作方式，但需要较长时间才能刷新一次页面。虽然存在一定缺陷，但通用网络爬虫适用于为搜索引擎搜索广泛的主题，有较强的应用价值。

● 聚焦网络爬虫

聚焦网络爬虫（Focused Crawler），又称主题网络爬虫（Topical Crawler），是指选择性地爬行那些与预先定义好的主题相关页面的网络爬虫。和通用网络爬虫相比，聚焦爬虫只需要爬行与主题相关的页面，极大地节省了硬件和网络资源，保存的页面也由于数量少而更新快，还可以很好地满足一些特定人群对特定领域信息的需求。

聚焦网络爬虫和通用网络爬虫相比，增加了链接评价模块以及内容评价模块。聚焦爬虫爬行策略实现的关键是评价页面内容和链接的重要性，不同的方法计算出的重要性不同，由此导致链接的访问顺序也不同。

● 增量式网络爬虫

增量式网络爬虫（Incremental Web Crawler）是指对已下载网页采取增量式更新和只爬行新产生的或者已经发生变化网页的爬虫，它能够在一定程度上保证所爬行的页面是尽可能新的页面。和周期性爬行和刷新页面的网络爬虫相比，增量式爬虫只会在需要的时候爬行新产生或发生更新的页面，并不重新下载没有发生变化的页面，可有效减少数据下载量，及时更新已爬行的网页，减小时间和空间上的耗费，但是增加了爬行算法的复杂度和实现难度。增量式网络爬虫的体系结构包含爬行模块、排序模块、更新模块、本地页面集、待爬行 URL 集以及本地页面 URL 集。

● Deep Web 爬虫

Web 页面按存在方式可以分为表层网页（Surface Web）和深层网页（Deep Web，也称 Invisible Web Pages 或 Hidden Web）。表层网页是指传统搜索引擎可以索引的页面，以超链接可以到达的静态网页为主构成的 Web 页面。Deep Web 是那些大部分内容不能通过静态链接获取的、隐藏在搜索表单后的，只有用户提交一些关键词才能获得的 Web 页面。例如那些用户注册后内容才可见的网页就属于 Deep Web。2000 年 Bright Planet 指出，Deep Web 可访问的信息容量是 Surface Web 的几百倍，是互联网上最大、发展最快的新型信息资源。

Deep Web 爬虫爬行过程中最重要部分就是表单填写，包含两种类型：一是基于领域知识的表单填写，此方法一般会维持一个本体库，通过语义分析来选取合适的关键词填写表单；二是基于网页结构分析的表单填写，此方法一般无领域知识或仅有有限的领域知识，将网页表单表示成 DOM 树，从中提取表单各字段的值。

③ 网络爬虫的搜索策略

在爬虫系统中，待抓取 URL 队列是很重要的一部分。待抓取 URL 队列中的 URL 以什么样的顺序排列也是一个很重要的问题，因为这涉及抓取页面的先后问题。而决定这些 URL 排列顺序的方法，叫作抓取策略。下面重点介绍几种常见的抓取策略。

● 深度优先遍历策略

深度优先遍历策略是指网络爬虫会从起始页开始，一个链接一个链接地跟踪下去，处理完这条线路之后再转入下一个起始页，继续跟踪链接。以图 9.20 为例，遍历的路径为：A—F—G。

● 宽度优先遍历策略

宽度优先遍历策略的基本思路是，将新下载网页中发现的链接直接插入待抓取 URL 队列的末尾。即网络爬虫会先抓取起始网页中链接的所有网页，然后再选择其中的一个链接网页，继续抓取在此网页中链接的所有网页。

● 反向链接数策略

反向链接数是指一个网页被其他网页链接指向的数量。反向链接数表示的是一个网页的内容受到其他人推荐的程度。因此，很多时候搜索引擎的抓取系统会使用这个指标来评价网页的重要程度，从而决定不同网页的抓取先后顺序。

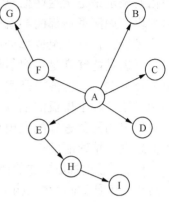

图 9.20 网络爬虫节点搜索路径

在真实的网络环境中，由于广告链接、作弊链接的存在，反向链接数不能完全等同于重要程度。因此，搜索引擎往往考虑一些可靠的反向链接数。

● Partial PageRank 策略

Partial PageRank 借鉴了 PageRank 算法的思想：对于已经下载的网页，连同待抓取 URL 队列中的 URL，形成网页集合，计算每个页面的 PageRank 值；计算完之后，将待抓取 URL 队列中的 URL 按照 PageRank 值的大小排列，并按照该顺序抓取页面。

如果每次抓取一个页面，就重新计算 PageRank 值，会消耗大量资源。一个折中的方案是：每抓取 K 个页面后，重新计算一次 PageRank 值。但是这种情况还会有一个问题：对于已经下载下来的页面中分析出的链接，也就是我们之前提到的未知网页那一部分，暂时是没有 PageRank 值的。为了解决这个问题，会通过给这些页面一个临时的 PageRank 值，即将这个网页所有入链传递进来的 PageRank 值进行汇总，这样就形成了该未知页面的 PageRank 值，从而参与排序。

● OPIC 策略

该算法实际上也是对页面进行一个重要性打分。在算法开始前，给所有页面一个相同的初始现金（Cash）。当下载了某个页面 P 之后，将 P 的现金分摊给所有从 P 中分析出的链接，并且将 P 的现金清空。对于待抓取 URL 队列中的所有页面按照现金数进行排序。

● 大站优先策略

对于待抓取 URL 队列中的所有网页，根据所属的网站进行分类。对于待下载页面数较多的网站，优先下载。这个策略也因此叫作大站优先策略。

2. 网页内容智能提取技术

网页中通常包含广告、版权信息、脚本描述语言等内容。网页内容智能提取技术能有效提取网页中的有效信息，区分网页中的标题、正文等信息项，并对具有连续性的多个网页内容进行自动合并自动提取网络论坛信息等。

网络信息抽取和预处理是舆情监测的关键，其抽取和处理的效果将直接决定舆情监测的效果。该部分涉及的主要技术包括：网页文本信息的抽取、分词和文本形式化表示。

（1）网页文本信息抽取

信息抽取的作用是从自然语言中抽取出预定好的实体、关系、事件的集合，并用结构化的表示来记录这些信息。与单纯的文本不一样的是，一个完整的网页通常包含多个内容块，如网页顶部的导航栏、网页正文标题、网页正文信息、相关的链接、广告、版权信息等。在这些组成部分中网页标题与网页正文信息通常是用户最关心的部分，多数情况下也是能够满足用户需要的信息，我们称其为主体信息。其他块中的内容基本与网页内容无关，这些内容是用户可以忽略的非主体信息。目前，网页文本信息抽取主要有两种方法：基于模板的抽取方法和基于网页结构信息的抽取方法。基于模板的方法是事先对特定的网页进行配置模板，抽取模板中设置好的需要的信息，可以针对有限个网站的信息进行精确地采集。

基于模板的抽取方法的特点是简单、精确、技术难度低、方便快速部署。但不同信息源的网站，其网页的具体结构不同，针对不同网站制作不同的模板在信息源多样性的情况下维护量是巨大的。所以这种方式适合少量信息源的信息处理。Web-Harvest 是一个 Java 开源基于模板的网页信息提取工具。该工具首先将一个 html 页面转化成一个 xml 格式的页面，基于事先定义好的规则实现对 text/xml 的操作，这些规则可以使用 XSLT、XQuery、正则表达式等语法来描述。

基于网页结构信息的抽取方法多采用页面结构分析与智能节点分析转换的方法，自动抽取结构化的数据。该方法可对任意的正常网页进行抽取，完全自动化，不用对具体网站事先生成模板，对每个网页自动实时地生成抽取规则，完全不需要人工干预。基于网页结构信息的抽取方法我们能够采用页面的智能分析技术，先去除了垃圾块，降低分析的压力，使处理速度大大提高。同时其通用性较好，易于维护，只需设定参数、配置相应的特征就能改进相应的抽取性能。但由于网页结构的复杂性和多样性，这种方法提取精度相对较低，技术难度较高。随着技术的进步，越来越多的技术被用来实现 Web 页面的数据抽取，其中涉及多个研究领域，如自然语言处理过程、语言和语法处理、机器学习、息检索、数据库以及本体论等。这些技术之间有着非常明显的差异，处理的适用对象也各不相同。

（2）数据预处理技术

预处理技术主要包括 Stemming 英文/分词中文、特征表示和特征提取。与数据库中的结构化数据相比，文本没有结构或具有有限的结构。此外，文档的内容是人类所使用的自然语言，计算机很难处理其语义。文本信息源的这些特殊性使得数据预处理技术在文本挖掘中更加重要。

① 分词技术

在对文档进行特征提取前，需要先进行文本信息的预处理。对英文而言需进行 Stemming 处理。中文的情况则不同，因为中文词与词之间没有固有的间隔符（空格），中文需要进行分词处理。目前主要有基于词库的分词算法和无词典的分词技术两种。

基于词库的分词算法包括正向最大匹配、正向最小匹配、逆向匹配及逐词遍历匹配法等。这类算法的特点是易于实现，设计简单；但分词的正确性很大程度上取决于所建的词库。因此基于词库的分词技术对于歧义和未登录词的切分具有很大的困难。

基于无词典的分词技术的基本思想是：基于词频的统计，将原文中任意前后紧邻的两个字作为一个词进行出现频率的统计，出现的次数越高，成为一个词的可能性也就越大，在频率超过某个预先设定的阈值时，就将其作为一个词进行索引。这种方法能够有效地提取出未登录词。

② 特征表示

文本特征指的是关于文本的元数据，分为描述性特征（如文本的名称、日期、大小、类型等）和语义性特征（如文本的作者、机构、标题、内容等）。特征表示是指以一定特征项（如词条或描述）来代表文档，在文本挖掘时只需要对这些特征项进行处理，即可实现对非结构化的文本处理。这是一个非结构化向结构化转换的处理步骤。特征表示的构造过程就是挖掘模型的构造过程。特征表示模型有多种，常用的有布尔逻辑型、向量空间模型（Vector Space Model，VSM）、概率型以及混合型等。W3C 制定的 XML、RDF 等规范都提供了对 Web 文档资源进行描述的语言和框架。

③ 特征提取

用向量空间模型得到的特征向量的维数往往会达到数十万维，如此高维的特征对即将进行的分类学习未必全是重要、有益的（一般只选择 2%～5%的最佳特征作为分类依据），而且高维的特征会大大增加机器的学习时间，这便是特征提取所要完成的工作。

特征提取算法一般是构造一个评价函数，对每个特征进行评估，然后把特征按分值高低排队，预定数目分数最高的特征被选取。在文本处理中，常用的评估函数有信息增益（Information Gain）、期望交叉熵（Expected Cross Entropy）、互信息（Mutual Information）、文本证据权（The Weight of Evidence for Text）和词频。

3. 文本挖掘技术

文本挖掘是一项综合性的技术，涉及数据挖掘、自然语言处理、计算语言学、信息检索及分类、知识管理等多个领域。中文文本挖掘出的数据源是文本数据，可以是 Web 页面、文本文件、Word 和 Excel 文件、PDF 文件等形式的电子文档。

在获取文本信息之前先要对文本数据进行预处理，包括数据清洗（如去噪、去重），数据选择（即选择所需文本数据），文本切分（如中文分词、段落切分）等。然后提取中文文本的特征信息，包括关键词（高频词）提取、术语（词组、短语）提取、基于模板的信息抽取、基于语义词典的概念转换、基于浅层句法分析的语法特征提取、基于浅层语义分析的语义特征提取、基于文本分类的文本类别信息获取等操作。

文本挖掘不但要处理大量的结构化和非结构化的文档数据，而且还要处理其中复杂的语义关系，因此，现有的数据挖掘技术无法直接应用。对于非结构化问题，一条途径是发展全新的数据挖掘算法直接对非结构化数据进行挖掘；另一条途径就是将非结构化问题结构化，利用现有的数据挖掘技术进行挖掘，目前的文本挖掘一般采用该途径进行。按照文本挖掘的过程介绍其涉及的主要技术及其主要进展。

文本转换为向量形式并经特征提取以后，便可以进行挖掘分析。常用的文本挖掘分析技术有：文本结构分析、文本摘要、文本分类、文本聚类、文本关联分析、分布分析和趋势预测等。

（1）文本结构分析

文本结构分析的目的是为了更好地理解文本的主题思想，了解文本所表达的内容以及采用的方式。最终的结果是建立文本的逻辑结构，即文本结构树，根节点是文本主题，依次为层次和段落。

（2）文本摘要

文本摘要是指从文档中抽取关键信息，用简洁的形式对文档内容进行解释和概括。这样，用户不需要浏览全文就可以了解文档或文档集合的总体内容。

任何一篇文章总有一些主题句，大部分位于整篇文章的开头或末尾部分，而且往往是在段首或段尾。因此，文本摘要自动生成算法主要考察文本的开头、末尾，而且在构造句子的权值函数时，相应的给标题、子标题、段首和段尾的句子较大的权值，按权值大小选择句子组成相应的摘要。

（3）文本分类

文本分类的目的是让机器学会一个分类函数或分类模型，该模型能把文本映射到已存在的多个类别中的某一类，使检索或查询的速度更快，准确率更高。训练方法和分类算法是分类系统的核心部分。用于文本分类的分类方法较多，主要有朴素贝叶斯分类（Native Bayes）、向量空间模型、决策树、支持向量机、后向传播分类、遗传算法、基于案例的推理、K-最临近、基于中心点的分类方法、粗糙集、模糊集以及线性最小二乘（Linear Least Square Fit，LLSF）等。

（4）文本聚类

文本分类是将文档归入已存在的类中，文本聚类的目标和文本分类是一样的，只是实现的方法不同。文本聚类是无教师的机器学习，聚类没有预先定义好的主题类别，它的目标是将文档集合分成若干簇，要求同一簇内文档内容的相似度尽可能大，而不同簇间的相似度尽可能小。

（5）关联分析

关联分析是指从文档集合中找出不同词语之间的关系。Feldman 和 Hirsh 研究了文本数据库中关联规则的挖掘，提出了一种从大量文档中发现一对词语出现模式的算法，并用来在 Web 上寻找作者和书名的出现模式，从而发现了数千本在 Amazon 网站上找不到的新书籍。

（6）分布分析与趋势预测

分布分析与趋势预测是指通过对文档的分析，得到特定数据在某个历史时刻的情况或将来的取值趋势。Feldman R 等人使用多种分布模型对路透社的两万多篇新闻进行了挖掘，得到主题、国家、组织、人、股票交易之间的相对分布，揭示了一些有趣的趋势。

（7）可视化技术

数据可视化（Data Visualization）技术指的是运用计算机图形学知识和图像处理技术，将数据转换为图形或图像在屏幕上显示出来，并进行交互处理的理论、方法和技术。它涉及计算机图形学、图像处理、计算机辅助设计、计算机视觉及人机交互技术等多个领域。国内外学者已经对数据可视化技术进行了大量的研究，运用最小张力计算、多维标度法、语义分析、内容图谱分析、引文网络分析及神经网络技术，进行了信息和数据的可视化表达。

9.5.4　舆情控制

1. 舆情控制前提

通过网络舆情分析，及时对网络行为与内容进行审计甄别，一旦发现危害社会的情况，就需要采取快速、合理的控制手段，有效掌控舆情走向。但并不是任何单位或个人都可以进行舆情监控，必须确保舆情控制行为合理合法。实施舆情监控需要以下 3 个前提。

（1）舆情监控的主体必须是有执法权的国家部门。

（2）被监控对象有危害社会、危害国家的重要嫌疑。

（3）舆情监控的程序必须合理合法，不得侵害个人隐私及正常的商业利益，必须维护个人和团体的合法权益，监控的目的是维护国家的安全与稳定。

2. 舆情控制方式

舆情的问题必须采用舆情的办法解决，舆情监测的目的不是为了监督并控制民意，而是采用技术手段分析互联网舆情信息以了解社会民情，从而辅助政府决策，为构建和谐社会提供更好的服务。因此，一般情况下，网络舆情主要是监管部门实施监测和掌握，不能实施暴力控制。

但是，一旦发生了危害国家和社会安全的舆情问题，如谣言、非法集资活动等，相关管理部门必须采取有力措施进行管控，第一时间启动应急预案，快速利用舆情疏导手段进行澄清，如利用政府部门网站、主流论坛及召开新闻发布会等方式，及时告知群众事实真相。一般地，舆情控制的主要流程如下。

（1）预先制定危机预警方案。针对各种类型的危机事件，制定详尽的判断标准和预警方案，确定重点监控的目标网站和过滤的关键词等。

（2）密切关注事态发展。保持第一时间掌控事态发展，加强监测力度。

（3）及时传递和沟通信息。与舆情涉及的政府相关部门保持紧密联系与沟通，各部门协同配合，判断危机走向，对预案进行合理修改和调整，确定危机的应对措施并实施。

小　　结

安全监控可分为网络安全监控和主机安全监控；监控方式包括普通监控、基于插件的监控和基于代理的分布式监控；监控的内容主要有主机系统监视、网络状态监视、用户操作监视、主机应用监控、主机外设监控以及网络连接监控等。

安全审计是指对安全活动进行识别、记录、存储和分析，以查证是否发生安全事件的一种信息安全技术，它能够为管理人员提供有关追踪安全事件和入侵行为的有效证据，从而提高信息系统的安全管理能力。

舆情监测采用计算机技术自动地对网络舆情进行分析整理，建立起全面、有效、快速的舆情监控预警机制。通过实行网络舆情监控，能够了解舆论动向，引导舆论发展，从而制定正确的应对策略，并及时采取措施。

习　　题

1. 系统安全监控的主要内容有哪些？系统安全监控有哪些实现方式？
2. 什么是系统安全审计？它的作用是什么？叙述系统安全审计的工作原理。
3. 简述舆情监控的意义。
4. 网络舆情的特点有哪些？
5. 网络舆情系统功能框架包含哪几层？请简述其内容。
6. 简述网络爬虫技术的原理。

第 10 章

应 急 响 应 处 置 管 理

自 1988 年 11 月莫里斯蠕虫事件以来，计算机网络安全事件逐年上升，特别是近年来随着 Internet 在社会生活中的广泛应用，安全事件给社会所造成的损失越来越大，如何应对信息安全突发事件已成为信息安全领域的研究热点之一。本章内容能够满足信息系统安全运维人员、信息安全管理人员全面了解应急响应知识的需求。

本章首先介绍应急响应的内涵、地位和作用及其必要性；然后介绍应急响应组织以及应急响应体系；最后介绍应急响应的处置流程以及应急响应关键技术。

本章重点：应急响应体系的建立、应急响应处置流程。

本章难点：应急响应的内涵、应急响应关键技术。

10.1 应急响应概述

10.1.1 应急响应的内涵

应急响应（Emergency Response）通常是指人们为了应对各种紧急事件的发生所做的准备以及在事件发生后所采取的措施。信息安全应急响应的处置对象主要是信息安全事件。所谓信息安全事件（Information Security Incident）是指由于自然或者人为以及软件硬件本身缺陷或故障的原因，对信息系统造成危害，或对社会造成负面影响的事件。信息安全事件分为三类，具体如表 10.1 所示。

表 10.1　　　　　　　　　　　　信息安全事件举例

安全事件类型	说明
行为抵赖	通常指行为一方否认自己曾经执行过某种操作，例如，在电子商务中，交易方之一否认曾经订购过某种商品或否认曾经接受过订单
不良信息非法传播	例如，垃圾邮件骚扰和传播色情信息等
愚弄和欺诈	例如，散布虚假紧急信息，导致大量组织机构采取不必要的紧急预防措施，影响系统正常运行

信息安全应急响应除了具备一般应急响应的特征外，所处置事件在空间描述方面增加了网络空间这个维度，事件的主体、事件的描述、危害的评估也更具复杂性和多样性，很多问题至今仍是研究的热点和难点。

10.1.2 应急响应的地位与作用

信息安全可以看作一个动态的过程，它包括风险分析（Risk Analysis）、安全防护（Prevention）、安全检测（Detection）以及响应（Response）4 个阶段，通常被称为以安全策略（Security Policy）为中心的安全生命周期 P-RPDR 安全模型。在 P-RPDR 安全模型中，安全风险分析产生安全策略，安全策略决定防护、检测和响应措施。风险分析、防护、检测和响应间的相互关系如图 10.1 所示。

应急响应在 P-RPDR 安全模型中属于响应范畴，它不仅仅是防护和检测措施的必要补充，而且可以发现安全策略的漏洞，重新进行安全风险评估，进一步指导修订安全策略，加强防护、检测和响应措施，将系统调整到"最安全"的状态。

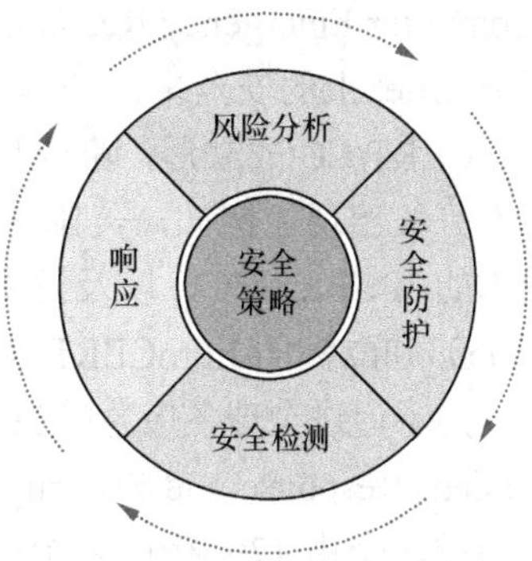

图 10.1　P-RPDR 安全模型

10.1.3　应急响应的必要性

根据 P-RPDR 安全模型可知，目前为了保证信息安全，首先采用的方法就是入侵阻止（即安全防护），即在安全风险分析基础上产生的安全策略指导下，采用加密、认证、安全分级和访问控制等办法来保证信息的安全，达到阻止入侵的目的。其次采用入侵检测，因为网络入侵防不胜防，所以要对无法防御的入侵行为及内部安全威胁进行检测。那么把所有的精力和资源都投放到安全生命周期前 3 个阶段，是否足以保证信息系统和信息的安全呢？答案是否定的。

首先，从理论上我们无法保证系统绝对安全。迄今为止软件工程技术还无法做到可信计算机安全评估准则（Trusted Computer System Evaluation Criteria，TCSEC）中信息系统 A2 级的安全要求，即形式证明一个系统的安全性。另外，目前也没有一种切实可行的方法能够保证人们获取完善的安全策略，以及解决合法用户在通过"身份鉴别"后滥用特权的问题。因此从设计、实现到维护阶段，信息系统都可能留下大量的安全漏洞。

其次，现实中尽管人们对信息安全的关注与投资与日俱增，但是安全事件的数量和影响并没有因此而减少。根据美国计算机应急响应协调中心（Computer Emergency Response Team/Coordination Center，CERT/CC）对 1993～2003 年这十年间发生的网络攻击事件的统计，攻击事件发生的数量逐年增加，近几年由于 Internet 上网络攻击事件太过于频繁，因此自 2004 年 CERT/CC 停止了对网络攻击事件统计信息的公布。2015 年国家计算机网络应急技术处理协调中心（CNCERT/CC）共发现 10.5 万余个木马和僵尸网络控制端，控制了我国境内 1978 万余台主机，累计处置 690 个恶意控制服务器和恶意域名，个人信息泄露事件频发。

最后，越来越多的组织在遭到攻击后，希望通过法律手段追查肇事者，就需要出示收集到的数据作为证据，而计算机取证是应急响应的一个重要环节。由此可见，网络入侵防不胜防，因此我们有必要建立起一套应急响应机制，一方面提高系统自身的抗攻击能力，另一方面也为法律追究提供更丰富的手段和凭据。

10.2　应急响应组织

10.2.1　应急响应组织的起源及发展

1988 年 11 月莫里斯蠕虫病毒事件之后的一个星期内，美国国防部资助宾夕法尼亚州的卡耐基梅隆大学成立了国际上第一个计算机应急响应组织——计算机应急响应协调中心（Computer Emergency Response Team/Coordination Center，CERT/CC），其目的主要是用于协调 Internet 上的安全事件处理。

CERT/CC 成立后，随着互联网对网络安全的需要迅速增强，世界各地应急响应组织如雨后春笋般出现。例如，美国联邦的 FedCIRC、澳大利亚的 AusCERT、德国的 DFN-CERT、日本的 JPCERT/CC，以及亚太地区的 APCERT（Asia Pacific Computer Emergency Response Team）和欧洲的 EuroCERT 等。

为了促进全球各应急响应组织之间协调与合作，1990 年事件响应与安全组论坛（Forum of Incident Response and Security Teams，FIRST）成立。FIRST 发起时有 11 个成员，至今已经发展成一个由 170 多个成员组成的国际性组织。FIRST 成员主要来自各政府、商业和学术方面的计算机安全事件响应组织，以及致力于计算机安全事件防范、快速响应和信息共享的国际组织的网站。

中国的应急响应工作起步较晚，但发展迅速。中国教育与科研计算机网络（China Education and Research Network，CERNET）于 1999 年在清华大学成立了中国教育和科研计算机网应急响应小组（China Computer Emergency Response Team，CCERT），是中国大陆第一个计算机安全应急响应组织，目前已经在全国各地成立了 NJCERT、PKUCERT、GZCERT、CDCERT 等多个应急响应小组。2000 年在美国召开的 FIRST 年会上，CCERT 第一次在国际舞台上介绍了中国应急响应的发展。

2002 年 9 月国家计算机网络应急技术处理协调中心（CNCERT/CC）成立，该中心的任务是在国家互联网应急小组协调办公室的直接领导下，协调全国范围内计算机安全应急响应小组的工作，以及与国际计算机安全组织的交流。目前，CNCERT/CC 已成为国际权威组织 FIRST 的正式成员，并参与组织成立了 APCERT，是 APCERT 的指导委员会委员。

10.2.2　应急响应组织的分类

应急响应组织是应急响应工作的主体。目前，国内外安全事件应急响应组织大致可划分为国内或国际间的应急协调组织、企业或政府组织的应急响应组织、计算机软硬件厂商提供的应急响应组织和商业化的应急响应组织四大类，其组织模式如图 10.2 所示。

（1）国内或国际间的应急响应协调组织

国内或国际间的应急响应协调组织通常属于公益性应急响应组织，一般由政府或社会公益性组织资助，对社会所有用户提供公益性应急响应协调服务。例如，CERT/CC 由美国国防部资助，中国的 CNCERT/CC 也属于该类型的应急响应组织。

（2）企业或政府组织的应急响应组织

企业或政府组织的应急响应组织的服务对象仅限于本组织内部的客户群，可以提供现场的事件处理，分发安全软件和漏洞补丁，提供培训和技术支持等，另外还可以参与组织安全政策的制定和审查等。例如美国联邦的 FedCIRC、美国银行的 BACIRT（Bank of America CIRT）及 CERNET 的 CCERT 等。

（3）计算机软硬件厂商提供的应急响应组织

计算机软硬件厂商提供的应急响应组织主要为本公司产品的安全问题提供应急响应服

务，同时也为公司内部的雇员提供安全事件处理和技术支持。例如 SUN、Cisco 等公司的应急响应组织。

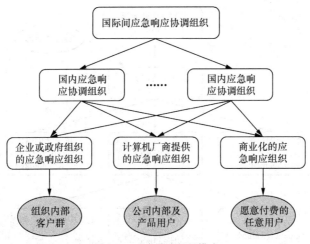

图 10.2　应急响应组织模式

（4）商业化的应急响应组织

商业化的应急响应组织面向全社会提供商业化的安全救援服务，其特点在于一般具有高质量的服务保障，在突发安全事件发生时能够及时响应，有的应急响应组织甚至提供 7×24 小时的服务和现场事件处理等。

应急响应组织并非坐等安全事件发生以后才去补救，防患于未然也是应急响应组织的重要服务内容。所以，应急响应组织一般还提供安全公告、安全咨询、风险评估、入侵检测、安全技术教育与培训以及入侵追踪等多种服务。

10.2.3　国内外典型应急响应组织简介

1. 美国计算机应急响应协调中心（CERT/CC）

目前，CERT/CC 是美国国防部资助下的抗毁性网络系统计划（Networked Systems Survivability Program）的一部分，下设 3 个部门：事件处理、缺陷处理和计算机应急响应组（CSIRT），如图 10.3 所示。CERT/CC 提供的服务如下。

- 安全事件响应。
- 安全事件分析和软件安全缺陷研究。
- 漏洞知识库开发。
- 信息发布，包括缺陷、公告、总结、统计、补丁和工具。
- 教育与培训，包括 CSIRT 管理、CSIRT 技术培训、系统和网络管理员安全培训。
- 指导其他 CSIRT（或 CERT）组织建设。

2. 中国教育和科研计算机网应急响应组（CCERT）

CCERT 是中国教育和科研计算机网（CERNET）专家委员会领导之下的一个公益性的服务和研究组织，为中国教育和科研计算机网络及会员单位的网络安全事件提供快速的响应或技术支持服务，也为社会其他网络用户提供安全事件响应相关的咨询服务。目前，CCERT 的应急响应体系包括 CERNET 内部各级网络中心的安全事件响应小组或安全管理相关部门，已经发展成一个由 30 多个单位组成，覆盖全国的应急响应组织。

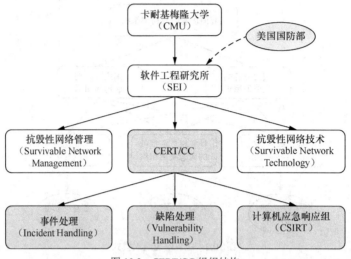

图 10.3　CERT/CC 组织结构

CCERT 首要的服务对象是中国教育和科研计算机网络本身，确保 CERNET 的安全可靠运行，为教育和科研提供一个安全的网络环境。其服务范围如下。
- 网络安全政策的制定、实施和监督。
- 网络运行状态的日常安全监测。
- 及时的安全通告。
- 网络安全事件应急响应。
- 网络安全突发事件时应急解决方案的制定和实施。
- CERNET 各级网络管理人员安全管理知识的教育与培训。

CCERT 其次的服务对象是 CERNET 内部的会员单位，如接入 CERNET 的校园网及各级教育机构和科研组织。其服务内容如下。
- 网络安全管理政策咨询。
- 网络安全技术方案咨询。
- 网络安全事态发展的及时通告。
- 及时的网络安全事件应急响应。
- 定期的网络安全技术培训。

CCERT 最后对其他用户提供力所能及的安全服务，主要包括以下内容。
- 安全通告。
- 安全咨询。
- 安全事件响应。
- 其他安全服务。

3. 国家计算机网络应急技术处理协调中心（CNCERT/CC）

CNCERT/CC 是在国家网络安全应急办公室的直接领导下，负责协调我国各计算机网络安全事件应急小组共同处理国家公共互联网上的安全紧急事件，为国家公共互联网、国家主要网络信息应用系统以及关键部门提供计算机网络安全的监测、预警、应急、防范等安全服务和技术支持，及时收集、核实、汇总和发布有关互联网安全的权威性信息，组织国内计算机网络安全应急组织进行国际合作和交流的组织。CNCERT/CC 组织体系结构如图 10.4 所示。

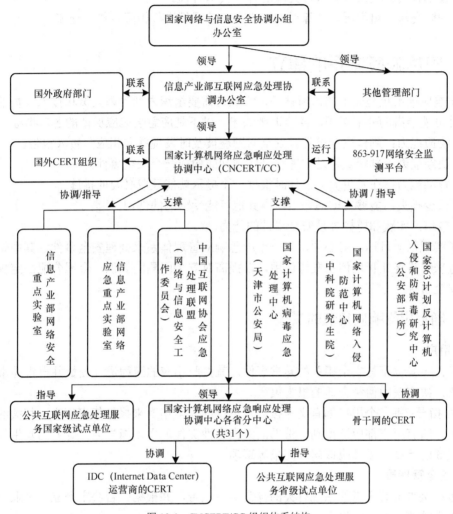

图 10.4　CNCERT/CC 组织体系结构

CNCERT/CC 提供的业务功能如下。

● 信息获取：通过各种信息渠道与合作体系，及时获取各种安全事件与安全技术的相关信息。

● 事件监测：及时发现各类重大安全隐患与安全事件，向有关部门发出预警信息，提供技术支持。

● 事件处理：协调国内各应急小组处理公共互联网上的各类重大安全事件，同时，作为国际上与中国进行安全事件协调处理的主要接口，协调处理来自国内外的安全事件投诉。

● 数据分析：对各类安全事件的有关数据进行综合分析，形成权威的数据分析报告。

● 资源建设：收集整理安全漏洞、补丁、攻击防御工具和最新网络安全技术等各种基础信息资源，为各方面的相关工作提供支持。

● 安全研究：跟踪研究各种安全问题和技术，为安全防护和应急处理提供基础。

● 安全培训：网络安全应急处理技术以及应急组织建设等方面的培训。

● 技术咨询：提供安全事件处理的各类技术咨询。

● 国际交流：组织国内计算机网络安全应急组织进行国际合作与交流。

10.3　应急响应体系的建立

应急响应远不止是简单的诊断技巧，它通常需要组织内部管理人员和技术人员的共同参与，有时可能会借助外部资源，甚至诉诸法律。以下是应急响应应保证的各项指标。

● 响应能力：确保安全事件和安全问题能被及时发现并向相应负责人报告。

● 决断能力：判断是否是本地安全问题抑或构成一个安全事件。

● 行动能力：在发生安全事件时根据一个提示就能采取必要的措施。

● 减少损失：能够立即通知组织内其他可能受影响的部门。

● 效率：实践和监控处理安全事件的能力。

为了实现以上目标，就必须建立一个应急响应管理体系来处理安全事件，其中管理层必须参与进来并最终让管理体系发挥作用，以提高对安全问题的认识，合理分配决定权，更好地支持安全目标。

10.3.1　确定应急响应角色的责任

1. 用户

任务：一旦觉察与安全相关的异常事件，就按照相应的流程进行处置并报告异常事件。

职责：决定采用何种合适的报告渠道。

义务/指导：每一个用户都有义务按照本单位的安全指南来报告任何与安全相关的异常事件。此外，所有用户都应该得到一份书面的指令性文件，用以指导他（她）当发生异常事件时应该采取的行动，以及应该向谁汇报等事项。

2. 安全管理员

任务：接收与其负责的系统有关的异常事件报告，并根据报告决定是立即采取行动，还是按照提交策略向上一级报告。

责任：必须能够确定是否真的产生了安全问题，是否可以独立解决，是否需要根据提交计划立即咨询其他人，以及应该通知谁等。

义务/指导：应该在职位描述及安全事件处理策略中指定。

3. 安全员/安全管理层

任务：接收安全事件报告，负责调查和评估安全事件，并在其职责范围内选用适当措施进行处理。如果有必要，负责组建安全事件处理小组或将问题提交给上级管理层。

职责：被授权对安全事件进行评估，并可将事件提交给高级管理层。除此之外，可以在授权范围内利用财务和人力资源独立处理安全事件。

义务/指导：根据安全管理层制定的"安全事件处理策略"，所有安全员都要承担其处理安全事件的任务和职责。

4. 安全审计员

任务：必须定期检查安全事件管理系统的有效性，并参与评估安全事件。

职责：在管理层同意下启动和实施预定义的检查。

义务/指导：在工作职责描述和安全事件处理策略中规定。

5. 公共关系/信息发布部门

任务：在发生严重安全事件的地方，除信息发布部门外，其他任何部门和个人都不能对公众泄露任何信息，其目的并不是为了掩盖事件或者降低事件的严重程度，而是要以目标化的方式解决问题，避免相互矛盾的信息给组织带来形象损害。

职责：信息发布部门必须和专家一起准备与安全事件相关的信息，在发布之前必须得到高级管理层的同意。

义务/指导：在工作职责描述和安全事件处理策略中规定。

6. 代理/公司管理层

任务：严重安全事件发生时，应该通知管理层，由管理层进行最终决策。

职责：承担总体责任，并对上述各工作小组负责。除此之外，当怀疑有犯罪活动时可以报警，起诉罪犯。

义务/指导：管理层必须批准安全事件处理策略和基于策略的安全应急计划，作为计划的一部分，各管理层应明确其在安全事件处理中的角色。

10.3.2 制定紧急事件提交策略

在明确了应急响应角色的责任，并且所有相关人员都知晓时间处理规则和报告渠道后，下一步应确定收到报告后如何提交。可以按以下 3 个步骤制定提交策略。

1. 提交渠道的规定

在规定由何人负责处理安全事件后，提交渠道的规定中应该明确报送人及其相应的报送对象。

2. 提交的策略对象

在这个步骤中应当确定在进一步调查或评估之前需要进行什么样的提交。

3. 提交方式

报送过程中向上一层提交的方式如下所示。

- 个人口头报告。
- 书面报告。
- 电子邮件。
- 电话。
- 密封函件。

还应该规定在什么时间段内完成报告。

- 立即提交：一个小时内。
- 立即采取措施：一小时内。
- 事件还在控制中，但要求通知中上层：下一工作日。

10.3.3　规定应急响应优先级

应急响应优先级的确定与组织内的环境紧密相连。在制定应急响应优先级时，必须考虑下面的问题。

- 哪类损失和组织相关。
- 在每个类别中，按什么顺序修补损失。

要回答这些问题，首先应根据信息系统最低保护要求确定保护程度，而确定保护程度的过程就定义了与组织相关的损害类别。

- 与法律、规章或合同冲突。
- 对信息自决权的损害。
- 对人员身体的损害。
- 对组织职能的损害。
- 对外部关系的负面影响。
- 财务后果。

10.3.4　安全应急的调查与评估

为了调查和评估与安全相关的异常事件，必须进行一些初级评估，包括以下内容。

- 弄清楚信息系统的结构和网络情况。
- 弄清楚信息系统的联系人和用户。
- 弄清楚信息系统上的应用。
- 定义信息系统的保护要求。

调查和评估安全事件的第一步要弄清楚下列问题。

- 安全事件可能影响什么信息系统和应用？
- 通过信息系统和网络是否还会产生后续损害？
- 哪些信息系统和应用不会受到损害和后续损害？
- 安全事件导致直接损害后，后续损害的程度如何？应特别留意各种信息系统和应用之间的相关性。
- 能够触发安全事件的可能因素。
- 安全事件发生在什么时候？在哪个地方？由于在探测到安全事件时很可能已经发生一段时间了，因此应维护好日志文件，要保证这些文件没有被入侵。
- 是否只有内部用户受到安全事件的影响？或者外部第三方也受到影响？
- 有多少关于安全事件的信息已经被泄露给公众？

10.3.5　选择应急响应相关补救措施

一旦找到导致安全事件的原因，就要选择并实施针对它们的应急措施。首先要控制事件继续发展并解决问题，然后恢复事务状态。

1. 提供必要的专业知识

为查明和处理安全方面的弱点，必须拥有相关的专业知识，因此需要培训组织人员或求助专家。为此，要准备一份联系地址表，包含各领域的内外部专家，这样就可以直接寻求他们的意见，以免耽误时间。外部专家包括以下人员。

- 计算机应急响应组。
- 相关的信息系统厂商和销售商。
- 应用安全系统的厂商和销售商。
- 专业安全专家组成的外部顾问组。

2. 安全恢复的运作

要去除安全弱点，首先应将这些弱点所涉及的系统与网络断开，然后将那些能提供已发生事件的性质和原因的信息文件（尤其是相关的日志文件）进行备份。由于整个系统已经被视为不安全或已经被入侵，所以还要检查操作系统和所有应用是否已发生改变。除了程序之外，还应该检查配置文件和用户文件，以防被操纵。这里要注意的是，所有与安全相关的配置文件和补丁也要重新恢复。在将备份数据重新导入这些文件时，必须采取措施来保证这些数据没有受到安全事件的影响，例如，没有被计算机病毒感染。另外，检查数据备份有助于确定攻击或入侵发生的时间。

在进行数据恢复操作之前，要改变所有涉及的系统口令，包括那些还没有直接受到影响，但是攻击者可能已经得到用户名或口令的系统。在系统恢复到安全状态后，还要假设系统可能会受到进一步的攻击，使用合适的工具对系统，尤其是网络连接进行监控。

3. 事件归档

在应急处理安全问题时，所有动作都应该被尽可能详细地记录归档，以便实现以下目标。

- 保留发生事件的细节。
- 能够追溯发生的问题。
- 能够修正匆忙行动可能带来的问题或错误。
- 在已知的问题再次发生时能够迅速解决。
- 能够消除安全弱点，准备预防措施。
- 如果要提起诉讼，便于收集证据。

文档不仅要包含对有关行动的详细描述和时间记录，还应当包含受影响系统的日志文件。

4. 对攻击行为的反应

当入侵者发起攻击时，首先要决定是静观攻击还是尽快采取措施。当然也可以试图去抓住入侵者的"黑手"，但是这一点可能会冒很大的风险，因为在试图抓住对方的同时，对方可能会破坏、入侵或读取数据。调查结果表明，这种情况在组织内部经常发生，它可能是因为忽视、不合适的工作过程或技术问题而造成的，也可能是没有仔细观察安全措施或故意行为的结果。在因为内部原因而产生问题的地方，必须调查清楚触发安全问题的根源。问题经常起源于不适当或不完整的过程，因此要对过程进行修改，或者补充其他措施。如果是因为故意行为而产生的安全问题，就应该采取适当的纪律措施加以控制。

10.3.6 确定应急紧急通知机制

当发生安全事件时，必须通知所有受影响的外部和内部各方，为那些受到安全事件直接影响的部门和机构采取对策提供方便。通知机制对处理安全事件相关信息各方的协助预防或解决问题尤为重要。

如果有必要还应告知公众，尤其是信息已经泄露出去的时候。针对特殊的安全事件，必须制订出一个通知机制，明确通知谁、谁来通知、用什么顺序以及通知细节到什么程度等。要采取有效措施保证安全事件的信息只能由指定的负责人（如安全管理层或信息发布机构）发布出去。谁可以接收信息或接收到何种细节程度等，主要取决于技术背景。所发布的信息应该是正确的，否则会引发混乱、评估错误和损害形象。

10.4　应急响应处置流程

应急响应处置流程通常被划分为准备、检测、抑制、根除、恢复、报告与总结 6 个阶段。

1．准备阶段

在事件真正发生之前应该为事件响应做好准备，这一阶段十分重要。准备阶段的主要工作包括建立合理的防御和控制措施、建立适当的策略和程序、获得必要的资源和组建响应队伍等。

2．检测阶段

检测阶段根据获得的初步材料和分析结果，估计事件的范围，制订进一步的响应战略，并且保留可能用于司法程序的证据。

3．抑制阶段

抑制的目的是限制攻击的范围。因为许多安全事件可能迅速失控，所以抑制措施十分重要，典型的例子就是具有蠕虫特征的恶意代码的感染。

抑制策略一般包括关闭所有的系统、从网络上断开相关系统、修改防火墙和路由器的过滤规则、封锁或删除被攻破的登录账号、提高系统或网络行为的监控级别、设置陷阱、关闭服务以及反击攻击者的系统等。

4．根除阶段

在事件被抑制之后，通过对有关恶意代码或行为的分析结果，找出事件根源并彻底清除。对于单机上的事件，主要可以根据各种操作系统平台的具体检查和根除程序进行操作；但是大规模爆发的带有蠕虫性质的恶意程序，要根除各个主机上的恶意代码，是十分艰巨的任务。很多案例数据表明，众多的用户并没有真正关注他们的主机是否已经遭受入侵，有的甚至持续一年多，任由感染蠕虫的主机在网络中不断地搜索和攻击别的目标。造成这种现象的重要原因是各网络之间缺乏有效的协调，或者是在一些商业网络中，网络管理员对接入到网络中的子网和用户没有足够的管理权限。

5．恢复阶段

恢复阶段的目标是把所有被攻破的系统和网络设备彻底还原到其正常的任务状态。恢复工作应该十分小心，应避免出现误操作导致数据的丢失。另外，恢复工作中如果涉及机密数据，需要额外遵照机密系统的恢复要求。对不同任务的恢复工作的承担单位，要有不同的担保。如果攻击者获得了超级用户的访问权，一次完整的恢复应该强制性地修改所有口令。

6．报告与总结阶段

报告与总结是最后一个阶段，但却是绝对不能忽略的重要阶段。这个阶段的目标是回顾并整理发生事件的各种相关信息，尽可能地把所有情况记录到文档中。这些记录的内容，不仅对有关部门的其他处理工作具有重要意义，而且对将来应急工作的开展也是非常重要的积累。

10.5 应急响应的关键技术

10.5.1 系统备份与灾难恢复

1. 系统备份

系统备份是灾难恢复的基础，其目的是确保既定的关键业务数据、关键数据处理系统和关键业务在灾难发生后可以恢复。目前采用的系统备份方法主要有以下 3 种。

（1）全备份

全备份就是对整个系统进行完全备份，包括系统和数据。这种备份方式的好处就是直观，容易被人理解，而且当数据丢失时，只要用一份备份（如灾难发生前一天的备份磁带，或其他备份介质），就可以恢复丢失的数据。其不足之处在于：首先，由于每天都对系统进行完全备份，因此在备份数据中有大量的重复信息，这些重复的数据占用了大量的存储空间，这对用户来说就意味着成本的增加；其次，由于需要备份的数据量相当大，因此备份所需的时间较长，对于那些业务繁忙、备份时间相对有限的单位来说，这种备份策略无疑是不明智的。

（2）增量备份

增量备份就是每次备份的数据只是相当于上一次备份后增加和修改过的数据。这种备份的优点是没有重复的备份数据，既节省存储空间，又缩短了备份时间。其缺点在于当发生灾难时，恢复数据比较麻烦。

（3）差分备份

差分备份就是每次备份的数据是相对于上一次全备份之后新增加和修改过的数据。例如，管理员先在星期一进行一次系统完全备份，然后在接下来的几天里，再将当天所有与星期一不同的数据（新的或经改动的）备份到存储介质上。

2. 灾难恢复

灾难恢复也称业务持续性，是指在灾难发生后指定的时间内恢复既定的关键数据、关键数据处理系统和关键业务的过程。灾难恢复技术是目前十分流行的 IT 技术，它能够为重要的信息系统提供在断电、火灾和受到攻击等各种意外事故发生，乃至在如洪水、地震等严重自然灾害发生的情况下保持持续运转的能力，因而对组织和社会关系重大的信息系统都应当采用灾难恢复技术予以保护。

（1）灾难恢复的基本技术要求

① 备份软件
- 保证备份数据的完整性，并具有对备份介质（如磁带）的管理能力。
- 支持多种备份方式，可以定时自动备份。
- 具有相应的功能或工具进行设备管理和介质管理。
- 支持多种校验手段，以确保备份的正确性。
- 提供联机数据备份功能。

② 恢复的选择和实施
数据备份只是系统成功恢复的前提之一。恢复数据还需要备份软件提供各种灵活的恢复选择，如按介质、目录树、磁带作业或查询子集等不同方式做数据恢复。此外，还要认真完

成一些管理工作，如定期检查，确保备份的正确性；将备份媒介保存在异地一个安全的地方（如专门的媒介库或银行保险箱）；按照数据的增加和更新速度选择恰当的备份周期等。

③ 自启动恢复

系统灾难通常会造成数据丢失或者无法使用数据。利用备份软件可以恢复丢失的数据，但是重新使用数据并非易事。很显然，要想重新使用数据并恢复整个系统，首先必须将服务器恢复到正常运行状态。为了提高恢复效率，减少服务停止时间，应当使用"自启动恢复"软件工具。通过执行一些必要的恢复功能，使系统可以自动确定服务器所需要的配置和驱动，无须人工重新安装和配置操作系统，也不需要重新安装和配置恢复软件及应用程序。此外，自启动恢复软件还可以生成备用服务器的数据集和配置信息，以简化备用服务器的维护。

④ 安全防护

如果系统中潜伏安全隐患，如病毒，那么即使数据和系统配置没有丢失，服务器中的数据也可能随时丢失或被破坏。因此，安全防护也是灾难恢复的重要内容。在数据和程序进入网络之前，要进行安全检测。更为重要的是，要加强对整个网络的自动监控，防止安全事件的出现和传播。安全防护应该与其他防灾方案密切配合，同时互相透明。总而言之，一个完整的灾难恢复方案必须包括很强的安全防护策略和手段。

（2）灾难恢复等级

根据国际标准 SHARE 78 的定义，灾难恢复解决方案可分为如下从低到高的 7 个层次。

① 层次 0——本地数据的备份与恢复。

② 层次 1——批量存取访问方式。

③ 层次 2——批量存取访问方式+热备份地点。

④ 层次 3——电子链接。

⑤ 层次 4——工作状态的备份地点。

⑥ 层次 5——双重在线存储。

⑦ 层次 6——零数据丢失。

用户可根据数据的重要性以及需要恢复的速度和程度，来选择并实现灾难恢复计划。灾难恢复计划主要包括以下内容。

- 备份/恢复的范围。
- 灾难恢复计划的状态。
- 应用地点与备份地点之间的距离。
- 应用地点与备份地点之间如何相互连接。
- 数据如何在两个地点之间传送。
- 允许有多少数据被丢失。
- 怎样保证备份地点的数据更新。
- 备份地点的备份工作能力。

10.5.2 攻击源定位与隔离

由于攻击者采用不同方式来隐藏自己，如虚假 IP 地址或跳板等，当前攻击源追踪研究主要关注以下几方面：虚假 IP 溯源、僵尸网络溯源、匿名网络溯源、跳板溯源、局域网溯源。

目前，对攻击源追踪方法的分类主要依据其所基于的理论，但事实上，这些方法的适用范围不同、前提条件不同、需要取证人员事先掌握的资源也不尽相同。例如，虚假 IP 溯源针对攻击数据包伪造源 IP 地址的情形；当攻击者利用僵尸网络发动攻击时，取证人员检测到攻击数据包中的源 IP 地址来自于 Botnet 中的 bot 主机，在这种情况下，需要追踪定位攻击者的主机；如果攻击者利用匿名网络（如 Tor）发动攻击，则在受害端只能观察到攻击数据包来自出口路由器，而难以发现真正的攻击者。

实现攻击源追踪的思路主要有以下 3 个。

（1）在数据包中打标记。即通过修改现有网络协议，在协议数据包中添加标记，通过对数据包中标记的追踪，识别出数据包传播路径，从而追踪到数据包源头。该方法的优点是技术难度小、准确率高，但由于大多数网络协议都已经标准化，修改现有协议工程难度大，需要考虑成本、性能、兼容性等问题。

（2）在数据流中加入流水印。这种方法无须修改网络协议，而且还适用于加密的数据包。另外，该方法不依赖于单个数据包，而是整个数据流，即使流中出现重打包、丢包等现象，也能以一定的准确率检测到水印信息。但是，网络时延、数据包的转发时延，以及攻击者有意识的破坏水印信息，都可能影响流水印的检测准确率。这种方法仍然要求在较大范围网络中部署检测传感器，适合在可控域中实施。

（3）基于网络流审计的攻击追踪。通过分析网络数据包的日志记录、终端的网络日志，查找攻击数据包传播的痕迹，从而重构出攻击路径。

在确定了攻击源后，基于安全事件类型的特点，及时隔离攻击源是防止事件影响扩大的有效措施，可采取断网、修改路由表、添加防火墙策略等方式阻止恶意节点与防护目标的通信。

10.5.3 计算机取证

计算机取证是一门综合性的技术，涉及磁盘分析、加密和解密、图形和音频文件的分析、日志信息挖掘、数据库技术、媒体介质的物理分析等。如果没有合适的取证工具，依赖人工实现就会大大降低取证的速度和取证结果的可靠性。

按照计算机取证流程，取证工具可分为证据获取工具、证据保全工具、证据分析工具和证据归档工具。

1. 证据获取工具

电子证据主要来自两方面，一个是主机系统，另一个是网络。证据获取工具就是用来从这些证据源中得到准确的数据。具体包括系统和文件的安全获取工具、数据和软件的安全收集工具、存储介质的安全备份工具、文件恢复工具、内存数据获取工具、防火墙日志获取工具、网络数据包捕获工具等。

2. 证据保全工具

取证工作的一个基本原则是要证明所获得的证据和原有的数据是一致的。在普通的案件取证中，证明所收集到的证物没有被修改过是一件非常困难的事。在电子证据取证过程中，通常使用数据签名和数字时间戳技术。数据签名用于验证传送对象的完整性以及传送者身份的唯一性。数字时间戳技术对收集和保存数字证据非常有用，它提供了无可争辩的公正性来证明数字证据在特定日期和时间里是存在的，并且在从该时刻到出庭这段时间里没有被修改过。电子证据保全工具有 Md5sums、CRCMD5、DiskSig 等。

3. 证据分析工具

证据分析是计算机取证的核心和关键，其内容包括分析计算机类型、操作系统类型、是否有隐藏分区、有无可疑外设和恶意软件等。常用的工具有 PTable、FileList、UltraEdit、Net Threat Analyzer、EnCase 等。

4. 证据归档工具

在计算机取证的最后阶段是整理取证分析的结果，并提供给法庭作为诉讼证据，主要对涉及计算机犯罪的时间、地点、直接证据信息、系统环境信息、取证过程及专家分析结果报告等进行归档处理。证据归档工具比较典型的是 NTI 公司的 NTI-DOC，它可用于自动记录电子数据产生的时间、日期及文件属性，还有 Guidance Software 公司的 Encase 软件。

小 结

应急响应（Emergency Response）通常是指人们为了应对各种紧急事件的发生所做的准备以及在事件发生后所采取的措施。

应急响应在 P-RPDR 安全模型中属于响应范畴，它不仅仅是防护和检测措施的必要补充，而且可以发现安全策略的漏洞，重新进行安全风险评估，进一步指导修订安全策略，加强防护、检测和响应措施，将系统调整到"最安全"的状态。

应急响应组织是应急响应工作的主体，目前国内外安全事件应急响应组织大致可被划分为国内或国际间的应急协调组织、企业或政府组织的应急响应组织、计算机软件厂商提供的应急响应组织和商业化的应急响应组织四大类。

应急响应需要保证的指标包括响应能力、决断能力、行动能力、减少损失和效率。

应急响应体系的建立过程包括确定应急响应角色的责任、确定紧急事件提交策略、规定应急响应优先级、安全应急的调查与评估、采取应急响应相关补救措施以及确定应急紧急通知机制等。

应急响应处置流程通常被划分为准备、检测、抑制、根除、恢复、报告与总结六个阶段。

应急响应涉及系统备份与灾难恢复、攻击源定位与隔离及计算机取证等技术。

习 题

1. 什么是应急响应？如何理解信息安全应急响应？
2. 举例说明什么是信息安全事件。
3. 如何理解应急响应在信息安全中的地位和作用？
4. 应急响应组织分为哪几类？请分别进行简述。
5. 应急响应处置流程通常被划分为哪几个阶段，各个阶段的主要任务是什么？

第 11 章

信 息 安 全 管 理 新 发 展

随着信息网络及其应用的不断拓展和信息新技术的不断涌现，信息的类型和容量越来越多、应用组织方式也日趋多样复杂。例如，大数据及云计算技术的应用对信息的开放性和共享性管理提出了更高的要求，新一代网络体系结构——软件定义网络（Software-Defined Networking，SDN）的出现使得信息网络的管控更加灵活、精确，同时也导致信息网络的管理更加复杂。由此可见，信息新应用与新技术在带来便利和高效的同时，也产生了新的信息安全问题和管理需求。本章内容将结合信息新应用和新技术的特点，探讨信息安全管理的新需求与新发展问题。

本章首先介绍大数据技术的内涵、发展与特点，以及其对信息安全管理方式的影响；其次介绍 SDN 网络的内涵、发展与技术特点，以及其对信息安全管理方式的影响。

本章重点：大数据安全管理原理与方法、SDN 网络安全管理原理与方法。

本章难点：SDN 网络安全管理原理与方法。

11.1 基于云计算的大数据安全管理

目前，随着云计算与大数据技术的发展与应用，促使互联网进入大数据时代。人们在应用云计算和大数据技术推进其信息化进程的同时也随之带来一些新的安全性问题，为保证信息的安全，有必要加强基于云计算的大数据环境下信息安全保障体系建设，不仅要考虑研发大数据环境下新的信息安全技术，同时还要引入新的安全管理举措。

11.1.1 安全管理基本框架

近几年，大数据迅速发展成为科技界和企业界甚至世界各国政府关注的热点，*Nature* 和 *Science* 等相继出版专刊专门探讨大数据带来的机遇和挑战。相较于传统的数据系统，大数据系统具有体量大（Volume）、速度快（Velocity）、模态多（Variety）、难辨识（Veracity）等特征，因此建立在云计算平台基础上的大数据系统安全管理体系，无法完全参照传统安全管理标准构建。

因为安全管理体系构建对于大数据系统的应用起着关键性的支撑作用，所以到目前为止人们已对大数据系统安全管理体系的构建技术和方法开展了大量的研究。下面给出一种基于云计算的大数据系统信息安全管理体系架构，如图 11.1 所示。

图 11.1 给出的信息安全管理体系架构可划分为 3 个部分：内层部分为标准规范层，包括传统信息安全管理体系、相关政策法规、云计算安全标准以及大数据安全规范等；中间部分为大数据安全管理功能体系，涉及基础设施、接入安全管理、应用安全管理以及大数据安全管理；外层部分为安全管理功能所需要的支撑技术。

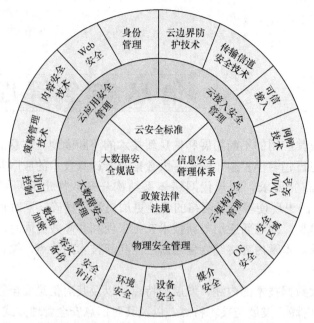

图 11.1　基于云计算的大数据系统安全管理体系架构

该架构总体上要求企业在遵守相关政策法律法规的前提下，参照选定的传统信息安全体系标准，结合目前云计算、大数据相关安全标准的最新研究成果，在对自身大数据系统作充分的安全评估基础上，加强大数据环境下的大数据安全管理、应用安全管理、云架构安全管理，以及物理安全等安全领域的管理。

此外，基于云计算的大数据系统安全管理不仅基于上述组成架构对各安全层次的技术策略进行管理，还要关注在部署基于云计算的大数据系统安全管理措施时的动态安全防护策略管理和人员管理。

（1）动态安全防护策略管理。对云平台动态环境下的用户访问、数据迁移、系统规模等动态策略进行管理，以便及时发现、上报、处理出现的安全事件，保证动态运行环境的安全。

（2）人员管理。企业内部尤其是信息安全人员因对企业信息安全潜在威胁较大，尤其需要进行人员管理以保障企业信息的安全。人员管理可分为任职前、任职中、离职 3 个阶段：任职前，应对候选人进行充分的资历考察、资质审查，然后签署任用合同；任职中，需确保内部人员经过岗前培训，熟知信息安全威胁和安全管理，明确职责义务等，降低内部人员进行恶意攻击的可能性；离职时，应确保内部人员的规范退出，清理其访问身份，撤销访问权限，清理口令、密钥等，防范企业信息外泄，对违反安全规定的人员应进行教惩处理等。

11.1.2　安全管理实施建议

不同的企业在建立健全信息安全管理体系并实施应用的过程中，可根据自己的特点和具体情况采用不同的实施策略。大数据环境下企业信息安全管理实施过程同样可参考 PDCA（计划——Plan、实施——Do、检查——Check、行动——Action）螺旋循环（戴明环）原则，将每一个周期的具体管理实施过程分阶段细化，并随时间推移而迭代循环持续改进。各阶段实施内容建议如下。

（1）计划阶段。主要工作任务是做好安全管理的准备工作，组建安全管理组织，建立大数据安全管理体系框架及安全管理过程策略，制定安全管理范围，落实安全责任到人。具体工作内容包括：成立有效的安全机构（如安全委员会之类的组织），为安全管理提供组织保障，对各类人员分配角色、明确权限、落实相关责任，以保障管理顺利进行；召开安全管理会议，结合企业实际情况，规划出企业信息安全管理体系的整体目标。

（2）实施阶段。调查分析企业安全状况现状，确认安全漏洞和风险，制定具体管理方案，从物理安全、网络安全、主机安全、应用安全和数据安全等方面明确安全管理内容。安全管理内容涉及信息安全的各个领域，包括风险评估管理、安全认证管理、安全策略拟定、管理措施规划、应急计划建立、操作规范制定、环境与实体安全管理、系统开发安全管理、运行与操作安全管理、组织安全管理、安全意识培训、安全教育培训、应急响应处置管理等一系列的工作。企业可以结合自己的网络信息安全保障现状及既定安全目标，针对信息安全管理领域，择取重点内容进行管理，建立完备的信息安全管理措施和细则，以保证信息安全管理有章可循。同时，根据制定的应对手段开展行动，先在实验室环境进行安全防范管理应用，再综合技术和管理举措投入实践应用。

（3）检查阶段。主要通过日常检查、内部审核评审、自动控制程序报警、改进领域分析等措施来检查管理措施是否有效、是否符合安全管理标准，以及是否符合法律法规要求，并记录检查结果，作为下一阶段的处理依据。

（4）处理阶段。主要根据检查阶段的审查记录纠正管理过程中的不足，并进行修改完善。已成功解决的问题，应总结经验，不断优化；尚不能解决的问题，进入下一循环，逐步改进。

基于云计算的大数据系统安全管理体系的实施过程是螺旋式循环上升的过程，每一轮循环都会使管理效果上一个台阶，使企业的信息管理水平得到大幅提高。大数据环境下企业信息安全管理涉及大数据系统的方方面面，只有合理规划、正确实施、全面检查、有效改进，才能构建出一个完整的、可靠的安全管理体系，才能真正和大数据安全技术体系相结合，全面维护大数据的安全。

总之，任何一个组织都不可能凭空建立自己的信息安全管理体系，可在参考国际国内相关标准的基础上采用如下几种模式进行：按照标准建立和实施其安全管理体系，以保证其信息安全；按照标准建立和实施其安全管理体系，并通过标准认证；通过咨询顾问建立和实施其安全管理体系，以保证其信息安全；通过咨询顾问建立和实施其安全管理体系，以保证其信息安全并通过标准认证。一旦建立安全管理体系，组织应通过管理保持体系运行的有效性。

11.2 基于 SDN 的网络安全管理

11.2.1 SDN 网络原理及特点

随着互联网覆盖范围的日渐扩大和普适计算等新应用的不断涌现，当前互联网在扩展性、移动性、安全性、实时性、高性能和易管理等方面面临着重大的技术挑战，如地址空间几近枯竭，网络服务质量无法得到有效保证，网络复杂且难以管理，网络安全问题缺少整体解决方案等。虽然众多研究机构通过不断增加新协议，以及修补现有网络体系结构来解决这些难题，如发布 IPv6 协议标准及开展基于 IPv6 的技术创新等，但是这些措施又加剧了互联网的复杂性及管理难度。此外，大数据和云计算的出现对网络的开放性、灵活性、可靠性、可控性等提出了更高的要求。因此，学术界和产业界迫切需要设计新型网络体系结构以解决互联网发展过程中的诸多问题。

近年来，世界各国相继启动了 FIND、GENI、FIRE、AKARI 和 SOFIA 等未来互联网体系结构和创新环境研究项目，提出了主动网络架构、4D 体系结构、ForCES 架构和 Ambient 网络体系结构等。在这些研究工作中，由斯坦福大学提出的面向企业网的管理架构 SANE 和 Ethane 受到广泛关注。SANE 以 4D 架构为设计原则，在链路层和 IP 层之间定义了一个由一台逻辑中央服务器控制的保护层，用于管理所有路由和接入控制决策。Ethane 以 SANE 为基础进行了功能扩展，将安全管理策略添加到网络管理当中，扩充了中央控制器的管理功能，实现了更细粒度的流表转发策略。它以中央控制器作为整个网络的控制决策层，实现网络主机认证、IP 分配和产生交换机流表等基本功能，同时，以 Ethane 交换机作为数据转发单元。

在上述相关研究工作的基础上，2008 年斯坦福大学的 Nick McKeown 教授以可编程网络为基础提出了 OpenFlow 技术的概念，即由集中式控制器通过标准化接口来管理和配置各种网络设备。随后 OpenFlow 经 CleanState 项目的推广及在 GENI 项目中的应用，逐渐演变成了软件定义网络（Software-Defined Networking，SDN），可以说 SDN 是由 OpenFlow 发展而来的一种新型网络体系结构。

SDN 基于逻辑控制与数据转发分离设计思想，将路由器和交换机等网络设备的控制功能从数据转发功能中解耦出来，由一个可编程的逻辑集中式控制器来管理整个网络，而底层转发设备只提供简单的数据转发功能，具有直接可编程（Directly Programmable）、敏捷灵活（Agile）、集中式管理（Centrally Managed）、可编程配置（Programmatically Configured）的特征。SDN 的开放性能够为网络提供满足当前及未来需求的可演进和平滑革新能力，受到学术界和产业界的高度重视，成为未来互联网研究领域的热门方向。

2009 年，MIT 将基于 OpenFlow 的 SDN 技术列入"改变世界的十大创新技术"名单。2011 年，开放网络基金会（Open Networking Foundation，ONF）成立，专门负责制定和推广 OpenFlow 标准，极大地推进了 SDN/OpenFlow 的标准化。其在白皮书中指出，基于 OpenFlow 的 SDN 具备多厂商环境集中控制、提高网络可靠性和安全性及降低网络管理复杂度等优势。在学术界，GENI 率先给予 OpenFlow 资金支持，并提出利用 OpenFlow 技术为下一代网络体系结构构建创新环境。OFLEIA 采用 OpenFlow 技术搭建下一代网络实验平台，斯坦福大学、普林斯顿大学和清华大学等高校也已经开展了对 SDN 和 OpenFLow 的相关研究。在产业界，Cisco、HP、Juniper、IBM 和 NEC 等厂商发布了支持 OpenFlow 的 SDN 硬件；NTT DoCoMo、Verizon 等国际电信运营商利用 OpenFlow 构建了新型的数据中心网络架构；Google 在其广域网数据中心中通过 OpenFlow 接口控制开放式网络设备，实现数据中心的实时管控和流量工程功能。

目前，由开放网络基金会 ONF 提出基于 OpenFlow 的 SDN 体系结构是学术界和产业界普遍认可的架构，如图 11.2 所示，该架构包括数据层、控制层和应用层。

数据层由哑的（Dumb）交换机（不同于传统的二/三层交换机，专指负责数据转发的设备）构成，交换机以流表形式组织若干规则，每条流表规则指明了交换机对数据包的处理动作。

控制层包括一个逻辑集中控制器，负责运行高层策略，它不仅可以经控制数据层接口（Control-Data-Plane Interface，CDPI）操作交换机中的流表，控制数据通路，而且可以在获取数据层信息的基础上，将全局网络视图抽象为网络服务，为应用层提供易用的北向接口

（NorthBound Interface，NBI）。

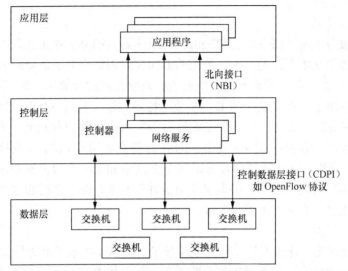

图 11.2　基于 OpenFlow 的 SDN 体系结构

应用层运行着各类基于 SDN 的应用程序，通过调用 NBI，对控制层提供的网络抽象进行操作，从而实现不同网络应用的快速部署。目前，NBI 尚未形成统一标准，允许网络管理者定制开发，CDPI 主要采用 OpenFlow 协议。通常将支持 OpenFlow 协议的交换机统称为 OpenFlow 交换机。

11.2.2　SDN 网络安全管理原理与方法

目前 SDN 已在网络虚拟化、数据中心网络、无线局域网和云计算等领域得到广泛应用。在这些基于 SDN 构建的网络中，开放、可编程的软控制平面代替了传统基于系统嵌入的控制平面。具体来说，逻辑中央控制器能够完全管控交换机的转发行为。因此，通过开放的编程接口来配置控制器部署期望的转发策略，就能够控制数据流的流向，实现网络管控功能，并且控制器能够通过与交换机之间的交互获取底层网络信息，大大简化 SDN 网络的安全管理工作。现将基于 SDN 架构的典型安全管理技术总结如下。

（1）网络流量管控

在网络边界处进行流量控制，对于分离内外部网络、保护网络内部安全具有重要意义。传统的方式是在网络边界处部署网络安全过滤设备，如防火墙、边界网关等。但随着网络的相互渗透以及网络虚拟化的普及，网络的物理边界变得越来越模糊，在一定程度上对物理防火墙等设备的部署造成了一定的困难。

利用 SDN 技术强大的流量控制功能，可以将穿越网络边界的流量定向到网络中部署的防火墙。防火墙可根据网络状态（如网络拓扑、链路带宽等）部署在适当位置，从而解决因网络边界模糊而无法在边界处进行安全监控的问题。考虑到防火墙的处理能力和存储空间有限，如果网络中所有的边界流量都经过集中的防火墙进行过滤处理，会给防火墙带来巨大的处理负载。在此可利用 SDN 细粒度的流量控制能力，实现分布式防火墙的部署，将网络边界流量均衡地定向到多个防火墙。基于 SDN 技术的边界流量控制功能，不但能够解决防火墙部署问题，同时在国家之间的网络边界处，通过控制欲越界的数据流强制流回本国网络，可防止本国网络数据出现非法越界行为。

（2）网络流量检测

分布式拒绝服务攻击（Distributed Denial of Service，DDoS）通过注入大量的无用流占用大量网络资源，达到瘫痪网络的目的。传统的 DDoS 攻击识别方法需要较大的网络开销，但是在 SDN 网络中，控制器通过询问交换机就能获取细粒度的流信息，为攻击检测奠定基础。巴西的研究人员提出了一种轻量级的 DDoS 攻击检测方法，利用 NOX 控制器获取交换机中的 OpenFlow 网络流统计信息，并从中提取与 DDoS 攻击相关的六元组，采用人工神经网络方法进行降维处理，从而识别 DDoS 攻击。JOSE L 等人利用 OpenFlow 交换机的流数据统计功能，设计了一种网络大聚集流量的攻击识别方法。OpenFlow 交换机在识别出少量可疑数据包后，将其转发给具有最高优先级的流量识别器进行鉴定匹配，之后通过控制器动态调整流规则，快速识别出底层异常的大聚集流量。

（3）网络接入管控

传统的局部网络接入管控大多采用 VLAN 技术。VLAN 技术采用的是 IEEE 802.1Q 协议，配置复杂、技术要求较高，需要进行复杂的接入控制，如内部/外部用户分离、安全过滤等。Yamasaki 等利用基于 OpenFlow 的 SDN 技术管理虚拟局域网 VLAN 系统，大大简化了网络接入控制的配置和管理，其基本原理是通过在 OpenFlow 控制器中额外增加接入管理功能模块（Access Management Function，AMF）。AMF 包含 VLAN 组 ID（即 GIDs）数据库、源/目的地址检测模块、ACL 检测模块等，新进入网络的数据包被边界交换机发送给 OpenFlow 控制器，控制器首先执行 AMF 模块，当数据包头的源地址 GID 和目的地址 GID 均被允许时执行正常的转发行为，否则数据包被拒绝。

（4）网络安全监管

对于大型数据中心和云，由于其网络结构复杂、节点负载众多，网络监管工作较难开展。SDN 的全局视图和集中控制给大型网络监测和管控提供了巨大的便利。如美国得克萨斯 A&M 大学的研究人员提出了 CloudWatcher 方案，利用 SDN 技术向大型动态云计算网络提供安全监控服务，可以自动绕过将被网络安全设备检测的数据包，节省处理资源、减少处理时延。同时，所有的操作均只需要通过编写简单的策略脚本即可，便于网络管理人员进行实时监控。当通过网络监测发现恶意威胁时，如服务器被恶意病毒感染，需要立刻将被感染部分隔离，防止病毒进一步扩散，利用 SDN 技术的集中控制可以快捷方便地实现。

（5）网络溯源管理

网络溯源是指当网络受到攻击时，安全管理员需要尽快找到攻击源并将其隔离，以防止网络继续遭受攻击。在传统网络中，最常用的溯源方法有数据包标记法和路由日志记录法。但其需要给路由器等相关网络设备中加载溯源策略，给网络设备带来了额外负载与开销，甚至可能影响正常的数据转发。溯源时间一般相对较长，采用可靠性低的溯源策略可能会回溯到错误的攻击源。此外，在 SDN 网络中，溯源策略不需要下发到交换机中，完全由控制器进行管理，控制器负责整个溯源过程的进行，节省了带宽，尤其是不需要进行日志记录数据包摘要信息，大大降低了溯源存储开销。

（6）网络取证管理

网络取证是针对攻击行为搜集攻击证据，进行取证分析，并对其进行诉讼的过程。网络取证目前面临的主要困难包括海量网络数据信息的提取、网络攻击方式日益隐蔽、电子证据脆弱易逝、证据准确有效以及网络设备之间的协调等，使得提取有效电子证据变得愈发困难。利用 SDN 的集中控制和全局视图，可以使网络取证过程相对简单有效。在需要进行网络取证时，底层所有交换机将自身存储的相关信息摘要进行备份并发送给控制器，利用控制器的全局视图可以对数据进行快速整合，从而提取所需的电子证据，并存储到专门的数据库中。整个过程不需要网络设备进行信息分析与提取，只需备份并上传控制器，减轻了设备处理开销，不会影响设备正常的数据转发，并且不需要设备之间的信息同步，减少了大量的交互工作。

目前，基于 SDN 的网络安全管理主要通过控制器对网络流量进行监控和调度，是实现未来互联网网络管理和安全控制功能的易行方法。但是，这方面的研究刚刚起步，需要在网络管控智能化、异常检测和恶意攻击防护等方面进行更深入的研究。

小　结

基于云计算的大数据系统是目前信息化建设的一个重要特点，由于其具有体量大、速度快、模态多、难辨识等特点，其安全管理体系构建也有别于传统的信息系统建设方法。本节主要介绍了大数据系统安全管理体系建设的基本框架和相关实施建议。

SDN 是一种新型网络体系结构，是未来互联网组网技术的热门方向。本章在介绍 SDN 技术组网基本原理的基础上，重点介绍了 SDN 网络安全管理的基本原理与方法。

第 12 章

信息安全管理实施案例

12.1 案例一 基于 ISO 27001 的信息安全管理体系构建

e-BOOKSTORE 是网上中文图书城，每天通过互联网向全球读者提供超过 100 万种中文图书和音像制品。该公司建立了庞大的物流支持系统，每天把大量的图书和音像制品通过航空、铁路等快捷运输手段送往全球各地。下面是该公司遵照 ISO/IEC 27001:2005 建设信息安全管理体系的过程。

12.1.1 启动项目

采用 ISMS 是 e-BOOKSTORE 的一项战略性决策，这不仅能提升信息安全管理水平，对组织的整体管理水平也会有极大的提升。

1. 定义初始目标与范围

ISMS 的目标直接影响着 ISMS 的设计和实施，ISMS 的目标包括如下内容。

- 保证 e-BOOKSTORE 网上售书主营业务的连续性。
- 提高 e-BOOKSTORE 网上售书系统等重要业务系统的灾难恢复能力。
- 提高信息安全事件的防范和处理能力。
- 促进与法律、法规、标准和政策的符合性。
- 保护信息资产。
- 使信息安全能够进行测量与度量。
- 降低信息安全控制措施的成本。
- 提高信息安全风险管理水平。

2. 获得管理者正式批准

管理者的支持是项目成败的关键要素之一，要获得的支持包括如下内容。

- 为 ISMS 实施分配独立的预算。
- 批准和监督 ISMS 实施。
- 安排充分的 ISMS 实施资源。
- 把 ISMS 实施和业务进行充分的结合。
- 促进各部门对信息安全问题的沟通。
- 处理和评审残余风险。

项目的启动应该得到管理者正式的书面认可。

3. 确定推进责任人

在指定 ISMS 推进责任人时，最重要的考虑因素如下。

- 保证 ISMS 的协调最终责任人在高层。

- 指定 ISMS 推进的直接责任人为中层领导。
- 由信息安全主管人员具体负责 ISMS 的推进过程。
- 每个员工都要在其工作场所和环境下，承担相应的责任。

在推进过程中，不但会涉及相关的责任人，还可能涉及其他人员。

4. **召开项目启动会议**

管理者的支持还应包括对员工思想上的动员，可以通过召开项目启动会议的方式完成。会议应清晰地向员工阐述以下内容。

- ISMS 对本组织而言的重要性。
- 项目所涉及的初始范围及相关部门。

12.1.2 定义 ISMS 范围

实施 ISMS 的工作量与 ISMS 界定的范围大小密切相关，因此，必须对 ISMS 的范围和边界合理地加以定义。

1. **定义责任范围**

可以通过调研组织的管理结构、部门设置和岗位责任等，界定 ISMS 的责任边界。

2. **定义物理范围**

物理边界的定义包括识别应属于 ISMS 范围的组织内的建筑物、场所或设施等。处理跨越物理边界可通过定义适当的界面和服务层次加以解决。

3. **完成范围概要文件**

在定义 ISMS 范围的时候，这些范围和边界可以以不同的方法合并在一起。例如，物理场所和这个物理场所的关键流程应并入该范围内。信息系统的移动访问就是一个例子。

12.1.3 确立 ISMS 方针

信息安全方针是组织总体方针的一部分，是保护敏感、重要或有价值的信息所应该遵守的基本原则。具体包括制定 ISMS 方针、准备 ISMS 方针文件等内容。ISMS 方针文件应该易于理解，并及时传达给 ISMS 范围内的所有用户。

12.1.4 进行业务分析

在管理者已经批准，并确立了 ISMS 范围和 ISMS 方针之后，需要进行业务分析，以确定组织的安全要求。具体包括定义基本安全要求、建立信息资产清单等。

资产清单的建立，可以用不同的方法来完成。一种方法是按照资产分类识别并进行统计的方法，即遵循信息分类方案，然后统计 ISMS 范围的所有资产，插入到资产列表中；另一种方法是把业务流程分解成组件，并由此识别出与之联系的关键资产，按照这个过程产生资产列表。

12.1.5 评估安全风险

风险评估是实施 ISMS 过程中重要的一部分，后续整个体系的设计和实施都把风险评估的结果作为依据之一。

1. 确定风险评估方法

风险评估方法应与风险接受准则和组织相关目标相一致，并能产生可再现的结果。风险评估应包括估计风险大小的系统方法（风险分析），将估计的风险与风险准则加以比较以确定风险严重性的过程（风险评价）。

风险评估至少应该包含以下内容。

- 识别 ISMS 范围内的资产。
- 识别资产所面临的威胁。
- 识别可能被威胁利用的脆弱性。
- 识别目前的控制措施。
- 评估由主要威胁和脆弱导致安全失误的可能性。
- 评估丧失保密性、完整性和可用性可能对资产造成的影响。

2. 实施风险评估

按确定的风险评估方法进行风险评估时，应定义清晰的范围，该范围与 ISMS 的范围应保持一致。风险评估的参与人员不但应包括信息安全方面的专家，也应该包括业务方面的专家。为了更客观地实施风险评估，在允许的情况下，可以考虑聘请外部专家。

12.1.6　处置安全风险

1. 确定风险处理方式

对于识别出的风险应予以处理，可采用以下方式。

- 风险处理。
- 风险转移。
- 风险规避。
- 风险接受。

2. 选择控制措施

应选择和实施控制措施以满足组织的安全要求，选择控制措施时应考虑以下因素。

- 组织的目标。
- 法律、法规、政策及标准的要求和约束。
- 信息系统运行要求和约束。
- 成本效益分析。

12.1.7　设计

在经过了上述各个阶段之后，就进入到体系的设计阶段。

（1）设计安全组织机构

应按照组织的业务特点设计信息安全组织机构，一般包括信息安全领导小组、信息安全工作组、信息联系人、专家与外部顾问等。

（2）设计文件和记录控制要求

包含文件控制要求与记录控制要求。

（3）设计信息安全培训

组织应根据培训内容选择进行外部培训或内部培训。组织应对已经执行的教育与培训进行有效性评价，以保证员工具有胜任其所从事的工作的能力。

（4）设计控制措施的实施

针对选择的控制目标和控制措施，应该制定相应的实施计划。

（5）设计监视和测量

测量过程应与组织的 ISMS 周期紧密结合，应能不断优化组织或项目的安全相关的过程和结果。确定要实施的信息安全测量程序的范围时，应注意测量的对象不要定得太多，如果对象太多，最好把测量程序划分成几个不同部分。

（6）设计内部审核

在 ISMS 审核期间，审核的结果应是基于证据而做出的决定，因此，ISMS 运行到一定时期就需要收集适当的证据。

（7）设计管理评审

（8）设计文件体系

（9）制定详细的实施计划

12.1.8　实施

1．执行实施计划

实施 ISMS 基本上涉及整个组织的范围，这个实施流程需要一段时间，而且很可能有变更。成功实施 ISMS 就必须熟悉整个项目并具有处理变更的能力，而且能针对变更做出适当的调整，如果有很重大的影响应报告给管理者。

2．实现监视和测量

监视的目标是使目标和结果保持一致性。当然，持续执行符合规则的监视工作应通过执行 ISMS 得到保持。此外，所有员工都参与监视工作是很重要的。

12.1.9　进行内部审核

内部审核的步骤及责任划分如下。

（1）审核策划

- 组织审核组。
- 评审文件。
- 制定审核计划。
- 确定审核目标。
- 规定审核准则。
- 明确审核范围。
- 编制检查表。

（2）现场审核

- 首次会议。
- 现场审核活动。

（3）审核结果

- 体系评价。
- 末次会议。

- 审核报告。

（4）审核后续

- 纠正措施。
- 跟踪验证。
- 内审活动的监视。

12.1.10 进行管理评审

1. 评审策划

管理评审是根据标准的规定、组织自身发展的需求、相关的期望而对组织所建立整合的管理体系进行评审和评价的一项活动。管理评审应按策划的时间间隔进行，通常每年至少进行一次。管理评审由最高管理者主持，参加评审会议的人员一般为组织管理层成员和有关职能部门的负责人。管理者代表授权进行策划，指定职能部门编制管理评审计划。

2. 管理评审实施

管理评审通常以会议的形式进行，有时也可以在现场举行。管理评审会议由最高管理者主持，管理者代表协助，企业管理部具体组织，领导层成员以及有关部门负责人参加会议并签到。最高管理者针对管理评审会议中提出的问题、建议，组织讨论，进行总结性发言和评价，对所采取的措施做出决定，作为管理评审会议的决议，据此，形成《管理评审报告》。

12.1.11 持续改进

管理评审后，检查管理评审提出的整改措施的执行情况，相关部门负责人跟踪，企业管理部组织验证，发现问题即时纠正，其实施结果作为下次管理评审的输入。管理评审后，管理者代表督促相关部门制定持续改进计划。

12.2 案例二 基于等级保护的信息安全管理测评

本案例将根据《信息安全等级保护管理方法》的相关要求，以对××集团的信息管理系统实施等级保护测评为目标，帮助该集团掌握其信息管理系统的安全状况，发现其安全管理中存在的问题。

在此过程中，首先通过定级要素分析，依照《信息系统安全等级保护定级指南》的要求，对××集团的信息管理系统进行等级确定，然后根据《信息系统安全等级保护测评要求》相关等级的要求展开测评工作。

12.2.1 项目概述

1. 项目简介

本次测评的具体对象范围确定为××集团的信息管理系统，该系统属于原有已建系统，故按照等级保护实施过程要求，将对其进行安全评估和改进安全建设。在此过程中，将依据对定级要素分析，依照《信息系统安全等级保护定级指南》明确该系统的安全等级，然后根据《信息系统安全等级保护测评准则》相关等级的具体安全要求确定需要测评的指标层面后，展开具体的测评工作。

2．测评依据

根据《信息安全等级保护管理方法》进行等级测评。本次测评范围主要是××集团的企业信息管理系统，该系统涵盖企业的内网办公、企业订单管理、企业情报资料等范畴。

该过程将依据《信息系统安全保护等级定级指南》《信息系统安全等级保护基本要求》《信息系统安全等级保护测评要求》《信息系统安全等级保护实施指南》（以下简称《实施指南》）和《计算机信息系统安全保护等级划分准则》开展实施。

12.2.2　测评对象的基本情况

1．系统功能描述

××集团的信息管理系统以推进该集团信息化建设，构建先进、安全的信息系统和建立健全的信息管理制度为目标，面向提高集团核心竞争力，全面提升集团的经营和管理水平而建设，其根本功能在于为集团提供全面、先进、高效、及时的信息技术服务与支持。

××集团信息管理系统服务范围包括物料管理、生产计划、销售、售后服务、产品数据管理、项目管理、成本管理、财务管理、质量管理、仓库管理等，覆盖公司从产品研发到售后服务的全部业务流程。

2．系统网络拓扑

××集团信息管理系统的结构拓扑图如图 12.1 所示。

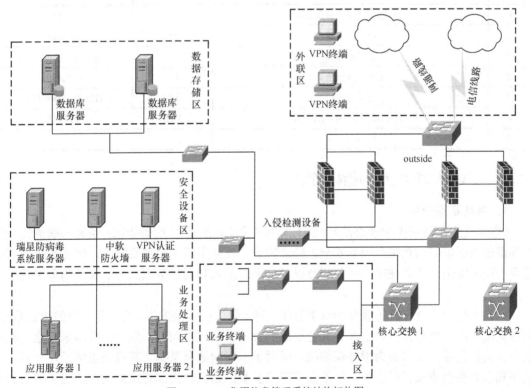

图 12.1　××集团信息管理系统结构拓扑图

3．主要设备清单

××集团的信息管理系统主要由以下设备构成。

（1）核心交换机：CISCO SW-6509 两台。

（2）防火墙：CISCO PIX525 两台。

（3）服务器：44 台均为 Windows 2000 系统。

（4）IBM 小型机：10 台均为 Linux 系统。

（5）二层交换机：100 台。

（6）防火墙五台、入侵检测设备一台。

（7）其他各类专用服务器（部分）如表 12.1 所示。

表 12.1　　　　　　　　　　　　专用服务器清单

序号	服务器的主要用途	品牌	型号
1	邮件网关	HP	ML350
2	网站数据库	HP	TC4100
3	网站服务器	HP	TC4100
4	安全过滤服务器	HP	ML350
5	文件服务器	HP	LH3000
6	主域控制器	HP	TC4100
7	防病毒控制中心	HP	TC4100
8	VPN 认证服务器	浪潮	3100
9	思科网络设备网管服务器	Dell	2850
10	中软防水墙	Dell	PE6800
11	邮件服务器	HP	p7312
12	传真系统服务器	HP	ML350
13	测试开发机	IBM	H85（7026-6H1）
14	Windows SAP 应用服务器	Dell	PE6800
15	……		

12.2.3　测评对象的定级与指标确定

1. 系统定级分析

《信息安全等级保护管理办法》（以下简称《管理办法》）中明确指出：信息系统的安全保护等级应当根据信息系统在国家安全、经济建设、社会生活中的重要程度，信息系统遭到破坏后对国家安全、社会秩序、公共利益以及公民、法人和其他组织的合法权益的危害程度等因素确定。

信息系统的安全保护等级分为以下五级：第一级为自主保护级，适用于一般的信息系统，其遭到破坏后，会对公民、法人和其他组织的合法权益产生损害，但不损害国家安全、社会秩序和公共利益；第二级为指导保护级，适用于一般的信息系统，其遭到破坏后，会对社会秩序和公共利益造成轻微损害，但不损害国家安全；第三级为监督保护级，适用于涉及国家安全、社会秩序和公共利益的重要信息系统，其遭到破坏后，会对国家安全、社会秩序和公共利益造成损害；第四级为强制保护级，适用于涉及国家安全、社会秩序和公共利益的重要信息系统，其遭到破坏后，会对国家安全、社会秩序和公共利益造成严重损害；第五级为专控保护级，适用于涉及国家安全、社会秩序和公共利益的重要信息系统的核心子系统，其遭到破坏后，会对国家安全、社会秩序和公共利益造成特别严重的损害。

根据上述原则，××集团信息管理系统是××集团内部的一个信息系统，属于一般的信息系统，其遭到破坏后，可能会对社会秩序和公共利益造成轻微损害，但并不损害国家安全。因此，依据《管理办法》能够直接确定××集团信息管理系统的等级为第二级，即指导保护级。参考《信息系统安全保护等级定级指南》（以下简称定级指南），具体定级分析如下。

（1）定级要素赋值

① 信息系统所属类型赋值

××集团是以资产为纽带组建的涵盖工程机械生产、零部件配套和房地产等行业的大型综合企业集团，属于企业单位。其信息管理系统处理的是××集团事务，如果信息管理系统的资产遭到破坏后仅对××集团的利益有直接影响，但并不会对公共利益有直接影响。根据《定级指南》中信息系统所属类型赋值表可知，××集团信息系统的信息系统所属类型的赋值为1。

② 业务信息类型赋值

××集团信息管理系统中处理的业务信息是××集团的专用信息，如果其业务信息机密性、完整性和可用性被破坏，××集团所有的业务几乎都会停滞，××集团的经济利益将受到严重损害，但并不会对国家利益和经济建设造成损害。根据《定级指南》中业务信息类型赋值表可知，××集团信息系统的业务信息类型的赋值为2。

③ 信息系统服务的影响范围赋值

××集团当前信息管理系统通过 VPN 实现了与重庆××和××配件厂等所有集团企业之间的广域网链接，属于全球范围的服务网络，如果信息系统无法提供服务或无法提供有效服务，将会对该集团全球范围内的资产造成损害。根据《定级指南》中信息系统服务范围赋值表可知，××集团信息管理系统的信息系统服务范围的赋值为3。

④ 业务依赖程度赋值

××集团的业务处理流程完全依赖其信息管理系统，无法采用手工作业替代。如果其信息管理系统无法提供服务，××集团就无法开展正常的业务。根据《定级指南》中业务依赖程度赋值表可知，××集团信息管理系统的业务依赖程度的赋值为3。

（2）确定两个指标等级

① 确定业务信息安全性等级

业务信息安全性的取值由信息系统所属类型和业务信息类型这两个定级要素的赋值决定，依照《定级指南》可知，××集团信息系统的业务信息安全性取值为 2，即业务信息安全性等级为 2 级。如表 12.2 所示。

表 12.2　　　　　　　　　　　业务信息安全性等级矩阵表

业务信息类型赋值	信息系统所属类型赋值		
	1	2	3
1	1	2	2
2	**2**	3	3
3	3	4	4

② 保证业务服务保证性等级

业务服务保证性的取值由信息系统服务范围和业务依赖程度这两个定级要素的赋值决定，根据《定级指南》可知，××集团信息系统的业务服务保证性取值为 4。如表 12.3 所示。

表 12.3　　　　　　　　　　　　业务服务保证性取值矩阵表

信息系统服务范围赋值	业务依赖程度赋值		
	1	2	3
1	1	2	3
2	2	3	4
3	3	4	**4**

考虑到××集团信息管理系统无法提供服务或无法提供有效服务仅造成××集团利益的损失，以及与××集团有直接业务关联的企业和个人利益的损失，一般不会造成社会利益的重大损失，调节因子 k 可选为 0.5，与业务服务保证性取值相乘后得到的结果 L 为 2。参照《定级指南》中关于 L 与业务服务保证性等级的对应表，综合××集团的实际情况，最终确定调节后的××集团信息系统的业务服务保证性等级为 2 级。如表 12.4 所示。

表 12.4　　　　　　　　　　　　调节后的业务服务保证性等级

业务服务保证性取值	业务服务保证性取值 $×k = L$	业务服务保证性等级
2	$L \leqslant 1.6$	1
2	$2.0 \geqslant L \geqslant 1.4$	2
3	$L \leqslant 1.6$	1
3	$2.6 \geqslant L \geqslant 1.4$	2
3	$3.0 \geqslant L \geqslant 2.4$	3
4	$L \leqslant 1.6$	1
4	$2.6 \geqslant L \geqslant 1.4$	2
4	$3.6 \geqslant L \geqslant 2.4$	3
4	$4.0 \geqslant L \geqslant 3.4$	4

③ 确定××集团信息管理系统安全保护等级

根据信息系统的安全等级由业务信息安全性等级和业务服务保证性等级较高者决定可知，××集团信息管理系统的安全保护等级为 2 级。

该公司信息管理系统的最终定级结果如表 12.5 所示。

表 12.5　　　　　　　　　　　　××集团信息系统最终定级结果

信息系统名称	安全等级	业务信息安全性等级	业务服务保证性等级
××集团信息管理系统	2	2	2

2. 撰写系统定级报告

实施安全保护等级测评的关键步骤是对信息系统进行定级。定级依据包括以下内容。

- 《关于信息安全等级保护工作的实施意见》（公通字〔2004〕66号）。
- 《信息安全等级保护管理办法》（公通字〔2007〕43号）。
- 《信息系统安全保护等级定级指南》（GB/T 22240-2008）。
- 《信息系统安全等级保护实施指南》（GB/T 25058-2010）。

××集团信息管理系统定级信息表如表12.6所示。

表 12.6　　　　　　　　　××集团信息系统定级报告表

信息系统名称	××集团信息管理系统	
承载业务描述	物料管理、生产计划、销售、售后服务、产品数据管理、项目管理、成本管理、财务管理、质量管理、仓库管理	
定级方法	☐ 直接定级　　　　　　☑ 依据定级指南定级	
赋值结果		
定级要素	赋值结果	简述理由
信息系统所属类型	☑ 1　☐2　☐3	××集团信息管理系统资产受到破坏后会对××集团的利益有直接影响
业务信息类型	☐1　☑ 2　☐3	××集团业务信息机密性、完整性或可用性被破坏会对××集团的经济利益造成一定损害
信息系统服务范围	☐1　☐2　☑ 3	××集团信息管理系统因无法提供有效范围会对全国范围的资产造成损害
业务依赖程度	☐1　☐2　☑ 3	ERP信息系统无法提供服务或无法提供有效范围使××集团无法完成其业务使命
调节因子	0.5	××集团信息管理系统无法提供服务或无法提供有效服务仅造成局部利益的损失，一般不会造成社会利益的重要损失
定级结果		
业务信息安全性等级	☐1　☑ 2　☐3　☐4	
业务服务保证性等级	☐1　☑ 2　☐3　☐4	
信息系统安全保护等级	☐1　☑ 2　☐3　☐4	

注：本表中有选择的地方，请在左侧☐内画✓。

3. 测评指标选取

根据上述定级结果，××集团信息管理系统将按照《信息系统安全等级保护测评要求》中关于2级的相关安全要求，开展具体的测评工作。

在测评过程中，由于该系统包含设备数量较多，对设备的核查将采取抽检的方式，从中选取典型功能、关键位置设备进行相关指标的测评。

具体核查设备清单如表12.7所示（部分）。

表 12.7　　　　　　　　　××集团核查设备清单

设备名称	设备信息	抽查说明	用途
WS-2950	Cisco 2950	查1台	ISP互联网链路接入
防火墙	Cisco PIX 515	查3台	系统内外隔离
防火墙	Cisco PIX 525	查2台	系统内外隔离

续表

设备名称	设备信息	抽查说明	用途
WS-6509	Cisco 6509	查 2 台	核心交换机
WS-2950-EI	Cisco 2950	查 2 台	接入交换机
WS-C3550-12G	Cisco 3550	查 2 台	内网交换机
瑞星防病毒系统服务器	瑞星	查 1 台	防病毒
VPN 认证服务器	浪潮希望 3100	查 1 台	认证服务器
IDS	Cisco IDS	查 1 台	入侵检测设备
数据库服务器	南大通用	查 1 台	测试数据安全
中软防水墙	Dell PE6800	查 1 台	内网管理
Cisco 网络设备管理服务器	Dell PE2850	查 1 台	
Web 应用服务器	Dell PE6800	查 1 台	
主域服务器	HP TC4100	查 1 台	
VPN 终端		查 4 台	
业务终端		查 12 台	
……			

12.2.4　测评实施

1．准备阶段-编撰作业指导书

在实施测评前，应先按照《信息系统安全等级保护测评要求》中关于 2 级的相关安全要求，编写作业指导书。本书将以《信息系统安全等级保护测评要求》中关于 2 级的主机系统安全相关要求为例，结合××集团信息管理系统中设备的情况，选择以应用服务器的恶意代码防范功能测评为代表，编制作业指导书示例。

表 12.8　　　　　　　　　　Web 应用服务器恶意代码防范作业指导书

测评对象名称	Web 应用服务器（Windows 2000 Server Sp4）		
管理人员	王书琴	用途	集团对外网站应用
测评类	主机安全	测评工作单元	恶意代码防范
测评项	a）服务器和重要终端设备（包括移动设备）应安装实时检测和查杀恶意代码的软件产品 b）主机系统防恶意代码产品应具有与网络防恶意代码产品不同的恶意代码库		
实施过程	a）访谈系统安全员，询问主机系统是否采取恶意代码实时检测与查杀措施，恶意代码实时检测与查杀措施的部署情况如何 b）检查主机恶意代码防范方面的设计/验收文档，查看描述的安装范围是否包括服务器和终端设备（包括移动设备） c）检查重要服务器系统和重要终端系统，查看是否安装实时检测与查杀恶意代码的软件产品；查看检测与查杀恶意代码软件产品的厂家、版本号和恶意代码库名称 d）检查网络防恶意代码产品，查看厂家、版本号和恶意代码库名称		
操作步骤	检查是否安装防恶意代码软件，如果有，检查厂家、版本号和恶意代码库名称		
预期结果	如果实施过程 a）中的恶意代码实时检测与查杀措施部署在服务器和重要终端，则该项为肯定 如果实施过程 b）、a）、c）均为肯定，检查发现主机系统防恶意代码产品与网络防恶意代码产品使用不同的恶意代码库（如厂家、版本号和恶意代码库名称不相同等），则信息系统符合本单元测评项要求		

2. 单项测评实施

针对测评对象编撰符合 2 级安全要求的测评作业指导书后，就可以开始针对每一设备的每一项安全测试要求展开具体测评工作了。在测评过程中，还需要对测评作业指导书进行微调，将其中预期结果项，换成实际检测结果项，以供进行单项测评结论的记录。

在此过程中，要指定测评具体负责人员，在作业指导书的要求下，使用核查表展开单项测评工作。

核查表是在作业指导书的基础上，经过微调内容形成的在单项测评过程中，用于记录测评过程和测评结论的应用表。具体即是将作业指导书中的预期结果项，换成实际检测结果项，以记录测评结论，同进新增测评时间、测试对象所属单位（人员）签字确认及测评单位记录人员签字项目。

仍然以 Web 应用服务器恶意代码防范测评为例，针对 Web 应用服务器的测评，并记录结果到核查表，具体如表 12.9 所示。

表 12.9　　　　　　　　　　**Web 应用服务器恶意代码防范核查表**

测评对象名称	Web 应用服务器（Windows 2000 Server Sp4）		
管理人员	王书琴	用途	集团对外网站应用
测评类	主机安全	测评工作单元	恶意代码防范
测评项	① 服务器和重要终端设备（包括移动设备）应安装实时检测和查杀恶意代码的软件产品		
	② 主机系统防恶意代码产品应具有与网络防恶意代码产品不同的恶意代码库		
结果记录	① 该服务器安装有防恶意代码产品（瑞星防护系统），并与部署在网络中的瑞星服务器建立连接，实现恶意代码库的升级		
	② 整个网络中对恶意代码进行检测和清除主要采用的是瑞星防护系统		
	③ 能够对 100 种常见典型病毒样本中的 93 种正确及时查杀，5 种运行前预警并查杀，两种新样本（低危害）未能正确预警		
	④ 该服务器上防恶意代码系统支持恶意代码防范的统一管理,部署于瑞星防病毒服务器中,所有用户的恶意代码库升级都来自于服务器,恶意代码库的升级和检测系统的更新定期为一天一次,在病毒较多时可人工调节为每小时升级一次		
测评时间	20××年×月×日 上午 10:00—12:00		
单位（人员）签字确认	王书琴		
测评单位记录人员签字	李仁		
备注			

在此过程中，要严格按照作业指导书的要求展开测评，确保测评完所有要求测试的项目并进行记录（可以有不适用或无法适用项目，需记录清楚）。同时，在做具体单项测评时，也可以使用渗透测试技术，对测评结果进行验证并正确评估。本项目在测评过程中，使用了典型病毒样本工具，通过复制到 Web 应用服务器上，并运行，查看服务器防范恶意代码的响应情况，并记录具体结果。

在使用渗透测试方法时，需明确是否为测评项目的需求，若非需求，则必须先取得系统管理人员（甚至被测系统的所有者或最高管理领导）的同意，并充分告知其可能产生的危害，签署相关免责协议和保密协议后，才能够使用。使用时，通常选择非正常业务时间或在不影响正常业务开展的条件下进行。同时，使用后必须对产生的影响和危害进行最大限度恢复，若无法恢复，必须告知被测评方。

3. 测评结论汇总

根据不同安全控制对不同测评对象的单项测评结论，综合分析建立某层面某类安全控制的测评结论汇总。

该集团信息管理系统中，主机系统层面的各类安全控制的测评结论汇总如表 12.10 所示。

表 12.10　　　　　　　　　主机系统层面单项判定结论汇总表

序号	安全控制	测评对象	符合项	不符合项	不适用项
1	身份鉴别	服务器	略	略	略
		终端	略	略	略
			……		
6	恶意代码防范	服务器	服务器和重要终端设备（包括移动设备）应安装实时检测和查杀恶意代码的软件产品	主机系统防恶意代码产品应具有与网络防恶意代码产品不同的恶意代码库	—
		终端	略	略	略
			……		

12.2.5　整改建议

根据不同层面的各类安全控制测评结论的汇总，综合分析××集团信息管理系统的测评情况，给出该系统存在问题的分析与整改建议。本书以与前示例表相关的主机系统安全层面为例，给出该层面的综合分析结论。

1. 存在问题

经分析上述主机系统安全的测评结论，对××集团信息管理系统中主机系统安全层面测评发现问题如下。

（1）终端主机的用户密码长度、复杂度、更新周期设置不够安全，个别管理员用户口令为空。

（2）终端主机安全审计功能全部失效，个别服务器未开启安全审计功能。

（3）终端主机未设定登录失败限定。

（4）查杀病毒（恶意代码）采用"服务器-客户端"架构，全网使用同一服务器（瑞星防病毒服务器）实现病毒库的升级，未做到网络防恶意代码和单机防恶意代码样本库的不同。

（5）查杀病毒系统不同设备的更新频率不统一，无法确保恶意代码库保持最新。

2. 立即整改建议

针对上述问题，测评方对××集团信息管理系统中的主机系统安全层面，建议立即进行如下方面的改进。

（1）应统一制定密码设定策略，对于无特权的终端主机要禁止本地超级用户的访问权限，对于特权终端主机，应对超级用户的密码进行严格规定与检查。

（2）终端应开启安全审计功能，对网络攻击和非法访问企图进行防范与记录。

（3）设定合理的用户登录失败阈值，防范恶意登录。

（4）部署不同厂家防恶意代码设备，或购置单机版恶意代码防范软件，与瑞星防病毒服务互补使用。

3. 持续整改建议

（1）及时更新反病毒软件，确保每台主机的抗病毒能力。

（2）经常性升级操作系统与应用软件和数据库软件等的安全补丁。

小　　结

本章结合具体实例，阐述了如何依据 ISO 27001 标准构建信息安全管理体系，给出了基于等级保护的信息安全测评实例，说明如何将安全等级保护测评运用到信息安全管理实践当中。当然这些实例均是针对某些特定对象的，在实际运用过程中我们还需要从具体的安全需求出发，结合标准来实施信息安全管理。

信息安全管理相关标准

1. 国际标准

[1] BS 7799 Part-1:1999 Information technology-Code of Practice for Information Security Management.

[2] BS 7799 Part-2:1999 Information Security Management Systems-Specification with guidance for use.

[3] NIST. SP 800-30 Risk management guide for information technology systems.

[4] ISO/IEC TR 13335 Guidelines for the management of IT security.

[5] ISO/IEC 27000 Information security management system fundamentals and vocabulary.

[6] ISO/IEC 27001 Information technology-Security techniques-Information security management system requirements.

[7] ISO/IEC 27002 Information technology-Security techniques- Code of practice for information security management.

[8] ISO/IEC 27003 Information security management-Security techniques- Information security management system implementation guidance.

[9] ISO/IEC 27004 Information technology-Security techniques-Information security management system metrics and measurement.

[10] ISO/IEC 27005 Information technology-Security techniques-Guidelines for information security risk management.

[11] ISO/IEC 27006 Information technology-Security techniques-Guidelines for information and communication technology disaster recovery services.

2. 国内标准

[1] GB/T 19716-2005 信息技术 信息安全管理实用规则

[2] GB/T 20269-2006 信息安全技术 信息系统安全管理要求

[3] GA/T 713-2007 信息安全技术 信息系统安全管理测评

[4] GB/T 20984-2007 信息安全技术 信息安全风险评估规范

[5] GB/Z 20985-2007 信息技术 安全技术 信息安全事件管理指南

[6] GB/Z 20986-2007 信息安全技术 信息安全事件分类分级指南

[7] GB/T 20988-2007 信息安全技术 信息系统灾难恢复规范

[8] GB/T 22080-2008 信息安全技术 信息安全管理体系要求

[9] GB/T 22081-2008 信息安全技术 信息安全管理实用规则

[10] GB/T 22239-2008 信息安全技术 信息系统安全等级保护基本要求

参 考 文 献

1. 中国标准出版社. 信息系统安全技术国家标准汇编 [M]. 北京：中国标准出版社，2000.

2. 科飞管理咨询公司. 信息安全管理概论：BS 7799 的理解与实施 [M]. 北京：机械工业出版社，2002.

3. 戴宗坤，罗万伯，等. 信息系统安全 [M]. 北京：电子工业出版社，2002.

4. 张红旗. 信息网络安全 [M]. 北京：清华大学出版社，2002.

5. 杨义先，钮心忻，任金强. 信息安全新技术 [M]. 北京：北京邮电大学出版社，2002.

6. 公安部十一局，北京江南科友科技有限公司. 计算机信息系统安全等级保护管理要求 [M]. 北京：中国标准出版社，2002.

7. 李敏，孙德刚，杜虹. TEMPEST 威胁与检测技术 [M]. 信息安全与通信保密，2003（1）.

8. 中国信息安全产品测评认证中心. 信息安全工程与管理 [M]. 北京：人民邮电出版社，2003.

9. 中国信息安全产品测评认证中心. 信息安全标准与法律法规 [M]. 北京：人民邮电出版社，2003.

10. 孙强. 信息系统审计：安全、风险管理与控制 [M]. 北京：机械工业出版社，2003.

11. 周学广，刘艺. 信息安全学 [M]. 北京：机械工业出版社，2003.

12. 谢长生，韩得志，李怀阳. 等. 容灾备份的等级和技术 [J]. 中国计算机用户，2003（5）.

13. 王玲，钱华林. 计算机取证技术及其发展趋势 [J]. 软件学报，2003，14（9）.

14. 孙强，等. IT 服务管理：概念、理解与实施 [M]. 北京：机械工业出版社，2004.

15. 孙强，陈伟，王东红. 信息安全管理全球最佳实务与实施指南. 北京：清华大学出版社，2004.

16. 连一峰，戴英侠. 计算机应急响应体系研究 [J]. 中国科学院研究生院学报，2004，21（2）.

17. 冯登国，张阳，张玉清. 信息安全风险评估综述 [J]. 通信学报，2004（7）.

18. 张耀疆. 信息安全风险管理 [J]. 信息网络安全，2004（9-10）.

19. 崔蔚，赵强，姜建国，等. 基于主机的安全审计系统研究 [J]. 计算机应用，2004，24（4）.

20. 上官晓丽，罗锋盈，胡啸，等. 国际信息安全管理标准的相关研究 [J]. 信息技术与标准化，2004（11）.

21. Michael Howard，David LeBlanc. 编写安全的代码 [M]. 2 版. 翁海燕，朱涛江，等译. 北京：机械工业出版社，2005.

22. 温研，王怀民，胡华平. 分布式网络行为监控系统的研究与实现 [J]. 计算机工程与科学，2005，27（10）.

23. 方琳，张玉清，马玉祥. 信息系统的业务连续性安全管理模型及实施流程 [J]. 计算机工程，2005，31（24）.

24. 叶斌，等. 基于 CMM 的软件维护过程管理及其下具研究 [J]. 微计算机信息，2005，7（3）.

25. 胡铮. 网络与信息安全 [M]. 北京：清华大学出版社，2006.

26．宋如顺．基于 SSE-CMM 的信息安全风险评估 [J]．计算机应用研究，2000（11）．

27．孙立伟，何国辉，吴礼发．网络爬虫技术的研究 [J]．电脑知识与技术，2010（15）．

28．赵茉莉．网络爬虫系统的研究与实现 [D]．成都：电子科技大学，2013．

29．朱良峰．主题网络爬虫的研究与设计 [D]．南京：南京理工大学，2008．

30．伍海江．面向网络舆情监测的关键技术研究 [D]．北京：华北电力大学，2012．

31．丁文超，等．大数据环境下的安全审计系统框架 [J]．通信技术，2016（7）．

32．欧阳根平．Hadoop 云平台下基于离群点挖掘的入侵检测技术研究 [D]．成都电子科技大学，2015．

33．卿斯汉，等．入侵检测技术研究综述 [J]．通信学报，2004（7）．

34．段兵营．搜索引擎中网络爬虫的研究与实现 [D]．西安：西安电子科技大学，2014．